公元787年,唐封疆大吏马总集诸子精华,编著成《意林》一书6卷,流传至今
意林:始于公元787年,距今1200余年

意林青年励志馆

再微小的努力，乘以365都会了不起

《意林》图书部　编

吉林摄影出版社
·长春·

图书在版编目（CIP）数据

再微小的努力，乘以365都会了不起 /《意林》图书部编. — 长春：吉林摄影出版社，2024.5
（意林青年励志馆）
ISBN 978-7-5498-6175-0

Ⅰ.①再… Ⅱ.①意… Ⅲ.①成功心理－青年读物Ⅳ.①B848.4-49

中国国家版本馆CIP数据核字(2024)第075406号

再微小的努力，乘以365都会了不起　ZAI WEIXIAO DE NULI, CHENGYI 365 DOU HUI LIAOBUQI

出 版 人	车　强
主　　编	杜普洲
责任编辑	吴　晶
总 策 划	徐　晶
策划编辑	王征彬
封面设计	资　源
封面供图	陆　川
美术编辑	刘海燕
开　　本	889mm×1194mm 1/16
字　　数	350千字
印　　张	11
版　　次	2024年5月第1版
印　　次	2024年5月第1次印刷
出　　版	吉林摄影出版社
发　　行	吉林摄影出版社
地　　址	长春市净月高新技术开发区福祉大路5788号
	邮　编：130118
电　　话	总编办：0431-81629821
	发行科：0431-81629829
网　　址	www.jlsycbs.net
经　　销	全国各地新华书店
印　　刷	天津中印联印务有限公司
书　　号	ISBN 978-7-5498-6175-0　　　定价　36.00元

启　事

本书编选时参阅了部分报刊和著作，我们未能与部分作品的文字作者、漫画作者以及插画作者取得联系，在此深表歉意。请各位作者见到本书后及时与我们联系，以便按国家相关规定支付稿酬及赠送样书。

地址：北京市朝阳区南磨房路37号华腾北搪商务大厦1501室《意林》图书部（100022）
电话：010-51908630转8013

版权所有翻印必究

（如发现印装质量问题，请与承印厂联系退换）

目录

> 蓄积梦想的力量，给自己一条通向卓越的路

- 002 | 我的师承　双雪涛
- 003 | 如　意　庞　培
- 004 | 父亲的自留地　林佐成
- 005 | 钓与渔　林　深
- 006 | 家　风　残　雪
- 007 | 何处高楼雁一声　黄昱宁
- 008 | 永远的孩子王　张郎朗
- 009 | 塞尚哭了　祁文斌
- 010 | 永远的少年　李　洱
- 011 | 自　己　朱自清
- 012 | 丰硕的麦粒　段吉雄
- 013 | 美是对当下的收获　[英]大卫·惠特　译/柒　线
- 014 | 画痴戴进　徐　佳
- 015 | 毛笔字　学　枫
- 016 | 达尔文和他的拖延症　[美]大卫·奎曼　译/郝舒敏
- 017 | 完成自己的人生故事　余秋雨
- 018 | 指尖之海　王海雪
- 019 | 始于大地　石　兵
- 020 | 人生莫问来处　宽　宽
- 021 | 态　度　老　马
- 022 | 父亲拿得出手的本领　高明昌
- 023 | 心中有诗　张　炜
- 024 | 海岸与仙人掌　杨　道
- 025 | 戴嵩的牛尾与齐白石的虾身　筱　冰
- 026 | 鲁迅的一次宴请　崔鹤同

> 持续行动，用无畏的勇气
> 带来突破壁垒的运气

028 | 耗 子 [英]萨 基 译/冯 涛
029 | 敲门砖是块什么砖 张天野
030 | 伯乐欧阳修 周振国
031 | 唯有相见以诚 张培智
032 | 父亲头上的雪 李柏林
033 | 半如儿女半风云 林 曦
034 | 文 藤 任淡如
035 | 换一种方式 郭述军
036 | 三重境界 张宗子
037 | "显功"与"潜功" 杨德振
038 | 憎而知善 游宇明
039 | 一语救两家 丁时照
039 | 以大盛为惧 落雪飞花
040 | 潇 洒 巴 桐
041 | 花 瓶 初 程
042 | 伟大的创新难计划 万维钢
043 | 补 诗 卢润祥
044 | 张师傅的行为艺术 肖 遥
045 | 无着处 高自发
046 | 花 籽 林清玄
046 | 戏 装 杨福成
047 | 格 局 高自发
047 | 尽我所能 [法]罗曼·罗兰 译/傅 雷
048 | 两位学霸和一个流言 江琦军
049 | 养 废 徐悟理
050 | 守 望 周春梅
051 | 逃离"时间黑洞" 李睿秋
052 | 云天之下，瓦屋之上 董改正
053 | "配盐幽菽"的困惑 王厚明
054 | 失传的种粒 南 子
055 | 无效的努力 张 璐
056 | 惊奇元素 李南南
056 | 智识上的鉴别力 林语堂

> 不断优化你的思考模式，摆脱无谓的精神内耗

058 | "合成谬误"与"合宜目标"　胡建新
059 | 鲁迅日记中的天气　孟祥海
060 | 有一种完美叫精确　田　涛
061 | 高薪背后的逻辑　张　军
062 | 渔樵耕读为何以"渔"为首　熊召政
063 | 眼前无异路　黄德海
064 | 你是防御型还是进取型　Susan Kuang
065 | 孩　子　陈年喜
066 | 闻　树　[美]戴维·乔治·哈斯凯尔　译/陈　伟
067 | 孤犊之鸣　侯美玲
068 | 动物教给我的事
　　　[英]海伦·麦克唐纳　译/周　玮
069 | 在我们的私人空间里　黄灿然
070 | 识人的能力　吴　军
071 | 轰然倒地　徐　徐
072 | 为何会有选择困难症　岑　嵘
073 | 世界上最糟糕的老板　编译/班　超
074 | 一张自拍照能泄露多少隐私　李　木
075 | 传谣与辟谣　苗　炜
076 | 简朴会使人快乐吗　龙　盼
077 | 生而知之与学而知之　宋　乐
078 | "动嘴"有分寸　余仁山
079 | 你的生活风格决定你的困境
　　　[奥地利]阿尔弗雷德·阿德勒　译/文韶华
080 | 如果你经历一场踩踏事故
　　　[美]科迪·卡西迪保罗·多赫蒂　译/王思明
081 | 信　心　梁晓声
082 | 为什么记忆常常不靠谱　[美]大卫·伊格曼　译/间　佳
083 | 必不输之法　冯友兰
084 | 卖的是"吱吱声"　[美]理查德·卡尔森　译/潘　源

唤醒心中的巨人，让意志的光照亮前进的路

086 | 罐　儿　冯骥才
087 | 难得糊涂　刘心武
088 | 秘密花园　任蓉华
089 | 蔓与诠释学循环　李雪涛
090 | 用更有益的方式解决"无聊"　金思睿
091 | 一衣虽微，不可不慎　唐宝民
092 | 大唐李白　祝　勇
093 | 不要永远深陷于一场大雪　侯小强
094 | 寻找第三极　曾海若
095 | 独坐风月里　黄雪芳
096 | 小　草　张世勤
097 | 愚人食盐　赵盛基
098 | 你没问谁是我的仇人啊　张　勇
099 | 以善理过　于文岗
100 | 爷爷的花园　韩茹雪
101 | 选　择　李元胜
102 | 颜回的智慧　张绪山
103 | 签　名　姚秦川
104 | 会　来　吴丽华
105 | 月光之盏　王志国
106 | 聪明的两面　刘江滨
107 | 一块石头的旅程　大　解
108 | 饭菜里的智慧　张富国
109 | 祸从口出　郭法章
110 | 一钱·一棋　寒庐氏
111 | 亨利的金种子　[美]亨利·比特纳　编译/乔凯凯
112 | 诗人之死　冯　磊
113 | 永恒的联结　慕　明
114 | 吴刚与西西弗斯　张宗子

116	"心想事成"与"目的颤抖"　胡建新
117	传达坏消息的人
	[英]凯瑟琳·曼尼克斯　译/彭小华
118	最后的日子　思　郁
119	自由之美　[英]J.A.贝克　译/李斯本
120	不是那块料　严共明
121	子午线　[波兰]奥尔加·托卡尔丘克　译/于　是
122	甘蔗哲学　庞惊涛
123	批　评　舒　蠹
124	姜小白之悔　米　舒
125	黎明墙　[美]汤米·考德威尔　译/乔　菁
126	角　落　王安忆
127	有多大的荷叶就裹多大的粽　冯　杰
128	我的生活不合我的身　张新颖
129	剪余片的归宿　张小北
130	苦脸与甜脸　庞余亮
131	甜和疼的层次　二　冬
132	西格蒙得·弗洛伊德的一天　亓　昕
133	小小的湖　许立志
134	我的老板是AI　何承波
135	不经意间　[英]蕾秋·乔伊斯　译/焦晓菊
136	遇见与重生　高明昌
137	看　客　水如许
138	父亲把轮椅转向那个房间　梅雨墨
139	"揽过"与"揽功"　冯　唐
140	我们在多大程度上了解自己的父母　冯雪梅
141	被修改的事物　冀　北
142	能否好好说再见　焦晶娴
143	芋叶的困惑　粟　耘
144	孔子的变通智慧　邱俊霖

不要紧盯着圆满，也要看顾好生命中的缺憾

把人生中重要的事情做好，不要总被喧嚣打扰

146	鲜活的日子　付振双
147	美哭了　郑海啸
148	社交名单上的最后一名　舒　予
149	着力即差　晨　曦
150	宽　容　陆其国
151	苍穹之上的眼睛　程　玮
152	亲情的"陌生时段"　姚文冬
153	两代之间　[法]安德烈·莫洛亚　译/傅　雷
154	穿过城市的风　张淑清
155	等你开花　双雪涛
156	与山鸟相对　明前茶
157	慢慢走，欣赏啊　朱光潜
158	没意思的故事　刘心武
159	贪泉与狐媚　齐世明
160	葱茏的想象在大地上葳蕤　阮文生
161	给生活留一道缝　胡一峰
162	两株古银杏树　赵盛基
162	在宁静中思考　[英]乔治·吉辛　译/刘荣跃
163	不见与不送　文　智
163	生命之河里的石头　[美]米奇·阿尔博姆　译/赵晓春
164	书店时光　[英]阿莉·史密斯　译/彭　伦
165	与天地万物共情　樊　星
166	无声的语言　[挪威]约恩·福瑟　译/李　琬
167	司马家的好猫好事　胡川安
167	何必使劲敲　钟叔河

蓄积梦想的力量，
给自己一条通向卓越的路

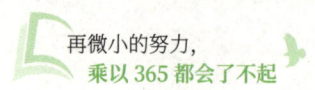

我的师承

□ 双雪涛

作为写作者，我是地道的学徒。我没有师门，老师却极多。读小学一年级时，我刚习了几个字，母亲便送给我一本红色的笔记本，其大其厚，大概是我手掌的两倍。那是旧物，好像是多年前母亲上学时余下的。"写下一句话。"母亲说。我便坐在炕头，在笔记本上写下一句话："今天我上学了。"我不会写"学"字，用"xue"代替，然后写上日期。于是，我每天写"今天把脸摔破了""今天中午吃了土豆"之类的话。句子基本上以"今天"二字起首，再加一个动词，句式整齐。我的父母都是工人，曾下乡当知青，只有初中文化程度，可是非常重视对我的教育，似乎我每多认识一个字都会鼓舞他们。

当时我的班主任姓金，随身带着辣酱，脾气火暴。无论男女，谁若是顽皮，她必举手擂之，或抬脚踹之，动如脱兔。她极喜欢文学，字也写得好，讲桌的抽屉里放着毛笔。下午我们自习，昏昏欲睡，她就临摹柳公权的碑帖。后来，她看班上有几名学生还算聪明，就在黑板上写下唐诗宋词，谁背会就可以出去疯跑。我家境不好，爱慕虚荣，每次都背得很快，有时背苏东坡的作品，气都不喘。老师便叮嘱我把日记拿给她看。一旦要给人看，日记的性质就发生了变化，本子上多了不少涂改的痕迹。于是，我努力写出完整的段落。她当众表扬我，把我写的小作文拿到别的老师跟前炫耀。此举导致我的虚荣心进一步膨胀，我用饭钱买了不少作文选，看见名人名言就记下，憋着劲儿用在作文里。

父亲看书很多，什么书都看。他很少表扬我，但心情不错时，便给我讲故事，虽然经常没头没尾的。冬天我坐在自行车的后座上，他迎着风一边蹬车，一边讲故事。我才知读书的妙处，不是读作文选所能感受到的。于是年纪稍长，我便把钱省下来买《读者》，期期不落。那时家里的老房子拆迁，我们举家搬到父亲的工厂，住在车间里。就是在那张生铁桌台上，我第一次读到《我与地坛》——《读者》上的节选。过去我所有读过的东西都消失了，只剩下这一篇文章，文字之美、之深邃、之博远，把我从机器的轰鸣声中裹挟而去，带到了那荒废的园子里，看一位老人呼唤她的儿子。我央求父亲给我办一张区图书馆的借书卡，我只花了半年便把里面少儿阅览区的书看完了。大概是我读小学六年级时，金庸的小说，古龙的代表作，还有《福尔摩斯探案集》《傲慢与偏见》《巴黎圣母院》等文学名著，我都看了一些，因此，此时写出来的作文也与过去的大不相同。金老师勉励我，她知道我数学不行，但是凭语文可以强撑，兴许将来可借此安身立命。可我没有志气，只想考学，至于写作文，只想让别人知道我的厉害，无其他诉求，更从未想过要成为作家。我读书也纯属自娱，为了跟同学显摆自己知道的故事多。小学毕业后，新的试卷扑面而来，我便和金老师断了联系。

初中第一次写作文时，我的文章震动了老师和同学。老师将我大骂一顿，说我不知道是跟谁学的，写的文章不知所云，再这么下去中考肯定会落榜；同学则认为我是抄的，此文肯定埋伏在某本作文选中。我心灰意冷，唯一的利器钝了，立显平庸。不过我从未停止读书，无论是《麦田里的守望者》《水浒传》，还是巴金、王安忆、老舍、冯骥才的作品，我都一路看下去。当时我就读的初中离市图书馆很近，我便每天中午跑去看书。我钻进摆放文学类图书的书架间，一顿猛看。就是在那里，我站着读完了赵树理的《小二黑结婚》、孙犁的《白洋淀纪事》、赵本夫的《天下无贼》、莫言的《红高粱》、张贤亮的《绿化树》。陈寅恪、费孝通、钱锺书、黄仁宇的著作也被我拿来阅读。我下午跑回学校上课，中午看过的东西全忘了，继续做呆头呆脑的平庸学生。

高中时，我已非当初那个貌似有些天赋异禀的孩子，只是个普通高中的"凑合分子"。我高一的语文老师姓王，年轻，个儿矮，面目冷峭，非常孤傲，在老师中人缘不好，据说举办婚礼时没什么宾客到场。可是她极有文学才能，能背大段的古文，讲课从不拘泥于书本，信手拈来，似乎脑中自带索引。我当时已知自己无论如何写，也不会入老师的法眼。她第一次出的作文题目很怪，没有限定写作内容，但要求标题必须是两个字。彼时外公刚刚去世，我便写了一篇叫《生死》的文章，写外公去世前，给我买了一个大西瓜，颜色翠绿，我看见他从远处怀抱着西瓜走来，面带微笑，似乎西瓜的根蒂就长在他身上。作文满分是60分，王老师给了我64分。那是一双温柔有力的手，把我救了起来。我想写得更好，便仔细读了张爱玲、汪曾祺、白先勇、阿城的作品，看他们怎么揉捏语言、构造意境；又仔细读了余华、苏童、王朔的书，看他们怎么上接传统，外学西人，自明道路。我写作文时字迹极乱，老师尽力辨认；有时，我嫌作文本上的格子是种束缚，就写在8开的大白纸上，用蝇头小字，密密麻麻地写，但老师也为我批改。高中毕业前，我写了一篇叫《复仇》的文章，讲述一个孩子跋山涉水为父报仇的故事。光寻找仇人的过程，我就写了近2000字，却没有结尾。老师也给了我很高的分数，假装这就是一篇完整的作文。高中毕业后，我回去看过她一次。她独自坐在办公室角落的工位上，周围没有人。站在她身边说了些什么，我早已忘记，只记得她仰头看着我，满怀期待而无所求。她的眼睛依然明亮，身材瘦小，穿着朴素，和我初见她时一样。

我在读大学的四年里什么也没写，只是玩儿。书我也是胡乱看，直到读了王小波的作品，我仿佛走到一个节点，于是停下来想了想——这才是我想成为的人啊！但是，我自知没有足够的文学才华，就继续随波逐流、虚掷光阴。

我从2010年开始写小说，直到2013年才第一次在期刊上发表作品。说实话，我虽一直在认真地写，但都抱着游戏的心态，也从未有过作家梦。只是命运奇诡，把我推到，或者说推回写作这条道路上，让我拾起早已零落的记忆，忘记自己曾是逃兵的事实。对于小说的写法，我受余华启迪，他从未停止对叙述奥秘的探索，尖利冷峻、不折不从。对于文学的智识，我是王小波的拥趸，他拒绝无聊，面向智慧而行，匹马孤征。对于小说家的操守，我是村上春树的追随者，即使不用每次写作时打上领带，向书桌鞠躬，也应将时间放长，给自己一个几十年的计划，每天做事不休。对于文学之爱，我是金老师、王老师的徒弟，文学即生活，无关身份，只是自洁和精神的跋涉。对于文学中的正直和宽忍，我是我父母的儿子，写下一行字，便对其负责；下一盘棋或炒一盘菜，便对其珍视，感念生活的厚爱，请大家也看一看、尝一尝。我也许有着激荡的灵魂，坐在家中，被静好的时光包围，把我那一点点激荡之物铸在纸上。

如 意

□庞 培

虽然我长大了，我的童年还在
每一次熄灯，入眠
我重又在黑暗中
挨近儿时称心的睡眠
边上糊了报纸的板壁
油灯，稻柴草
以及灯光的暗影中放大了数倍
白天听来的《三国志》……
世界如此古老。英雄们仍在旷野中
擂鼓厮杀，列队出阵
长夜如同一面猎猎作响的战旗
战旗之下，是我年幼而骄傲的
童年。姆妈用嘴唇拭了拭
我额角的体温

父亲的自留地

□林佐成

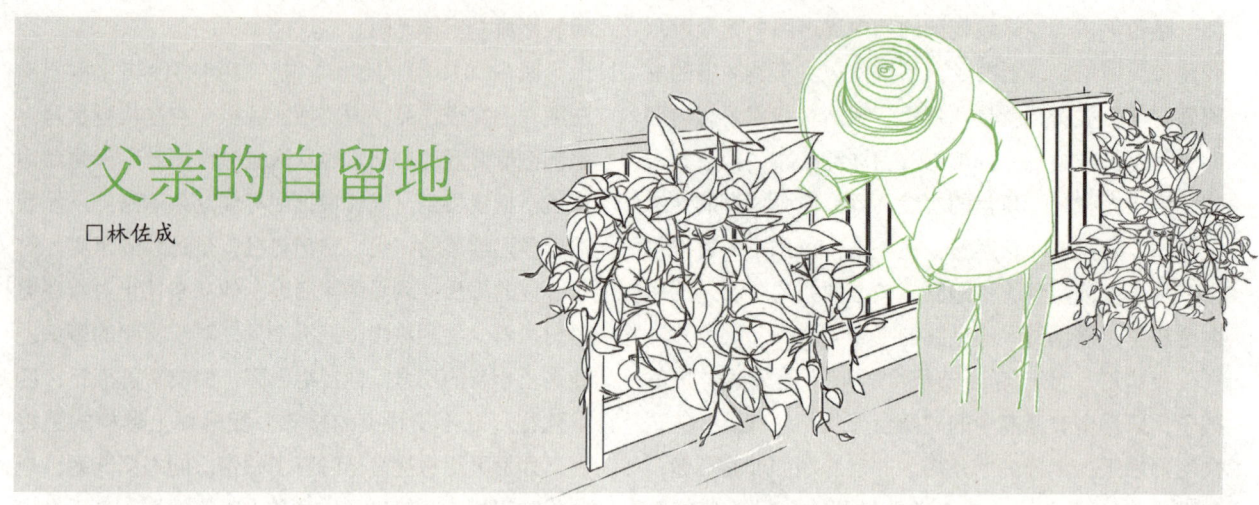

　　父亲是教师，也是对土地充满深情的农民。早年间，他一边教书一边种地。他的那些通过取石填土，将小块瘠薄的土地变成大片沃土的故事，犹如他丰富的人生。甚至，为捍卫一小片土地，他不惜撂下面子，与人争吵，寸土必争。

　　父亲退休后，丢下心心念念的土地来到县城，随我们住进了棚户房。棚户房低矮、潮湿，一遇涨水，便不得不用烂棉絮、条凳围堵，可洪水几乎不费吹灰之力便渗过棉絮，像蚯蚓一样钻进屋，甚或直接漫过棉絮扑向屋中的一切。汪洋中的家什，大部分不能幸免。待洪水退却，父亲从墙角找出唯一从老家带来的那把薅锄，弓腰用石头磨着上面的锈迹，连连摇头。好在棚户房很快得到改造。拿到新楼房，父亲嫌不接地气，嚷嚷着要处理掉，找一处有天有地的房子。我明白，一直对土地充满深情的父亲，渴望在到处是钢筋水泥丛林的县城，找到一片可供他施展拳脚的自留地。

　　处理掉新房，几经波折，我们相中了一幢二手房。房子天台上，一个偌大空旷的坝子，几盆花钵，胡乱地倾斜在那里，钵里的花草，形容枯槁，颜色焦黄，就像患了肝病。坝子周边的条形花台里，几棵酒杯粗的橘树、石榴，歪斜在裂着的黄土里，起卷的叶子宛若花容失色的妇女；一兜葡萄，几根拇指粗的藤蔓，盘旋在架子上，枯黄的叶片，"锈迹"斑斑。"这个，这个……"随我上楼的父亲，一见那半死不活的花草果树，瘪着嘴，摇着头。

　　搬进"新居"那天，大家还在忙着安顿那些不当紧的家什，父亲便吵吵着要去天台把果树与葡萄处理掉，免得将来根须扎得太深，造成楼面渗水。母亲白了他一眼，"我就晓得有些人见不得那些泥巴。"父亲嘿嘿一笑，也不回话，扛着那把擦拭一新的薅锄，攀着护栏，三步并作两步地往楼上走。傍晚，当他满头大汗地回到餐桌旁，兴奋地说起已经挖掉果树与葡萄，清理完杂草后又疏松了板结的泥土，准备种上玉米时，大家都愣愣地望着他，都6月中旬了，早过了种玉米的季节。我们的怀疑，显然没有打消他的热情，第二天，他即买来种子，播种在花台里。

　　就像回到了村上教书的日子，天刚一亮，父亲即起床。他来到天台，先是拿着新添置的塑料沙罐，给那些还未出土的玉米，浇些许用花草浸泡的清水，然后握着薅锄，这里一刨，那里一掏。条形花台面积小，要不了多久，已无处下锄。于是，他丢下薅锄拾起扫帚，细细清扫，坝子里的那些土渣，便一粒不少地全归进了花台。此时，如果晨练的母亲还没有回家，他便蹲在花台前，从泥土里捡石子，直到母亲在楼下大声喊着吃早饭，才恋恋不舍地往楼下走。晚饭后，其他人都忙着外出乘凉，独有父亲，牵挂着那些埋在土里的玉米种子，顾不得天台上热浪翻滚，依旧爬上去，给暴晒了一天的花台浇水。

　　父亲的运气实在不好，自种下玉米后，气温节节攀升，降水更是少得可怜。许多时候，天空就像憋足尿的小孩，本想痛痛快快地撒一回，可被人一惊，刚刚撒出的尿，又生生被憋了回去。稀稀拉拉的雨点，仅把楼面打湿。到后来，十天半个月不降一滴雨是常事。可怜那些玉米苗，自清晨起就昂着头，挺起胸，与烈烈阳光争斗，到天黑，叶片软塌塌的，就像被抽了筋。父亲只好早晚守在天台上，不断给它们浇水。好在玉米耐旱，加上细心呵护，该长的秆儿，嘭嘭嘭地往上蹿；该长的叶片，嗞嗞嗞地往外伸，尽管中午它们也会像犯了错的孩子，耷拉着脑袋，一副没精打采的可怜样，但第二天早上，又兀自抖擞着精神，绽放着诱人的翠绿。眼看长出了天花，抽出了穗，高温却愈演愈烈。长出的天花还没来得及扬粉，已被烈日烤干成白色的一串。父亲明白，再不下雨，任是不停浇水施肥，玉米终究扬不起花，结出的棒子也是空穗。

父亲开始天天关注天气，每每看到电视上说明天持续高温，他便一声叹息："又没得雨！"偶尔，有雷声从窗外滚过，或者呼呼的风刮过，他便叮叮咚咚地从二楼跑下去，站在阶沿上，手搭凉棚，眺望天空。那大团大团的乌云，给了他无限遐想，他甚至来不及多看，便叫嚷着"要下雨了，要下雨了"，然后扭身回到屋里，攀着栏杆，咚咚咚地往楼上爬。他要和那些玉米一起迎接雨水的到来，一起接受雨水的洗礼。然而，那些雷声、乌云，连同呼啸的狂风，不过虚张声势，顶多落几颗雨点，抚慰一下他焦灼的心。

尽管玉米颗粒无收，却触发了父亲将天台变成自留地的梦想。他开始充分利用天台，在空白处砌上简易的花台，清理楼上废弃的花钵，去建筑工地捡拾废弃的塑料桶，然后捏着塑料包与小铁铲，到小区周围寻找熟土。待土地面积几乎扩大一倍后，他讨来了盛雨水的泡沫箱，钉制了粗糙的鸡笼，找来了棍棍棒棒……几乎是在不经意间，天台已变成了土肥地美的"自留地"。

自留地让父亲魂牵梦绕，只要一有空闲，他便爬上天台，侍弄那些葱蒜，打理那些藤蔓……从清晨到黄昏，从严寒到酷暑，一天要泡上三四个小时。他精耕细作，不浪费一寸土地。这些年来，自留地不知为我们提供了多少新鲜水嫩的生态蔬菜。每到收获的旺季，常见父亲或搂着一捆捆水汽淋漓的莴笋空心菜，或抱着一个个硕大的南瓜冬瓜，或提着一篮篮鲜活的黄瓜丝瓜苦瓜……从楼梯上下来，脸上的笑容与满足，让他看起来足足年轻了十岁。

父亲成就了天台，让它变成了瓜果飘香的自留地；反过来，天台又馈赠于父亲，在收获满满的同时，他吃得香，睡得好，走起路来全不像一位82岁的老人。

父亲的自留地，是父亲身体康养的基地，精神的栖息处。

钓与渔

口林 深

钓者多见于小河小湖，渔者多见于大江大海。他们提竿携网，向鱼群走去。钓者垂竿，渔者撒网。地点不能走错，钓鱼的人怕钓到一头鲸，渔捕的人也怕撒下的网被水草纠缠。

我喜欢看人垂钓。一竿在手，清水边，树荫下，静得像一幅画。有的人来钓天光云影，有的人来钓一湖秀色，有的人来钓半日清闲。所以，无论得鱼几条，都不会沮丧，他们已经满载而归。姜太公一竿钓王侯，柳河东一舟钓风雪，都不为鱼。人在钓鱼的时候也在钓自己。

我也喜欢看人弄潮捕鱼。人在船头帆下，与风过招，与浪周旋，向水中抛出一张大网，他们真正为鱼而来。获鱼多少很重要，有关生计。经历大风大浪，是必须付出的代价。拒绝风浪的渔人，多是空手归人。

钓，是下饵的游戏，有了饵，早晚会有下文，考验人的是等待。渔，是打捞的游戏，可以一网打尽，又不能一网打尽，考验人的是放下。

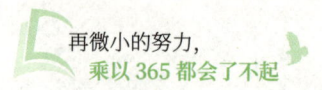

家 风

□ 残 雪

每个家庭都有一种特殊的风气，我们称之为"家风"。小五的父母常年不在家，她家的家风开放而自由，姐妹们在吵吵闹闹中达成妥协和统一；麻子家父亲不在，只有一位慈母在家，她家的家风放松而和谐；我的同学蝶的家庭属于最下层的穷苦人家，她家的家风直接而粗糙。那么，我的家庭又是什么样的家风呢？我想，我们家的家风有百分之九十几是由于我爸爸形成的。

我们刚刚搬到城里的这个旧院子时，一个男孩出于好奇，晚上来到我家门口，透过门缝倾听屋里的动静。那是冬夜，我们全家人（一共七个）围着小小的煤火坐着，除了两个小弟弟不知在悄悄地玩些什么，其他人一人手里一本书。男孩后来对他的同伴说："这一家啊，他们家里就像没住人一样。怎么会这么安静？也很枯燥。"这就是我们家的家风。我们最喜欢沉浸在书的世界里，当然我们同样喜欢有刺激性的儿童游戏。

因为家里一贯很穷，我们从来没有追求过物质享受。至多也就是通过劳动挣一点点小费去买一点点零食。那种机会并不多。绝大部分时间，我们都在进行一种类似精神方面的追求，这显然是不知不觉在模仿我们的爸爸。邻居对我们家孩子的评价是"老实，害羞，话少"。言下之意也是说我们很"嫩"，不善于同人打交道和相处。在今天看来，那个时候我们家里有一种浓厚的理想主义的风气。我们家里不允许撒谎，更不允许骗人和出卖别人。每当爸爸说起这种"坏事"，他都会义愤填膺。而我们都有同感。

我爸爸最喜欢说的三个字就是"没出息"。只要看见我们有怕苦，不努力，不肯独立思考这类行为，或是不敢同人抗争，他都会用这三个字来说我们。在我们看来，这就是最严重的批评了。虽然我们并不知道自己会不会有"出息"，有"出息"又是怎么一回事。爸爸不重视同他的小孩之间的沟通。那个时候的爸爸们也很少有放得下架子来这样做的。所以我虽然从心里爱他，受他的影响，但我知道自己并没有成为他的朋友。他的形象在我眼中总是蒙着一层雾，我一直认为他是我生活中最深奥的人。这种深奥吸引着我又排斥着我。我感到他内面的非精神的那些东西是永远不会向我和任何人透露的。从表面判断，他是纯精神的书斋型的爸爸，我们的家风也是书斋型的。我们这种家庭遇到困难与灾难时，唯一的反应就是硬扛，死扛。我们引以为豪，但这也说明我们的能力有先天的缺陷。

这种极端的理想主义家风虽造就了儿女们的某些较好的品质，但有的时候也会成为双刃剑。结果是姊妹中的几个在踏入社会之后都经历了一番生死搏斗，才没让自己的身体垮掉。爸爸的书生气使得他没有教给我们很好的自保的能力与技巧。健康的身体和令自己感到舒适的人际关系，是孩子们发展自己的最大保障；后来，在社会中经历了多少痛苦的磨砺之后，我们才先后擦掉了身上那层"嫩"皮，变得粗糙和实际起来。虽然这是我们获取自身财富的一条特殊的道路，但我们觉悟得确实太晚了。

何处高楼雁一声

□黄昱宁

我十二三岁时迷上了《红楼梦》，读到第八十回末便捶胸顿足，恨不能穿越时光隧道并在半路截住曹雪芹——替他磨墨煎药、赊酒熬粥，怎么也要让那原装的后四十回成书传世才好。只可惜这样的隧道在人世间遍寻不着，愤懑之余，我只好在日记本上长歌当哭："挥万两金，何处觅，当年断梦重续……"真是把青春期间歇性泛滥的酸文假醋都给泼尽了。

后来我看问题换了角度，发觉作者写到紧要关头戛然而止也未必全是坏事。至少，针对《红楼梦》中人物命运走向的续作、论文、猜测何止千万，反正谁比谁更接近曹雪芹的原意永无定论。再后来，我发现狄更斯谢世之际，也留了一部未完待续的遗作——《德鲁德疑案》，同样催生"探佚"之风勃兴，足可在"狄学"的大树上单独生出一个旁逸斜出的分支来。书名既然以"疑案"为关键词，情节链上预设的锁扣，自然不到最后关头不会解开。据说，临终前3个月，狄更斯曾在觐见维多利亚女王时表示，对正在连载中的《德鲁德疑案》已成竹在胸，但凡"陛下欲享有先知为快之特权"将乐于和盘托出。怎奈天下显然有更值得女王关心的事，她只挥了挥衣袖，便将作家珍视的"特权"——那个已经冲到他喉咙处的秘密，婉拒于唇边。不晓得女王事后有没有空为此扼腕叹息。好在狄翁的老朋友兼传记作者约翰·福斯特陆续抛出多条或明或暗的线索，成为好事者揣度《德鲁德疑案》结局最权威的根据，大约也由此奠定了此公之于狄学的特殊地位。

然而作家的悲哀我们永远无法感同身受。生命之烛即将烧尽，狄更斯仍然挣扎着要把《德鲁德疑案》写完。他在那场致命的脑出血当天，仿佛预见到了什么，破例比平时多写了一下午，总算赶完了第22章。相形之下，巴尔扎克的临终境遇更为凄苦：隔壁，他苦恋了20余载的新婚妻子一边与情人缱绻，一边等待领受他的遗产；病床前，陪伴大文豪的只有一位医生，听他呼喊着小说中人物的名字，哀求上天再多给他一点儿时间。他的《人间喜剧》本来搭好了137部小说的框架，而今，依仗着痛饮咖啡、透支生命，他也只完成了96部！

菲茨杰拉德在44岁因心脏病猝死时，他的长篇《最后一个大亨》刚刚写完第6章——彼时，笔头荒疏许久的作家刚从家庭变故的废墟里探出头来。44年之后，杜鲁门·卡波特作别尘世之际，最耿耿于怀的是迫于显贵的压力，没有完成他想象中的鸿篇巨制——《应许的祈祷》，那是他胸口化不开的死结。一年后，菲利普·罗斯的恩师马拉默德病入膏肓，罗斯赶到其寓所，听他颤巍巍地诵读刚刚写了头两页的新作，一篇永远没有完成的新作。

2004年，当加西亚·马尔克斯继续以血肉丰满的新作实践他"活着为了讲故事"的宣言时，手里的诺贝尔文学奖还没焐热的奈保尔已颓然宣称，即将付梓的《魔种》将是他最后一部小说，因为，"我已经失去了写下一本的精力"。放弃也是一种选择，至少，由未竟之愿衍生的痛楚，奈保尔大约可以豁免了。

想起举凡音乐家传世的最后一支曲子，世人皆称之为"天鹅之歌"，比如柴可夫斯基的《悲怆交响曲》。但套用到那些至死都握牢了笔的作家身上，我总觉得少了些许凄惶与不甘的意味。那是热爱他们的读者望穿秋水也看不见的一长串省略号，那是晏殊的一句好词："何处高楼雁一声？"

永远的孩子王

□ 张郎朗

1953年，黄永玉搬进了中央美术学院大雅宝胡同宿舍。那时他才29岁，和同院的各位老教授相比，他实在太年轻了，很自然就成了孩子王。

他这个孩子王非常尽职，可谓花样百出、魅力无穷。他和梅溪阿姨拉着酒红色的手风琴，给我们唱"西班牙有个山谷叫亚拉玛……"；他带我们去远郊露营，为了我们的安全，深夜里端着双筒猎枪转几圈；他和我们在昆明湖的龙王庙那边游泳，在星光下一起戏水。

黄叔叔和我们斗蛐蛐，所用的家伙什儿都是顶级的。其实他并不是老北京，怎么会玩得这么专业呢？我琢磨，没准儿他是从老玩主王世襄那儿趸来的。每到春节，他组织院里的孩子耍狮子，用的是湘西土家族的蓝色狮子，在北京谁见过这景儿？总而言之，孩子王他当得特别认真，无论玩什么都比其他人高出几个层次。

他带我们一起办壁报，指定我画一张彩色报头。那时候，我刚加入少先队，就画了一个男孩和一个女孩在队旗下敬礼的画。他要我们每个人都投稿，都画画。怪不得大雅宝走出了那么多小小画家：李燕、李小可、董沙贝、袁骢、李庚、张寥寥、黄黑蛮、黄黑妮、祝重华，也包括我，数不胜数。

黄叔叔是孩子们心中的传奇英雄。70年来，无论风和日丽，还是黑云压城，他始终是那副模样——戴着巴黎帽，叼着烟斗，满面笑容，身后跟着一群猫狗。他喜欢养动物，刺猬、乌龟等都不在话下，他甚至从大兴安岭带回来两只梅花鹿。本来他还想带回一只小黑熊，可惜没被批准。至今我也不知道，那只半人高、被当成模特的猫头鹰，黄叔叔是从哪儿弄回来的。

我们院里的孩子他全认识，还都给起了外号，甚至预测我们每个人未来的去向。虽然听着半信半疑，但在我们心中，他就是谪仙大神人。

我上中央美术学院的时候，黄叔叔家搬到北京站旁边的罐儿胡同。那时候，我是美院壁报《蒲剑》的编辑，听说黄叔叔在写寓言集《诺亚方舟》，就去他家约稿。他回说："现在还不打算发表，以后再说吧。"我就和他聊天，还放了一张黑胶唱片。屋子里虽然局促，可是喝着茶，听着音乐，心中无限敞亮。

没想到，后来那本寓言集给他带来了大麻烦，而那些黑胶唱片也在那场暴风骤雨中被敲碎，成了垃圾。可是，黄叔叔没有因此趴下，他幽默依然，坚信风雨总有尽头。因此，大雅宝依然回响着他爽朗的笑声，孩子们也相信明天太阳会照常升起。

果然，阳光透出云层，我回到美院做教师，黄叔叔成了版画系的资深教授，被学生热情拥戴。他还另辟蹊径，画出巨幅的彩墨绘画，创造出与众不同的笔墨与色彩，让世人惊叹。可在我心里，他依然是我那个大孩子般的黄叔叔。

后来，黄叔叔去了香港，大雅宝的孩子也走向四面八方。我正好去了香港，常常去他家蹭饭。他办画展时，我和黑蛮、黑妮、万青屴等幼时伙伴都成了画展的工作人员。那段时间，大家天天在一起喝酒、吃饭、聊天，好像回到了几十年前。这一切仿佛就在昨天。

在万荷堂作画期间，他几乎每年都举办大雅宝孩子的聚会。这些孩子开始白发丛生了，在社会上似乎也都混得人模狗样，但黄叔叔还是个老顽童，我们也就变回孩子王手下的小喽啰。搬到东方太阳城以后，黄叔叔又要画画，又要写自传体小说，时光荏苒，寸金难买。

认识黄叔叔时，我将近10岁；如今与他告别时，我已年近八十。回首往事，一页页翻过去，丰富多彩、目不暇接，凡是有黄叔叔的页面，都会金光闪闪。

黄叔叔挥手告别了舞台，和那些比他还老的老头儿重逢去了。

夜深人静，我仿佛可以听到他们在天堂里的笑声。

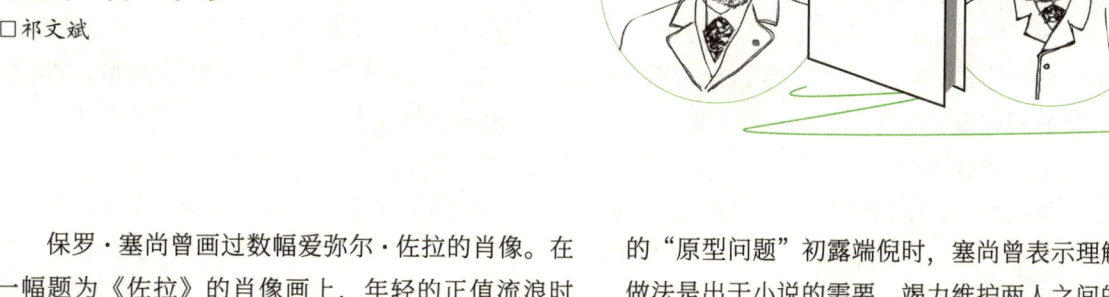

塞尚哭了

□祁文斌

保罗·塞尚曾画过数幅爱弥尔·佐拉的肖像。在一幅题为《佐拉》的肖像画上，年轻的正值流浪时期的佐拉衣着寒碜，一脸倔强。佐拉曾在自己的艺术评论集扉页上郑重其事地写上"献给塞尚"，还在后来的《卢贡·马卡尔家族》中的《杰作》里塑造了一个叫克劳德·兰蒂尔的人——一位自以为是、穷愁潦倒，最后因走投无路而自杀的画家，并声称这就是以塞尚为原型创造的。

塞尚和佐拉是一对好友，年龄相仿，情趣相投，他们相识于法国南部普罗旺斯地区的包蓬中学，常常结伴爬山、游泳、钓鱼、野炊。在那段美好的年少时光里，身材魁梧的塞尚给了体格瘦小的佐拉多方面的照顾。后来在巴黎，性格内向的塞尚通过佐拉认识了毕沙罗、马奈、德加、莫奈、雷诺阿等画家。在早期印象主义艺术圈里，塞尚的画风和主张被普遍视为另类。尽管在艺术方面，佐拉不认同塞尚，但在生活上给了塞尚很大的帮助。

佐拉的《杰作》发表那年，恰逢塞尚跌入人生谷底，成为公众和媒体讥讽与嘲笑的对象。《杰作》的"原型问题"初露端倪时，塞尚曾表示理解佐拉的做法是出于小说的需要，竭力维护两人之间的友谊。可是，从佐拉声称"克劳德·兰蒂尔"就是塞尚起，两人30余年的友谊便走向了终结，塞尚愤然中断了与佐拉的书信往来。

在此后的十多年里，两人再无任何往来，但在谈及对方时，都流露出深深的眷恋。有段时间，当印象派画家圈内争端又起时，佐拉特意撰文帮塞尚说话。

1902年，当塞尚得知佐拉因煤气中毒身亡时，震惊得几乎跌倒，一连几天坐在画室里不住地流泪。后来，塞尚受邀参加佐拉塑像的揭幕仪式。在发表讲话，回忆他们的童年往事时，塞尚失声痛哭。怀念、怨恨、懊悔、惋惜……这痛哭里，包含许多旁人无法体会的东西。

"原型问题"无意中成为一种伤害和"背叛"，导致一对杰出的朋友义断情绝，至死不再相见。友谊，来之不易，也脆弱无比，需要彼此的呵护和滋养。

永远的少年

□ 李 洱

世界上有许多名著，写的都是少年的故事。

这个年龄段的人，故事最微妙、最生动、最有趣。他有那么多烦恼，所以歌德写了《少年维特之烦恼》。他愁肠百结，芝麻大的事都能让他要死要活，一块小点心的味道、睡觉前妈妈有没有吻他的额头，都让他浮想联翩，所以普鲁斯特写了《追忆逝水年华》。我们当然也不要忘了海明威的《尼克·亚当斯故事集》，那是海明威成为伟大作家的一个重要起点。乔伊斯的《都柏林人》中有一篇杰出的小说《阿拉比》，写的是一个少年在跨入成人世界的那一刻，发现了成人世界的秘密。

所以，千万不要认为，写童年故事、少年故事，写不出好小说。契诃夫有一篇不朽的经典——《草原》。里面的主人公还要小一点儿，好像只有九岁、十岁。小主人公离开母亲去求学，随着舅舅的商队来到草原。这段经历，成为他人生中最重要的经历。小主人公对周遭发生的一切都那么在意——草原的早晨，在露水的滋润下草尖如何挺立，各种昆虫如何鸣叫。其中有一个细节，说的是小主人公看到天空中飞来三只鹬，过了一会儿，那三只鹬都飞走了，越飞越远，看不见了。于是孩子感到非常孤独。又过了一会儿，先前的三只鹬又飞了回来。那孩子为什么认为，天空中又飞来的这三只鹬就是刚才的那三只呢？有两种解释，一是孩子眼尖，看得非常清楚，虽然它们飞得很高，但孩子看清了，没错，它们就是刚才的那三只，这说明孩子非常敏感。另一种解释是，孩子觉得它们就是刚才的那三只。我倾向于后一种说法。孩子很孤单，在短暂的时间内，他已经与那三只鹬建立起了友谊。他可以在瞬间与大地、与一切美好的事物缔结同盟关系。当然，他也最容易受到伤害。

有多少伟大的小说，都是从孩子的视角来完成的。契诃夫通过一部小说写出了他对辽阔的俄罗斯大地无尽的热爱。海明威用尼克·亚当斯的故事写出一个少年在成长过程中必须经过磨难，然后从单纯走向成熟，从对父辈的依附走向独立，从自我微小的感受走向对社会的关注，在死亡的阴影下理解活着的意义，在这个过程中他长大成人，成为一个真正的人。

我觉得，曹雪芹选用既是少年又是成年的视角写宝玉，写得更为复杂。因为他没有明确地写出宝玉的年龄，所以当我们看到宝玉皱着眉头考虑那些人生问题的时候，就不觉得滑稽，反而觉得很真实。既觉得那是一个少年的思考，又觉得那是一个成年人的思考。这给曹雪芹表达自己的感悟提供了一条相对便捷的通道。

《红楼梦》的故事几乎是不往前走的。在另外几部古典名著中，故事发展的线索非常明晰——《水浒传》讲的是反叛和招安的故事，《三国演义》讲的是"分久必合，合久必分"。古典小说，描述的是一个行动的世界，人们通过行动完成一个事件，小说是对这个事件的描述，有头有尾。但《红楼梦》中的大部分人物都失去了行动性。

鲁迅说，《红楼梦》写的"虽不外悲喜之情，聚散之迹，而人物故事，则摆脱旧套，与在先之人情小说甚不同"。在这种看似写人情，又不仅仅写人情的小说里，今天的故事仿佛昨天故事的重复，它的叙事没有明显的时间刻度。小说开始，贾宝玉十六岁，到结尾他似乎仍是十六岁。虽然我们知道，这期间曾发生很多故事，但小说的叙事奇怪地让人觉得时间好像没有往前走过。

不过，虽然宝玉没有长大成人，但他已经看透了人世。李清照在《武陵春》里说："风住尘香花已尽，日晚倦梳头。物是人非事事休，欲语泪先流。闻说双溪春尚好，也拟泛轻舟。只恐双溪舴艋舟，载不动许多愁。"舴艋舟，是一种小船，像蚂蚱一样的小船，所以是轻舟。贾宝玉的痛苦可比李清照的大多了。那哪里是一只小船啊，那是一只大船，大如方舟。他的船上载的岂止一腔愁绪，那是一堆痛苦的石头，最沉的石头。那哪里是"春尚好"，那是好大一场雪，是"白茫茫大地真干净"。我觉得，历史上还有其他宝玉，比如南唐后主李煜和清代的纳兰性德。他们的词在某种程度上也可看成宝玉的自传，不过都没能表达出这一个宝玉复杂的内心世界，差不多还是类型化写作。

我有时候想，照曹雪芹这种讲述故事的方法，他真的难以讲述贾宝玉的一生，难以告诉我们贾宝玉长大之后的情形。他只能通过讲述别人的故事，告诉我们贾宝玉长大之后可能会过上什么样的生活。也就是说，贾宝玉的人生在他十六七岁的时候，其实已经完成了，以后的日子不过是山重水复。所以，曹雪芹或许早已感到，没必要把《红楼梦》写完了。

自　己
□朱自清

大丈夫也罢，小丈夫也罢，自己其实是渺乎其小的，整个儿人类只是一个小圆球上的一些碳水化合物，庄子所谓马体一毛，其实还是放大了看的。然而，"顶天立地"的是自己，"天地与我并生，万物与我为一"的也是自己。再说自己的扩大，在一个寻常人的生活里也可见出。且先从小处看。小孩子就爱搜集各国的邮票，正是在扩大自己的世界。从前有人劝学世界语，说是可以和各国人通信。你觉得这话幼稚可笑？可这未尝不是扩大自己的一个方向——这样看，自己的小，自己的大，自己的由小而大，对自己而言都是好的。

将自己关闭在自己丁点大的世界里，往往越爱好越坏。所以非扩大自己不可。但是扩大自己得一圈儿一圈儿的，得充实，得踏实，别像肥皂泡泡儿，一大就裂。力量怎样微弱，却是自己的。相信自己，靠自己，随时随地尽自己的一份儿力往最好里去做，让自己活得有意思，一时一刻一分一秒都有意思。

丰硕的麦粒

□ 段吉雄

麦穗从黄到熟几乎是眨眼之间的事。

躺在槐树下打盹的人们梦才做了一半，就听到一阵阵翻滚的声音，似是有巨大的浪涛袭来，不断冲击着有些松懈的身体。睁开眼，翻滚的麦浪便闯入眼中。麦穗高擎着，麦芒金光闪闪，它们被风推着，前呼后拥，金色渐渐包围闲逸和宁静。

镰刀早就磨好了，刀刃银光闪闪。鸡叫三遍，月亮还挂在树梢，村子里已经有动静了。那些尖锐的麦芒此刻正在睡觉，天亮后经过阳光的一番撺掇，会比针尖还扎人。饭就先不吃了，耽误时间。当然，坐在麦田里，可以不用吃饭，那些沉甸甸的麦穗能把人看饱。

割麦，大概是人们向大地致敬的最虔诚的姿势了。大地毫无保留地把一切都奉献给了人们，把一粒粒细小的种子孕育成了丰硕的果实，供养着人类，让他们得以繁衍生息。

男人豢开左手，从右至左一扒拉，一大把麦秆被揽入簸箕般的手中，右手紧握的镰刀顺着根部轻轻一划拉，麦子便脱离了大地，麦茬如刀切般光滑齐整。其实，他们割麦甚至不用看，凭着感觉在一呼一吸之间就揽下了一怀沉甸甸的喜悦。

田野里的人渐渐多了起来，但都隐藏在麦浪里，看不到彼此，只有"哧啦哧啦"声在田野里窜动、碰撞。此时，站在山顶往下看，这片金色的麦浪里，每个人都在奋力地挥舞着手臂，脸上都流淌着笑容。麦浪被来自不同方向的镰刀吞噬着，原本方方正正的地块正在变得奇形怪状。

太阳突然跳出来了，一大早就热浪滚滚。地里陡然增加了不少人，有老人，也有小孩，戴着各式各样的帽子。女人挑来了担子，桶里是头年做的黄酒掺兑着刚从井里汲起的凉水。等不及用碗，男人用手擦一把脸上的汗水，直接将头伸进桶里牛饮起来。沁凉的井水加上醇浓的黄酒，惬意顺着皮肤一寸一寸蔓延到全身。喝足了，才感觉到饿了，竹篮里松软的馒头还冒着热气，拿起来三两口就吃上一个。女人放下担子，就抄起镰刀走进了那片金色的麦浪里。老人把摊在地上的麦子拢起来，绑成一个个麦捆，哨兵一样矗立在地中央。

稻场上，壮实的麦垛一夜之间从土地里长了出来。

一块光滑如镜的地面上，不知谁家的麦子正摊晾在上面，像烙着一个厚厚的圆饼。中午时分，一个戴着草帽的男人牵着一头老牛出现了，牛身后拖着一个石磙。老牛踏上那厚厚的麦层，从最外沿开始，一圈一圈地转着。石磙从麦层上面碾过，一粒粒晒干的麦籽一个翻身便蹦了出来，没入厚厚的麦秸层中。筒状的麦秆变成了细碎的麦秸，下面铺满了金黄的麦粒。

三四个人一字排开，女人们扬起木杈把麦

秸挑起，把隐藏在里面的麦籽彻底清理出来。细碎的麦秸又被人们垛成了一个圆形的垛子，等到冬天，它们会被人们背回家，在牛栏里、灶膛里继续发挥作用。寒冬，在床上铺一层厚厚的麦秸，梦里都是艳阳高照。

一大堆麦粒和麦糠被聚拢到了一起，像小山一样。男人坐在树荫下吸着烟，喝着冰凉的井水，看似悠闲自得，实际上他是在等待一场风的到来。在这个抢收的季节，风是大自然派来的得力帮手。早已入定的老槐树突然轻微地晃动一下身子，男人觉察到了，他站起身来，铲起半锨麦粒，寻找风的方向。风徐徐刮来，逐渐趋于稳定。是时候了！他屈膝弯腰，铲起一锨麦粒朝脑后甩去，风恰好赶到，把较轻的麦糠吹到一旁，麦粒则在空中继续飞行，到两

三米外徐徐坠落。男人只管挥动着手臂，并不回头看，他知道那些麦粒落下的位置，手腕在掌握着力道呢。女人戴着草帽，光着脚，拖一把扫帚上场了，她要把那些飘落在麦粒上的细糠扫去。一粒粒麦籽打在帽子上，落在身上，像石粒打在身上一样生疼，女人顾不得这些，挥舞着扫帚。

月亮升起来了，如水的月色浸润着圆圆的麦堆。男人走过来，抓起半把麦粒塞进嘴里，甜醇的麦香立即充盈口腔，继而朝着灵魂深处涌去。

醉了。就在这醇浓的麦香里，月亮、风，还有灯火摇曳的村庄，都像农人一样，头枕着颗颗饱满的麦粒，怀揣着一个丰硕的梦想，醉倒在这个殷实、热烈的季节里。🌱

美是对当下的收获

□［英］大卫·惠特　译／柒　线

美是对当下的收获，是世界转瞬即逝的刹那深印在我们内心的影像。眼睛、耳朵或想象力突然成为此处与彼处、过去与当下、内在与外在之间的桥梁。美是存在于外界的事物与内心深处的事物之间的对话。

美是深深的关注与忘我共同所臻之境：忘我地观看、倾听、嗅闻或触摸，因此抹去我们的孤立和与他人的距离，以及对他人的恐惧。美引领我们穿过迷醉，来到那造成我们之物与造成世界之物交会的边界。美总是被发现于对称与引人入胜的不对称之中：创造中的对称与不对称随处可见，飞蛾的翅膀、通透的天空与坚实的大地，可爱的脸庞上宁静的眼睛，从

中我们看到被映射的自我。对称借此将内在感受与外在印象聚拢，我们将在那张脸上看到的远处的他者，与内心深处的自己联系起来。美，是内在与外在之相生动地体现在同一张脸上。

美尤其会发生于时间与永恒的相遇中。此刻被已发生与即将发生限定：春天第一朵苹果花的凋谢，卷曲的叶子在倾泻的光线中打着旋儿飞行，那平顺的洒满阳光的白床单被一双手小心地晾到绳上。有一刻，微风将棉布吹胀，床单飘向未来，它将会变干，这未来始终吸引着我们，又超越我们。美是对当下的收获。🌱

画痴戴进

□ 徐 佳

杭州画师戴进,本是市井中人。

其父戴景祥是位民间画师,在元末明初的乱世,走街串巷,卖画度日,"即今漂泊干戈际,屡貌寻常行路人"。幼年的戴进,跟随父亲学了几笔丹青,便不得不去银匠铺做学徒,随师傅学做金银首饰,挣几枚铜钱,贴补家用。学了三年,便已出师,所制饰品皆精妙,尤善金簪。他日夜待在师傅的作坊里,废寝忘食,琢磨着如何构思,使掩鬓、花钿、顶簪浑然一体,在金饰上精心雕刻楼阁、人物、花鸟,观者无不赞赏,可谓"步摇金翠玉搔头,倾国倾城胜莫愁"。

忽有一日,师傅叫他去城南的一处金银铺子办事。他到了那里,正赶上铺子里熔化金银,刚走近就呆住了。在那堆待熔的首饰里,有一支金簪光艳夺目,尤其簪头的那一朵洛阳牡丹娇艳欲滴。这支簪子正是他花了3个月心血制成的,单单为了雕刻那朵花,他专门跑到30里外的一个园子,盯着牡丹花看了7天。

他不记得自己是怎么走回师傅的作坊里的。师傅看他神情恍惚,于是问他为何如此,他半晌才回答。师傅叹息道:"自古工匠微贱,咱们的心血谁会在意?这些东西在他们眼里,不过是不同形状的金银罢了!"

那是永乐元年(1403),明朝尚未迁都。15岁的戴进跟着叔叔走到南京,他们把几担子货物放在水西门门口,准备歇歇脚。这时一名挑夫走过来,趁他们不注意,悄悄挑走了两担子货物。待到发觉,人早跑远了。戴进的叔叔跌足大呼,这下可折本了!戴进沉思片刻,走到街角的店铺借了纸笔,挥笔便画,寥寥几笔,便画出一幅肖像。然后拿到旁边挑夫聚集揽活的地方,刚一拿出,挑夫们便说这就是某人,住在某巷,众人前去寻访,当场人赃并获。大家都啧啧称奇,仅凭匆匆一面,戴进便可复现其人,这是何等天分?戴进的叔叔也大为欣喜,说:"你就留在京城,访求名师学画画吧,束脩我来负责。"

于是,戴进遍访名家,刻苦学画,不分寒暑,专注于临摹古人画作。十年之间,技艺大进,得唐宋诸家之妙,于释道、人物、山水、花果、飞鸟、走兽等无所不精。其画风健拔,笔法豪迈,一扫南宋以降画坛迷离之风,声名传遍江南诸郡。

后来,画名传入宫禁,宣宗降旨,召其入宫廷画院。关于他在宫廷画院的故事,野史中记载不一,比较有意思的有两则。一则是李诩的《戒庵老人漫笔》,说戴进进宫之后,掌管画院的画官安排了一场考试,令戴进画龙。按宫廷仪制,画师画龙只许画四爪。可画官并未告诉他这个仪制,于是戴进画了一幅腾云驾雾的五爪金龙。明宣宗看了大怒,说:"我这里用不得五爪龙,着锦衣卫重治,打御棍十八发回。"

另一则是李开先的《中麓画品》，说戴进在宫中画了幅《秋江独钓图》，画一红袍人，垂钓于江边。绯红的衣袖与碧绿的江水相映成趣，明宣宗很喜欢。突然旁边一位画师进言道："大红是大明品服，钓鱼人安得有此？此乃讥讽朝廷不务政事。"于是，明宣宗拂袖而去。诸如此类的故事还有几个，总之，说的都是戴进在宫中的日子并不快乐，最终被放逐，归于江湖。

临行之际，京中相友的士大夫纷纷为戴进送行。礼部侍郎王直写了一首《送戴文进归钱塘》："知君长忆西湖路，今日南还兴若何？十里云山双蜡展，半篙烟水一渔蓑。岳王坟上佳树绿，林逋宅前芳草多。我欲相随寻旧迹，满头白发愧蹉跎。"

在南归的舟中，戴进画了一幅《风雨归舟图》，泼墨便似疾风骤雨，走笔便成山河纵横，山石迷迷，草木摇摇，而一叶扁舟却独行于长河之上，于风雨之中，不为所动。

回到杭州后，戴进坐在西湖之畔，面对湖光山色，又画了一幅画，画上题了一首诗："泛泛轻舟泊钓矶，芦花吹雪梦将飞。莫教一枕黄昏雨，直待邯郸觉后归。"他在杭州度过了晚年，和他的父亲当年一样，行走江湖，卖画为生。

后人对戴进评价最高的，或许是嘉靖年间的名士陆深。陆深说："本朝画手当以钱塘戴文进为第一。"然而知他最深的，恐怕还是他的同乡藏书家郎瑛。郎瑛曾为戴进写下一篇传记，里面写道："戴尝奔走南北，动由万里，潜形捉笔，经几春秋，无利禄以系之也，生死醉梦于绘事，故学精而业著，业著而名远，似可与天地相终始矣。"

好一个"生死醉梦于绘事"，或许当年那个银匠作坊的小学徒，只是睡着了，做了一个画家的梦。在梦中，他对艺术的痴迷，却从未改变。

毛笔字

□ 学 枫

父亲生前写得一手好毛笔字，所以我一直想要学习书法。

在我上学的时代，学校已不再教毛笔字了。我开始学书法是在三十四岁。

我对毛笔字的认识，始终是，父亲在夜里，打开一张可以折叠的长方形小桌子，嘴里叼着香烟，正襟危坐，捏着毛笔，写着一笔笔楷书。有时候，是亲友请父亲代劳，写一张张喜帖；有时候，是中元节的告示，父亲写在一张大大的红纸上。

昨天，父亲大大的手掌包裹着我小小的手，强有力的大手使笔锋上下移动，我感觉到父亲手掌心的温度，我感觉到父亲贴近的身体接触，我感觉到在我脑后父亲均匀平稳的呼吸，毛笔的墨汁在九宫格上洇开，洇出了一个"父"字。忽然间，我的泪水滴在纸上，"父"字模糊起来。

儿子回过头，对着我说："爸爸，你为什么哭了？你教我写毛笔字很辛苦吗？"

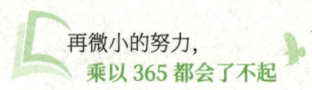

达尔文和他的拖延症

□ [美]大卫·奎曼 译/郝舒敏

作为普通人的达尔文

有人认为达尔文有拖延症,在《物种起源》出版前的那些年里,他除了抚养孩子,就一直"游手好闲":在显微镜下解剖藤壶,在笼子里养鸽子……他在《园艺年鉴》上发表了许多小论文,文章主题多为盐、井用桶绳、果树和老鼠色的小马之类,没有一篇文章与物种进化有关。他在水疗中心一待就是几个月,身裹湿毛巾,泡冷水浴,备受折磨。达尔文在这段时间的行为出人意料。

查尔斯·达尔文性格复杂、勇气十足但为人腼腆,悟性甚高但总是苦恼。他头脑聪明,有一副柔软的心肠和一个像涂料混合机一样不安定的胃。倘若达尔文性格单一、坦率易懂,那他也就不会如此有趣了。

除了远离社会、投身科学,达尔文也喜欢赚钱,并且不仅通过当作家赚钱,还时刻关注投资事务,通过购置农场再出租获利。1848年,达尔文的父亲过世后,达尔文和兄弟姐妹以不公开的方式分割了遗产,这带给达尔文一笔高达45000英镑的巨额财富。接下来的几年,他和妻子埃玛共同的年收入高达3700英镑,他们将其中的一半用于再投资。

与家庭遗产和投资收入相比,达尔文出版作品的收益真是太少了,但也不至于不值一提。他的《"小猎犬"号所到地区的地质史与博物学考察日记》第一版的收益为零,第二版的收益尽管数额不大却也差强人意。很快,达尔文从一般作家变成酬劳丰厚的专业作家。出版于1859年的《物种起源》在科学界树起一座高耸的里程碑,这部书的前两版给达尔文带来616英镑13先令4便士的收入,但这只是开始。

达尔文并不贪婪,他只是有理财习惯,善于统计财富,注重细节。他手头有许多收支簿,记录了他从结婚到离世共计43年的收支情况,如1842年付给管家帕斯洛25英镑的年薪、1863年花在置办鞋靴上的18先令等。

工作狂达尔文

1846年,达尔文有4个孩子——两男两女,还有一个孩子即将出生。他总有一个即将出生的孩子,直到埃玛年近五十也不例外。埃玛一生总共生了10个孩子,其中3个夭折。

最终,达尔文为孩子们的健康状况苦恼不已——孩子们大都体弱多病,达尔文认为他们是遗传了自己的体质,愧疚不已。

达尔文曾在自家宅邸后面租了一块土地,这块地位于草场西侧,种了桦树、角树、山茱萸等多种树木,还用冬青树围了栅栏。有一条砾石小路绕地一周,达尔文每天都要在这条小路上散步思考,后来人们称其为"达尔文的思想小路"。

这条环形小路不长,大约只有0.25英里(约400米),所以,达尔文有时会走上好几圈,每走到一个特定地点,他会像拨算珠一样把石头踢到路边,以记录圈数。他常常看孩子们嬉戏玩耍,观察鸟巢,享受日常事务带给他的平静和慰藉。

在不受疾病干扰时，达尔文工作努力，毫不停歇——用现在的话说，他是个工作狂——研究项目一个接一个，没有假期，也没有庆功会。达尔文不是那种完成著作就打开香槟庆祝的人。

1846年10月1日，也就是达尔文改完《南美地质观察》的校样那天，他打开了一瓶保存已久的标本，这是他在参与"小猎犬"号航行时带回来的，里面装着十几只藤壶。这些藤壶种类奇特，形态极小，会在特定的海螺壳上钻洞。11年前，他在智利海岸附近的乔诺斯群岛上收集了这些标本。现在，达尔文打算解剖这些小动物，将它们辨认清楚，并写一篇论文。

拖延8年才继续的《物种起源》

1854年初秋，达尔文终于结束了看似遥遥无期的藤壶研究。他在日记中语气沮丧地抱怨道，藤壶研究项目竟花费了他8年时间。4卷本蔓足亚纲著作的最后一卷要几周后才能出版，但9月9日他就把标本打包好了。他早就受够了需要眯着眼进行的解剖、费力劳心的绘图和显微镜下藤壶抖动的蔓足，迫切地渴望开展下一项研究。根据另一份日记，同一天，达尔文"开始整理物种理论的笔记"。

这些笔记就在桌子中央。他已经花了16年思索物种演变，不断完善自然选择学说，阅读生物学文献，思考收集到的关于野外适应性和变异的资料，提炼1842年完成的大纲和1844年拟好的草稿中的论点。

在此期间，他出版了8本书（不包括由他编辑的《"小猎犬"号的动物学》），其中7本是专业书籍，一本是人们喜闻乐见的旅行纪事。他成了一名擅长处理棘手动物群体分类问题的专家，在专业学科领域得到了重要奖项的表彰认可。他曾经担心"唯有详细绘制过许多物种的人才有权审视与物种有关的问题"，现在他已经得到这种权力。

那么，是时候把物种理论公之于众了吗？不，还不是时候，达尔文还没有准备好。他开始做进一步的实证研究，来填补证据中的空白。1855年年末，达尔文起草了一封正式信函作为请求信，打算寄给海外的联络人和熟人。这封信的标题点明了达尔文的需求，正文措辞仿佛一份分类广告。

信的标题是"兽皮"，正文开头如下："任何品种的家鸽、家兔、家猫，甚至家犬的毛皮，只要个头不太大，都可以。在人迹稀少的地区经过几代人培育的家畜非常重要。"他请求各位朋友帮他一个大忙——寄一些标本。除了禽类和兽类的皮，达尔文还想要家畜的肱骨和股骨，头盖骨数量也越多越好。他希望看到饲养在牙买加、突尼斯等异国他乡的家养动物可能会有的变化，并乐意支付运输和剥皮的费用。正是这些标本对写出《物种起源》起到不可忽视的作用。

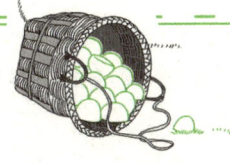

完成自己的人生故事

□余秋雨

人生的道路就是从出生地出发，越走越远，由此展开的人生就是要让自己与种种异己打交道。打交道的结果可能是丧失自己，也可能在一个更高的层面上将自己找回。在熙熙攘攘的闹市中，要实现后一种可能极不容易。为此，我常常离开城市，长途跋涉，借山水风物与历史精魂默默对话，寻找自己在辽阔的时间和空间中的生命坐标，把自己抓住。

投身再大的事业也不如将自己的人生当作一份事业，聆听再好的故事也不如将自己的人生当作一个故事。

指尖之海

□ 王海雪

耀明看到母亲的第一眼，觉得海风与阳光的阴影从她脸上退了一些。他迎上去，捏住母亲的面颊，是有厚度的肉感，说母亲白了一点。无论被谁夸白，都是令人高兴的事。耀明松开手，母亲看了看四周，笑着说，放心，很快就会跟你一样黑。

耀明穿一件破旧的篮球运动服，裸露的臂膀像海底的石油。他光脚走着，说自己摸到了大鱼，让邻居帮忙做成鱼干。又说这几天自己认真完成作业，得到了老师的奖赏——一支铅笔。说完，他从那条宽松的中裤口袋里取出一支削了一点的铅笔，炫耀似的举到母亲面前。心里却有些遗憾，他一兴奋，就忘了要先给母亲过目，自己再削的。

母亲不在的这几天，他每个晚上都出来看夜空。这缺少灯光的夜空，却有耀眼的繁星，他朝着它们微笑，跟它们说话。他记得父亲提过，父亲年轻之时，也做过这样的事。星星是渔民最好的朋友，它们守护着海域，守护着在海上往来的人们。父亲叫他不要用手指天，说这是不敬，尤其是渔民的孩子。

父亲说，外公在失去星星的夜空中迷了路，便回不来了。

耀明告诉母亲，他要用这支笔画一条星路，让外公从礁盘往天上走，沿着这条路回来。母亲顿了顿，一个失神，心里想，什么是远去的路，什么是回来的路。她看向耀明背后的大海，海离得那么近又那么远，那其实是一座无边无际的房子，装得下世上所有的人。人的脾气与海的是一样的，人有愤怒，海也有，那变幻莫测的天气是海愤怒的表现。这时候，千万不要硬扛。母亲觉得自己的父亲错了，人不能跟愤怒的东西对抗。想通了这一点，她有点释怀。

她回到自己熟悉的小屋，先把被耀明弄乱的东西重新整理一番。和新屋相比，这屋里的一切破落不堪，超过两米的床是临时拼成的，铺着用了很久的席子，耀明可以随意滚来滚去。现在，他先于母亲爬上床一边玩一边看母亲做事。他没想出去，他看着母亲忙碌就很快乐。

突然，他想起一件事，便说："阿昌差点死了。"阿昌是耀明同龄的玩伴。母亲手一停，抬头看他。耀明说阿昌从水底上来得太快，流血了。母亲能想象那个场面，她也无数次听到这样令人悲伤的事件，但那仅限于下水的成年人。阿昌只是一个跟耀明差不多大的孩子。他连救生衣和浮潜设备都没穿戴，就那样冒险地忽上忽下。这种作业方式自古有之，但年幼的孩子并未意识到危险性。

"救过来了。"耀明说，声音里有一种不谙世事的稚嫩。救过来了，隐含着把死亡赶跑的胜利意味。

母亲说："你先不要去海边玩了。"耀明说："不去那里我能去哪里？"

去学校，去操场？耀明把这座岛上可玩的地方都想了一遍，还是觉得大海最刺激。

母亲来到外面，看向阿昌家。无人在家，阿昌还在岛上的医院里，那些晾晒的鱼干被左邻右舍帮忙收拾了。她有些自责，因为她不在场，没能帮上忙。她又看向医院的方向，不远，但是晚了，她决定明天再去看一看。这里的渔民，什么大风浪没见过，只是，这次是一个孩子。耀明说，以后他要好好教阿昌怎么在水里保护自己。

水里和地上，因为熟悉，所以让人有种错觉，以为它们都一样。

从她父辈的父辈起，家里的每一个男人都是钓鱼的。她不会把自己的父亲说成打鱼的。因为祖祖辈辈传下来的只是一枚鱼钩，走进海里，让水淹到胸脯，或是憋着气，拉着鱼线在水下憋上三四分钟，等鱼咬钩，再回到船上。出海的渔船很小，以前靠手摇，现在靠电力发动，一般是家里四五个男人一起出海，在这片广阔无边的海面上，整日整夜对着大海。

虽然她丈夫的船更大，但仍然以这样的作业方式为主。她好像看到自己的丈夫正湿淋淋地在海中的礁石上休息，等待下一刻去潜水。

每时每刻担心在长期的时光中，已成为一种固定习惯，以至于所有的悲喜都不能让她的情绪有明显的波动。

儿子的话让她想起过去。自己的兄弟在少年时说过同样的话。

所有的事物都在重复。

她带着心事躺到床上，她不知自己何时睡着，也不知耀明是何时回来，又在她身边熟睡的。第二天，她是被透进来的光叫醒的。她比平常起得晚了一些，可能是回到海南本岛的那几天，打乱了她素日的作息。

她去了医院，看到阿昌的母亲，也看到已经恢复得差不多的阿昌。阿昌的母亲告诉她，自己起初有些慌乱，但现在已经很平静，活过来就好。这种对生命的镇静，在每个渔娘的脸上都能找到。

打开的窗户有海浪声涌进来。

耀明走进来，来到阿昌旁边，两个人叽叽喳喳地说起话来。动画片、海底世界……小孩子的话题大人根本听不懂。母亲叫耀明不要跟阿昌说那么多的话，不然阿昌会没了力气。于是，两个孩子消停了一会儿，又低声说起话来。阿昌看上去不像一个刚刚死里逃生的人。

她不想再次劝阻，便拉着耀明离开。

周末，天气又好，耀明没跟母亲回家，而是独自走到那片长满沙漠植物的沙滩上，把手摆成海浪的日常姿势。每个人都有生气之时，海也不例外。他把海水抓起来，悄悄地对着指尖之海说，如果大海发怒，请提前告诉他，这样他和朋友们就不会去打扰它。

他见过大海愤怒的样子，知道如何安抚它。

他走到一株仙人掌旁边，折下花，又回到海中，把花放在海面上，一直看到海浪把花卷走。他笑了，海浪终于听懂了他的话。

始于大地

□石　兵

万物皆始于大地，大地有母亲的属性。

大地空旷而坚实，不需要费力想象，目力所及皆是大地所属。那些山川河流、绿树繁花，无论多么壮观美丽，都不会让人产生不真实感。因为大地是它们的根，与一个人、一株青草并无二致。

时光在大地上变幻出春夏秋冬，岁月在大地中演绎出悲欢离合，大地上的故事动人而亲切。人一生都在大地上逡巡不停，在大地某一处扎根，在大地某一处流浪，在大地某一处成长。

走在大地上，心情总会豁然开朗。有万物为伴，得岁月眷顾，双脚总是坚定有力，前方总是长存希冀。只要人在大地上，一颗心纵然翱翔九天，依然不会迷失方向，因为大地上始终有一个声音，告诉你生命的根系在何处，告诉你心灵的归宿在何处。

再微小的努力，
乘以365都会了不起

人生莫问来处

□ 宽　宽

2014年女儿出生后，我请了一位阿姨帮我料理家务。

阿姨姓王，40多岁，半辈子待在农村。她家有20亩薄田。晋北土地贫瘠，20亩地全种了玉米，丰年时，全家年收入4万多元。来我家打工，是她第一次走出农村，她是他们村里第一个敢独自出来打工的女人。她这么勇敢，是为了挣钱供女儿上学。她供大女儿念完大学，花光了全部积蓄。小女儿快初中毕业了，王姐狠了狠心，决定出来打工，给小女儿挣大学学费。

村里人说："女儿都是给别人养的，你这么做不划算呀。"她不听，"我不图娃们以后养我，我只求她们有个好前途，以后过得比我好"。每次说到这里，她都免不了抹几把眼泪，说自己无能，不能给女儿们更好的条件。

这股不听劝的倔劲，让王姐有机会走出自己的路。

王姐只读到初中毕业，听说上学时是个好学生，奈何家里太穷，没法读下去。她20岁出头嫁人，夫家赤贫，还欠了不少外债，但她看上丈夫"人好，还是个工人"。离开农村，是她年轻时最大的心愿。

王姐那时就成天琢磨，怎么从这地里多打点儿粮食，多换点儿钱。夏天地里浇灌，一般人家浇一到两次，她和丈夫勤快，盯得紧，一季浇三四次。秋天收割，同样是20亩地，她家打的粮食能卖4万多元，比别人家多出一万多元。

晋北土地大多只种一季庄稼，但因为村里观念保守，有些人宁肯在家喝稀饭，也不愿出去打工挣钱。王姐说，她最看不惯家里穷得缺吃少穿，还有心思去打麻将的人，她也不爱扎堆儿聊人是非。她把所有的心思，都用在琢磨怎么赚钱，怎么脱贫上。冬天农闲了，王姐就去村里的理发店打工，一个月能挣800元。一天从早忙到晚也只能赚这么点儿，很多人都不稀罕赚这辛苦钱。王姐不嫌少，"年前忙几个月，能赚3000多元，过年的花销就挣出来了，孩子们的新衣服也能穿得齐整些"。

一个人在没有任何条件时，就只能比别人更勤奋，以此获得最初的成长条件。靠着每年多赚一点儿，零敲碎打地省钱攒钱，王姐在婚后第七年，盖起了大瓦房。盖房，是一个庄户人家穷其一生的追求，不是每个女人都有这样的志向和魄力。王姐勤劳，还倔，认定的事决不妥协。

王姐坚信，只要有钱了，就能过上幸福快乐的日子。然而，生活从不会如此纯粹。生活中的苦难，何曾特意放过谁？

村里游手好闲的年轻人打斗，王姐的父亲无辜受连累，在一天出门挑水时，被误伤猝死在井边。父亲过世后那两年，王姐的眼泪都流干了。在深深的绝望过后，王姐无视任何人的阻挠外出打工。保守的村子里流传着她抛夫弃女的种种故事，她充耳不闻，决绝地要为自己的家人谋个好日子。

王姐来我家一年多了。成日里我忙于照顾孩子，把大半个家交给她，日常采买全由她打理。

每天的花销，她都会仔仔细细地记在一个小本上，精确到角，每个月结束时拿给我，固执地叫我一定要好好看。我从来不是精打细算的持家高手，过去也常不屑于此，可还是为王姐所掌握的这项技能感到震惊。全家一个月的吃喝花销，竟然不到500元，并且我要给孩子喂母乳，每日吃的看上去并不俭省。王姐持家，绝不会浪费一点儿食物，她会细细观察每个人的食量和偏好，坚持菜样多、分量少，每道菜、每餐饭都力求恰到好处。

王姐好学，对新的生活方式抱有十分开放的态度。看我做过一阵烘焙，她便也要学，回家后也让她丈夫和女儿尝新鲜。她上网查阅各种配方，一一试做，并把中意的配方抄在自己的小本上，没过多久就把蛋糕做得有模有样。

打工让王姐家的收入成倍增长，半年后，她开始大刀阔斧地"遥控"丈夫改革生活方式。她用打工挣到的钱，给家里买了烤箱，给卧室贴上壁纸，买了吸尘器。嫌烧炉子烟尘大，她大手笔地拨出一笔"巨款"，把家里的取暖设施改成土暖气——在村里，她家是第一家。

她给丈夫打电话说："家里得有花，地里那一片片的野花，咱也采些插在瓶子里，好看。"

她放假回家，第一次烤蛋糕，村里人来围观，她端着盘子房前屋后地送。那小小的蛋糕，连同家里的变化，一扫人们的偏见。王姐家成了村里日子过得最红火的人家。村里的妇女都有些眼红，争相托她帮着在外面找找打工的门路。

改造完生活方式，王姐在精神上的追求也迅速展现出来。

她干活利索，上午干完活，下午就没事做了，她又不爱到小区里跟其他阿姨聊八卦，我就给她选书看。后来无须我推荐，她看完一本就从满墙的书架上自己挑选，看得如饥似渴，看完总要跟我讨论一番。有一天，她忽然对我说："我发现书是个好东西，能让人变得有见识、有能耐，还能解烦恼。"她脸上有一种对自己特别满意的神情。我知道，从那天起，无论她未来的生活境遇是好是坏，她的心都不再容易干涸。王姐不再是原来的王姐了。

我从来没把王姐只当保姆看待，每个人来到我们的生命里，都会给我们带来启发。她让我看到，一个原本身处所谓"底层"的人，纵然负债起家（连白手起家都算不上），还是可以凭借勤奋、能吃苦、勇敢、好学这些最朴素的品质，获得更好的生活。

王姐说过一句话："横竖饿不死，怕个啥？"这句话，真有股豪迈的气势。

后来，我搬到大理，我们俩朝夕相处的缘分便尽了。再后来，我听说她回村了，买了收割机，秋收时到邻近村子里去帮别人收割赚钱。她还想开个小蛋糕铺子，卖自己做的蛋糕、奶茶。如今，我偶尔会看到她发微信朋友圈——"干活累了，煮个下午茶"，配上她自己做的蛋糕和奶茶的照片。

想拥有更好的生活，除了有求好的决心，一靠勤奋，二靠折腾，三靠学习，这是我在王姐身上学到的。这个道理适合我们大多数人。

态 度

□ 老 马

路遥在《平凡的世界》中写道："所谓理想，我认为这不是职业好坏的代名词。一个人精神是否充实，或者说活得有无意义，主要取决于他对劳动的态度。"

我年轻时，在煤矿卖苦力近5年，处了许多师傅。后来当建筑工人，也很辛苦，也处了许多师傅。他们大多文化（就书本知识而言）程度不高，但都很实在：干活不投机取巧，对人不玩心眼儿。这种对劳动的态度、对同事的态度，让人佩服。如今他们大多已远去，我非常怀念他们。因为他们曾默默地影响了我做人的态度。

父亲拿得出手的本领

□ 高明昌

最近几年，母亲时不时感叹，说我没有学得父亲的本领。父亲的本领有捉鲻鱼、砌灶头、兜水田。老母亲一一道来，我想了想，确实一样也没有学会。身旁的姊妹说："学了做啥？现在样样不需要了。"可母亲觉得，随便做啥，要防三年风、四年雨的。我晓得这"三年风、四年雨"指的是自然灾害等不可抗拒的事情，这"防"是指人最好学得吃饭的真本事。比如有一门手艺，万一需要时拿得出手，可以养家糊口。

父亲的独门手艺是有点的，我领教过。我十来岁时就被父亲拉在身边，他捉鲻鱼时我也去的。捉鲻鱼是靠海吃海的一种表现。我们家、我们村，靠近东海二三公里。家里如果几天不开荤了，父亲就去海里走一遭。他右肩上搭一条渔网，一只手反扣着鱼篓，赤着脚啪嗒啪嗒地走路。沙泥地上全是脚指头张开的印记，有时浅，有时深。问父亲为什么这样急，父亲说是为了赶潮水。

父亲一出门，就有一帮人悄悄地、慢慢地尾随着他。捉鲻鱼真的需要技巧。一是要吃准潮汛。鲻鱼只在退潮的时候出现，只能在潮头撒网，而把握退潮时间需要智慧，不懂潮汐知识的父亲，不知是从哪儿学会看潮的；二是要看得出鱼在哪里。我们这里的潮水是泛黄的、浑浊的、涌动的，要想看得出、看得准水里有鲻鱼，眼睛要亮，眼法要准。而父亲，每每撒网必有收获。

父亲的这门技术教给了一个人，那人姓叶，是一名小学体育老师，小父亲几岁。叶老师放学后总是一脚奔到我们家，与父亲一起烧饭、烧菜，然后一起喝酒。时间一长，两人成了好朋友，父亲开始向他传授捉鲻鱼的经验。

父亲的教法与众不同，他来到潮水里，教叶老师学看潮水，看潮水里涌起的水头，看水头的条数、速度、大小，然后断定这潮水下面就有鲻鱼，命令叶老师马上撒网出去。试了几次后，父亲就让叶老师自己观察、自己判断、自己撒网。父亲说，别人说十遍不如自己练一遍。就这样，赶一趟潮汛，教一个方法，叶老师学会了。父亲的这个教法，让我辨出来许多滋味，我教学生语文也用这个方法，取得了良好的教学效果。

叶老师像高音喇叭，逢人便喊，说自己学会了捉鲻鱼，是我父亲教的。许多人都来向父亲学习，父亲像个英雄，站在大门口，"拔挺"喉咙说："去问叶老师吧，他的网撒得比我好。"说完就回屋喝酒去了。

父亲是个泥水匠，他有个看家的独门功夫，就是砌灶头。老家人造新房子都要砌灶头。大户人家分家了也要砌灶头。大家都爱请父亲砌灶头，只个别人家不相信父亲，请别人砌。但过了几个月就怨灶头火头温暾，烧的饭菜不香，又想起父亲来。父亲说好的，我一定相帮。

父亲砌的灶头是有特点的。最明显的是灶身小，省砖头，也少占面积，而且灶面清爽漂亮；灶膛火头集中，出火快、出火旺，省柴、省力，烧饭烧菜的时间短，即使外面疾风骤雨，烟囱也绝不会烟火倒流。一句话，就是好看又实惠。人家砌的灶头用了3年后要翻新，父亲砌的灶头5年后照常使用。这使得父亲的名气很响。父亲砌好灶头后，夜饭是不在别人家吃的，这个做法也是替东家省钱。省钱，是所有农家的习惯。

海边村的男人都是学手艺的。每年的"三抢大忙"，若是都靠妇女们干活，是会拖节气的。村上有句谚语：人误地一时，地误人一年；脱时脱一季，脱季脱一年。村上要求所有男人回村一周，帮忙"三抢"。父亲插秧也是快手。母亲说父亲的快是"邋遢快"，意思是邋遢了才会快，他不邋遢就快不了。父亲不承认，他的不承认是有道理的，因为他还有一个本事，他会耙水田。

耙田，确实是一身水一身泥的，想不邋遢也不行。海边村的耙田是指种植水稻的水田，在水田中放满水，适时浸泡后用牛和耙把秧田耙成松软浆泥的活儿，通常叫兜田。干这活儿的经验是，首先要兜到田里的每一块泥都不出现僵块，这个是棘手的难题，泥块在水里，是看不见的，需要感觉，需要技术；其次是整个水田要齐平，不管田大田小，都要平整得像一面镜子。要做到这些，非有十年的兜田实践不可，也不是人人都能学会的。但父亲学会了，而且学得很到位。

也不知道父亲是如何学会的，有人说，村上的一位老者见父亲心诚、手巧、善良，就手把手地教会了他。也有人说，父亲的手艺是神仙点化的。我不相信，有一回问母亲，母亲说："哪来的神仙，还不是自己的父亲教儿子的？"就此一句话，我听明白了，明白了也不说，要替父亲保守秘密。因此父亲每年都显得很神气、很自得。

有一个晚上，我与母亲对坐相望。母亲轻轻地对我说："你父亲除了捉鳝鱼、砌灶头、兜水田以外，还为我烧了60多年早饭。"她说，父亲喜欢吃饭，她喜欢吃粥，所以一顿早饭要烧两次，要烧一镬子粥、半镬子饭，烧到自己烧不动为止，很辛苦的。

母亲泪眼蒙眬地问我："这应该也是拿得出手的东西，是不是？"我答道："是的，应该是的，完全是的。"

心中有诗

□ 张 炜

你如果是个心中有诗的人，那么你就拥有了一份表达生命的厚礼，生命不止，就受用不尽，真正是幸福无边。你用这一辈子守住的诗心驱逐了人人都害怕的失落感，这不是最聪明的办法吗？你留下的是心灵的记录。它滋润了自己的心灵，也可以滋润别人的心灵。

诗意，说到底可用来安置自己这颗苦涩的心。人活着，心的安置成了第一要事。没法安置，就有了无边的懊恼、牢骚、忌妒。有了诗意的驻留，一切全都改变。你从此追求的是永恒的东西，跳出了世俗生活狭窄的圈子，开始放眼去看遥远之地，你生命中的参照于是为之改变。

一个人的境界高下，主要是因为生命的参照不同——我们眼前的许多事情根本算不了什么，在不久的将来就会变得毫无痕迹、轻若鸿毛。

海岸与仙人掌

□ 杨 道

海洋边缘是一个神奇而美丽的地方。有了鱼鳞洲的海岸美得尤其齐全，山海相依，礁石与仙人掌两两相望。十年前，这里少有人来，港湾内海水清清浅浅的，沙滩还白净着，因为尚未开发，沙滩上仍有许多漂亮的贝壳在安静地生活。水流缓慢，波澜不惊，它的平静让人觉得寂寞。

鱼鳞洲的四周都是仙人掌。它们在沙化的土质里生长，面色有些苍白，花却仍旧艳黄，一朵朵就在针尖上开出来，花瓣层接相偎，一瓣承着一瓣，张扬恣肆，这是一种真正的盛开，没有矫饰，没有虚伪，卓尔不群，和周围所有的故事、所有的历史都没有关系，它只展现自身的个性。它的刺仿佛都是微笑的。

在漫长的地球史中，海岸一直是个动荡不安的区域，海浪在这里猛烈地撞击礁石、沙滩，潮水到此去而复返侵略着陆地。仙人掌每一天都在经受着这样高强度的"洗礼"。它们沉默而倔强。潮水每一天都按照它们自己永恒的规律涨退，海平面无法稳定，每一天的海岸线也难以雷同。它们总保留着一条捉摸不定、模糊不清的界线。仙人掌就在这条界线上生长，被暴露在炎热或者寒冷中，也暴露在风中，还有雨水或者干燥的太阳下。唯有仙人掌坚强和随遇而安的性格，才能让它们在如此多变的环境中生存下来。饶是如此，潮水线之间的区域还是挤满了各种无名植物和动物。在海岸这个艰难的世界中，仙人掌和那些我叫不出名字的生命靠着占据那些生态龛位而展示出强大的韧性和活力。

涨潮时，岸边的人的思绪会在瞬间被仙人掌开启，苍白而徒劳地妄图靠近什么，凌虚高蹈的姿态注定了所有关于这一刻的记忆都只能抵达自己的内心，而仙人掌，永远面向着鱼鳞洲过往的忧伤和海军山上孤独的灯塔，沉默或者盛开。

仙人掌永远是这样阴性尖锐的植物，满身细密的尖刺，丰富而敏锐。也许只有它们，才守得住那么多的寂寞，守得住那些鱼鳞似的小洲，遥望船帆掠过，飞鸟掠过，海水潮落潮起，却依然如故，和鱼鳞洲两两相依。

海岸是一个古老的世界。它不断创造并且不停地驱动鲜活的生命。生长于此地的仙人掌，恣肆地发展了这一态势。当潮水在一片黑礁石中激荡，视野中除了碎银似的浪花，什么也看不见了。沙砾中的仙人掌显得从容，它们知道潮水会再次落下，带着花边的泡沫瀑布从巨大的黑礁石向着仙人掌的方向流下。退潮时，海显得更为平静些，潮水的掉头也没什么戏剧性。一身盔甲和尖刺的仙人掌，内心其实十分柔软脆弱，当浪头开始在海中打着漩涡，它们便亮闪闪地进入人们的视野。

仙人掌粉黄色的花也进入了视野。随着潮水不知不觉地退下去，夕阳的余晖落在仙人掌的花蕊中，一些纤细的美人鱼的发丝一样的光线给花作着描画，开始发白，起一些晶莹的褶皱。

我喜欢坐在毗邻仙人掌的那块大黑礁石上感受鱼鳞洲的风景。黄昏时,东方灼辣的阳光被海军山迎面拦截,这一片区域阴凉安静。一条粗糙的小路从一片常青的小森林中经过,夕阳的光有些诱惑,海雾开始缓慢地从深海处升起。入夜后,雾气渐深,它们在黑礁石的罅隙里飘荡,萤火虫在仙人掌丛中纠结,这里就成了一座幽灵的森林。月光寂静,海浪的声音自觉降低成了耳语,一些小螃蟹没来得及钻进洞里,在滩上爬行,发出轻微的窸窣声。

天色渐暗,太阳的热气在减弱,鱼鳞洲变得热闹起来,从北方来过冬的"候鸟"人群聚集在沙滩上,坐在太阳伞下的休闲椅里,闲适地喝着椰子水,聊天,许多人干脆更放松一些,直接躺在沙滩上……

几位着泳衣的老人正用菜刀削着仙人掌外皮,准备带回家泡水喝,据说有消炎的功效。

这些老人说起仙人掌,满脸放光。

我有些担心这片仙人掌的命运。它们是鱼鳞洲最独特的风景之一,也许和这片海一样古老。它们从历史深处走出来,在一片海浪声盖过市声的地方野蛮生长——大海空旷的隆隆声,富有节奏而又不停歇地撞击着礁石,不停地低落下去又响起来。而随着海岸的起伏升降,这片仙人掌与海浪、天空及礁石所构成的海洋画景的边缘,被尖利而分明地勾勒出来。清冷的月光让仙人掌的轮廓更为清晰,那些纤细的尖刺仿佛刺开苍灰的海与雾气,刺开海岸上这片混沌迷蒙的世界,一个激荡着崭新生命创造的世界裸露出来。

戴嵩的牛尾与齐白石的虾身

□ 筱 冰

《东坡题跋》中记载了一个有趣的故事。

戴嵩是唐代著名画家,以画牛出名,时人有"韩马戴牛"之称。一日,有一牧童看到他画的《斗牛图》是正在酣斗的两头牛,拊掌大笑。

原来牧童从个人经验指出错误:牛在相斗时,力量在角,"尾搐入两股间"——尾巴收在两股之间,而戴嵩画的这幅牛是"调尾而斗"——尾巴的位置不对,犯了常识性错误。以画牛出名的戴嵩肯定仔细观察过牛:从形体到细节都有心得,饶是如此,其画作仍不免露出破绽。

其实,戴嵩画牛毕竟是艺术创作,艺术来源于生活不假,但肯定又要高于生活,是允许虚构的。但常识性的错误还是不应该有,比如牛在相斗时,尾巴的位置等。当然这也就是遇到行家,不是内行,谁又辨得清呢?

与之类似的情形还出现在齐白石老人所画的虾上。虾的身子是六节,而白石老人画的虾只有五节。这倒不是说白石老人犯了错误,而是因为他通过实践知道,五节的虾比六节的虾更具表现力。可以说是有意识地错。还是那句话,艺术不是生活的简单复制,它一定要高于生活。

汪曾祺的小说《鉴赏家》中,提到一个叫季匋民的画家与贩水果的叶三之间深厚的友谊。当季匋民画了幅墨荷给叶三看时,叶三指出了破绽:红花莲子白花藕。而季匋民所画的是墨荷——只有黑白——一片纯白的荷花中,直挺挺的是枝枝硕大的莲蓬。叶三固然是对的,画家也没错,真要是较真,荷叶也有问题——啥时候见过墨色的荷叶?

什么原因?自然还是那句话。艺术是允许虚构的——至少不应太苛求细节。

鲁迅的一次宴请

□ 崔鹤同

1934年12月19日午后，鲁迅和许广平已在梁园豫菜馆定好了菜单。晚上，他们要在这里请客吃饭。请谁呢？

原来，萧红、萧军已于11月1日从青岛启程前往上海了。与其说是启程，不如说是躲避。为了躲避特务的追逐，他们只能抛弃暂时的居所，混进一艘客轮，匆匆逃往上海。在此之前，萧红给鲁迅写信，请求得到他的帮助，并将写好的两部长篇小说事先用挂号信邮寄给鲁迅。在信中，萧红还说，由于生活原因，需向鲁迅借20元钱。

鲁迅要请的人正是萧红、萧军，同时邀请了茅盾、叶紫和聂绀弩等作家。鲁迅怕萧红他们初来乍到找不到地址，又在头一天的邀请函里特别叮咛："梁园地址，是广西路三三二号。广西路是二马路与三马路之间的一条横街，若从二马路弯进去，比较近。"足见鲁迅对这两名青年文学爱好者有多么重视和爱护。

鲁迅的用意很明显，他要借这次宴请，把萧红、萧军推介出去，让他们走出困境，有所作为，见识这些"可以随便谈天"的人。这是萧红文学创作之路上的一个重要起点和生活的转折点。这次宴请过后不久，萧红请鲁迅作序的《生死场》即在《国际协报》的文艺周刊上连载。1935年，《生死场》收入"奴隶丛书"，由上海容光书局出版，署名"萧红"。萧军的《八月的乡村》也于1935年8月由上海容光书局出版发行。年仅24岁的萧红一炮而红，步入文坛，并以此奠定了她日后在中国现代文学史上的地位。

受到鲁迅的宴请，萧红的心情久久难以平静。其实，在宴请之前，他们已经和鲁迅在内山书店见过一面。宴会上，萧红谈了他们的遭遇和两部长篇小说的情况。临别时，鲁迅掏出早已准备好的20元钱，放在萧红的手里。看着眼前这位瘦小病弱、冒着严寒亲自张罗的老人，萧红热泪盈眶。

许广平后来回忆说："流亡到来的两颗倔强的心，生疏，落寞，用作欢迎。热情，希望，换不来宿食。这境遇，如果延长得过久，是可怕的，必然会销蚀了他们的。因此，为了给他们介绍可以接谈的朋友，在鲁迅先生邀请的一个宴会里，我们又相见了。"这次宴会，原本以庆祝胡风的儿子满月为名，但胡风一家并没有前来参加。

毋庸置疑，鲁迅是萧红、萧军"南漂"上海的贵人。从此，萧红成了鲁迅家中的常客，二人成为志同道合、亦师亦友的忘年交。

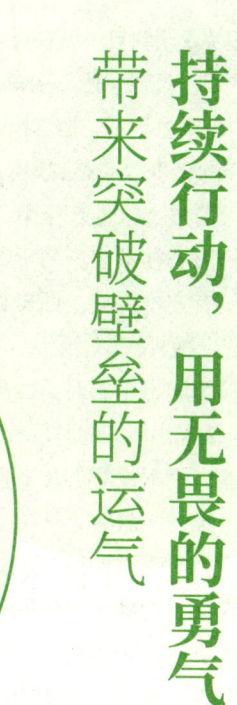

持续行动,用无畏的勇气
带来突破壁垒的运气

耗 子

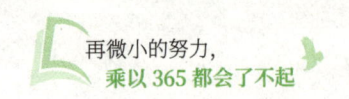

□［英］萨基 译/冯涛

西奥德里克·沃勒自小就在母亲的呵护下长大，直到他中年。母亲一死，就剩下西奥德里克独自面对这个现实世界了。他这样的人，对哪怕像乘火车这样的小事也会感到烦恼和不安。

一个秋天的早上，他在一节二等车厢里安顿下来后，仍旧心神不宁。由于约好载他前往车站的马车没有安排妥帖，西奥德里克只得亲自为矮脚马套上挽具。

当火车缓缓驶出车站时，西奥德里克开始想象自己身上散发出淡淡的马厩气味，他的外衣上兴许还沾着一两根发霉的稻草呢。所幸车厢里除他之外，唯一的旅客是一位大约跟他同龄的女士，对方似乎正在闭眼小憩。还没等列车提到正常的速度，他就异常鲜明地感受到，他并非仅跟那位女士安静相处。他身体上有一个热乎乎的小东西，虽看不见却令他极度痛苦、咬牙切齿地扭动身体。他衣服里面钻进了一只迷途的耗子——肯定是在他给矮脚马套挽具时跑进来的。他偷偷摸摸地跺脚、摇晃，伸出手野蛮地抓、掐，却都未能将那位擅闯者"驱逐出境"。西奥德里克想马上找到办法结束这一切。但是，除非脱掉衣服，他不可能将他的苦恼彻底除去。然而要当着一位女士的面宽衣，单是想一想就足够让他羞愧得面红耳赤了。

眼下这位女士从各种迹象来看都已睡熟，而那只耗子的前生肯定是阿尔卑斯登山俱乐部的一员。有时，它会一脚踩空，向下滑落两厘米左右，然后在吃惊或者更可能是愤怒之余，它竟会张口咬人。西奥德里克被逼无奈之下，一边极度苦恼地盯着他沉睡的女性旅伴，一边迅速、无声地将他的旅行毛毯的两角固定在车厢两侧的行李架上。这样一来整节车厢就被隔成了两部分，在临时布置好的小小更衣室里，他飞快地脱掉一部分衣服。就在那只行迹败露的耗子朝地板上拼命一跃之际，那条毯子滑落下来，碰倒了桌子上的物品。就在此时，被惊醒的女士睁开了眼睛。西奥德里克以迅雷不及掩耳之势扑向毯子，一把将它拽到下巴底下，然后顺势倒向角落。

"我想我是感冒了。"他绝望地说道，"我怕是发了疟疾。"他轻轻地打着战——既是出于恐惧，也是想证明自己。

"我的手提箱里有白兰地呢，您能否帮我拿下来？"他的旅伴说道。"绝对不行——我是说，我从来不服用任何药酒。"他向她诚挚地保证。

"我猜您是在热带得的疟疾吧？"西奥德里克跟热带的联系仅限于一位在斯里兰卡的叔叔每年送给他的一箱茶叶，他觉得就连疟疾也在弃他而去。

"您怕耗子吗？"他冒险问道，脸红得更加厉害了。"除非是成群结队的。为什么问这个？"

"刚才我的衣服里爬进了一只耗子，这可真是尴尬死了。""要是您的衣服穿得很紧就好了。"她评论道。

"我只得在您刚才小睡的时候把它弄了出来。"他咽了口唾沫又补充说,"就是为了把它弄出来,我才弄——弄成这样的。""弄掉一只小耗子也不应该感冒呀!"她叫道,态度轻率,令西奥德里克非常厌恶。

他全身的血液都凝聚到了脸上,然后,随着头脑逐渐冷静下来,极度的恐惧取代了全然的羞愤。火车距离终点越来越近了,从车厢另一侧望着他的那双眼睛令他动弹不得。

"我想我们快到了。"她说道。

西奥德里克不顾一切地掀掉毯子,手忙脚乱地将散落在地的衣服往身上套。然后他跌坐回自己的座位,衣冠俱全,几乎发狂。列车已经减速,就要停下来了。这时,那位女士开了口。

"您能不能帮我个忙?"她问,"劳烦您叫一位行李搬运工来带我去乘出租马车。您身体欠安,我还这么麻烦您真是过意不去,但我这么个瞎眼妇人到了站真是寸步难行哪!"

敲门砖是块什么砖

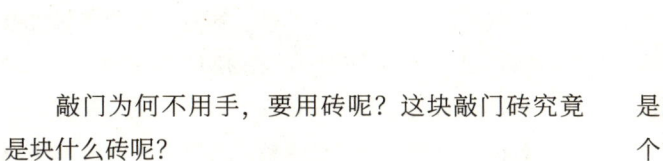

□张天野

敲门为何不用手,要用砖呢?这块敲门砖究竟是块什么砖呢?

"敲门砖"这个词大约出现在明代。田艺蘅在《留青日札·非文事》里说:"又如《锦囊集》一书……抄录七篇,偶凑便可命中,子孙秘藏,以为世宝。其未得第也,则名之曰撞太岁;其既得第也,则号之曰敲门砖。"西湖居士在《春游》里也说:"这是敲门砖,敲开便丢下它。我们既做了官,作诗何用。"我们由此得知,原来这块砖指八股文。

八股文是明清科举考试的一种文体,也称制义、制艺、时文、八比。八股文从"四书""五经"中取题,内容必须用古人的语气,绝不允许自由发挥,而句子的长短、用词的繁简、声调的高低等也都有相关要求,字数也有限制。说白了,这就是古代的程序文,没什么"技术"含量,因而有识之士对其嗤之以鼻,视其为没什么用、只能敲开仕途大门的"砖"。

不过,敲门砖并非明清人士的原创,它的源头是敲门瓦砾。宋代的曾敏行在《独醒杂志》里讲了个故事:"一日,冲元自窗外往来,东坡问:'何为?'冲元曰:'绥来。'东坡曰:'可谓奉大福以来绥。盖冲元登科时赋句也。'冲元曰:'敲门瓦砾,公尚记忆耶!'"许将字冲元,与苏轼共事多年,这里记载了两个人之间的一段对话。许将说了句"绥来(平安无事)",苏东坡引用许将科举登科时所作文赋里的一句打趣他。许将有点不好意思,说这句不过是敲门瓦砾,苏兄倒还记得。

为啥古人用瓦砾或砖敲门?古时大户人家的房子都特别大,客人在门口敲门里面一般听不到,所以敲门人就得捡瓦砾或砖头用力地敲门,里面的人才能听到,才会开门。至于用来敲门的东西,完成使命,就可以扔了。

苏、许都是北宋名臣,他们的话不胫而走,这才有了"敲门瓦砾"一说。到了明朝,制砖工艺发展,产量大增,明朝人敲门自然喜欢用分量更重的砖,而不用瓦砾了。

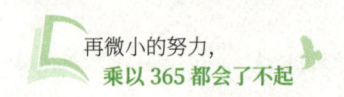

伯乐欧阳修

□ 周振国

"世有伯乐,然后有千里马。千里马常有,而伯乐不常有。"呼唤伯乐的韩愈不会知道,200年后出现了一位史上最牛伯乐欧阳修,《宋史》中说他:"奖引后进,如恐不及,赏识之下,率为闻人。"就是说欧阳修提携人才到了迫不及待的程度,并且经他提携的人都成了名人。

欧阳修是北宋文学家、史学家、政治家,是宋代文学史上最早开创一代文风的文坛领袖,与韩愈、柳宗元、苏轼、苏洵、苏辙、王安石、曾巩合称"唐宋八大家",与韩愈、柳宗元、苏轼合称"千古文章四大家";曾与宋祁合修《新唐书》,独修《五代史记》,即《新五代史》;在仁宗、英宗、神宗三朝为官,历任翰林学士、枢密副使、参知政事、兵部尚书等要职。

庆历初年,青年才俊曾巩给文坛大牛欧阳修写了一封自荐信,并献上自己论时政的杂文数篇。欧阳修看了曾巩的文章,非常赏识他的才情和政见,并写了回信,予以勉励。曾巩虽擅长古文策论,其质朴的文风与应举时文却有点格格不入,故屡试不第。欧阳修为此特撰《送曾巩秀才序》,为其不平,为其扬名,并把曾巩收为弟子,亲自教导。嘉祐二年,即公元1057年,38岁的曾巩终于进士及第,他的两个弟弟曾布和曾牟,妹夫王无咎,也同榜高中。

嘉祐二年那场大考,宋仁宗任命翰林学士欧阳修担任主考官,实有正文风选真才的考虑。当时文坛流行太学体,文风浮华而又怪僻,科举选贤也深受影响。力主平实文风的欧阳修敢于担当、慧眼独具、排除干扰,从约40万考生中,录取进士388名,选拔了一批文风务实、有真才实学的优秀人才,这些人后来在北宋中后期的政界、思想界、文学界可谓各领风骚,其中有唐宋八大家中的苏轼、苏辙、曾巩,有理学名士程颢、张载、吕大钧,而官居相位的就有9人,他们是王韶、苏辙、曾布等,有24人在《宋史》中有传,所以这一届进士榜,被誉为千年科举第一榜,而作为主考官的欧阳修,自然堪称千年主考第一人。按当时惯例,礼部考试结束,考取者都要手持门生帖拜师,这样欧阳修与这些新科进士也便有了实际上的师生名分。

与欧阳修有师生之谊,或者说被欧阳修发现或扶掖过的名人,还有苏洵、王安石、司马光和"守成良相"吕公著等。

苏洵发愤较晚,科举不第,没有上辈荫封的他便托请朋友举荐入仕。欧阳修在看了朋友推荐给他的苏洵的《衡论》《权书》《几策》后赞不绝口,遂给仁宗写了一封《荐布衣苏洵状》,还将他的文章推荐给宰相韩琦等公卿士大夫,后再经韩琦推荐,苏洵被任命为秘书省校书郎,这个职位大概就是皇家图书馆的编辑校对,品阶不高,但要求不低,没有点真本事,政审不过关,还真进不去。

王安石是曾巩的好朋友，二人来往密切，欧阳修通过曾巩认识了比自己小14岁的王安石。欧阳修很赏识对方的才华，在至和二年和嘉祐元年，即1055年和1056年，曾两度上奏折举荐王安石，还曾当面向神宗推举，说王安石有宰相之才。欧阳修逝世后，已身居相位的王安石亲自撰写祭文《祭欧阳文忠公文》，传为千古名篇。

司马光的成功也得益于欧阳修的一纸荐书。宋神宗即位之初，参知政事欧阳修上书《荐司马光札子》，说他"德行淳正，学术通明，自列侍从，久任谏诤，谠言嘉话，著在两朝"。对司马光作了很高的评价。由于欧阳修的极力推荐，宋神宗任命司马光为翰林学士，不久又升为御史中丞。

吕公著的父亲吕夷简在位时，对欧阳修多有排斥，但欧阳修举贤不避仇，出使契丹时，契丹皇帝询问宋朝学问德行之士，欧阳修首推吕公著，在《荐王安石吕公著札子》中，欧阳修称赞吕公著"富贵不染其心，利害不移其守"。后来吕公著元祐年间辅政当国，没让人失望。

当然，最为人所熟悉的，还是欧阳修和苏轼的故事。嘉祐二年那场考试，苏轼的文章当推第一，但主考官欧阳修有点想当然，以为文章是弟子曾巩的，为避嫌，就有意把名次往后压了压，致使苏轼与状元失之交臂。当录取结束，苏轼前来拜师谢恩时，欧阳修没有解释录取时的想当然，而是急切又虚心地请教起了考卷中皋陶典故的出处，没承想苏轼不以为然地说是编的！而惊诧不已的欧阳修在听了苏轼编的理由之后，不但没有责怪或追究苏轼，反而对人说："此人可谓善读书，善用书，他日文章必独步天下。"后来，欧阳修在给梅尧臣的书信中坦言："读轼书，不觉汗出。快哉！快哉！老夫当避此人，放他出一头地也。"欧阳修还在一次和儿子的谈话中说，三十年后，世人不记得他，但会记得苏轼。在此后的岁月中，苏轼备受欧阳修的奖掖，二人结下深厚的友谊。事实上，不但三十年后，一千多年后的今天，世人仍然记得苏轼，也仍然记得欧阳修。

唯有相见以诚

□张培智

一次，李鸿章受曾国藩之邀赴宴，晚到了近半个小时。他与大家寒暄后落座，曾国藩说了句"此间一切唯有相见以诚而已"，李鸿章以后赴宴再也不敢迟到了。

无独有偶，拿破仑有一次请几位将军吃饭，说好饭后有要事研究。到了吃饭时间，拿破仑不见将军们到来，便一个人吃了起来。当将军们到来时，拿破仑吩咐仆人收拾餐具，并严厉地说："聚餐时间已过，开始研究事情吧。"几位将军坐也不是，站也不是，十分尴尬。

赴宴迟到，是令许多人不愉快的事情，之所以见到你依然笑脸相迎，只是顾及你的体面，不愿破坏宴席的氛围，忍着不说出来罢了。位高权重者痛恨下属迟到，可以大骂一通以儆效尤；下属对上级又会怎样，无奈、抱怨、记恨？人同此心，心同此理，古往今来，概莫能外。

吃饭虽是小事，但它映照的是人生态度和处世哲学。若想得到别人的尊重，首先要懂得尊重别人。"相见以诚"何止限于赴宴，推而广之，皆同此理。

父亲头上的雪

□ 李柏林

那年冬天，雪下得比往年的大一些。那是父亲人生中最让他感到高兴的一场雪——我就是在那个下雪天出生的。父亲一大早去找医生，在大雪里踉踉跄跄地奔行。雪花落在父亲的头发上，他丝毫没有察觉。就这样，在漫天的雪花中，我开始了与父亲的故事。

那时，父亲在村小教书，收入微薄。一家人住在学校的一间简陋的安置房里。单凭父亲的收入是根本养活不了一家人的，生活中的很多东西只能靠赊账才能得到。父亲每到年关便开始发愁，可是，他一个师范毕业的老师，除了舞文弄墨，别的也不会。于是，在快过年的时候，他想到了卖春联。

父亲开始在学校一间闲置的屋子里"创业"。他买来红纸，用刀裁好，然后便开始写了。因为白天要去卖春联，所以他只能晚上写。他经常写到半夜，就在那间屋子里披着外套睡去。我早晨去那间屋子玩，就会看见凝固的墨水，还有地上晾干的春联。

天气晴好时，父亲去集市摆摊卖春联；如果碰到雨雪天，就只能收摊。摆摊就是看天吃饭。可是，他总不能因为坏天气就在屋子里耗上一天。于是，父亲找来蛇皮袋，背着他的那些春联，一个村子一个村子地去卖。一副春联很便宜，可是父亲翻山越岭，从一个村子到另一个村子，却是十分辛苦的。

等到父亲回来时，天已经黑了。他带着满身风寒站在门外，全身都是雪。他把蛇皮袋放下，然后在外面跺掉脚上的雪，拍打掉身上的雪。我在屋里笑着说："呀，爸爸变成白头发的老爷爷了。"父亲笑着回应："那我给你变个魔术，马上变成黑头发。"他用毛巾拍掉头上的雪，头发也从花白变成湿润的黑色。

刚上学的那个暑假，我特别喜欢出去玩。但是平日里操劳的父亲，总想在中午休息一会儿，又害怕我出去乱跑，于是他想了一个办法。父亲会在午休的时候喊我去给他拔白发，十根一毛钱。我刚上一年级，这样既可以锻炼我数数的能力，又可以让我不乱跑，可谓一举两得。而对我来说，这是赚零花钱的最好方式。

那时父亲才三十来岁，已经有白发了，可这成了我的"生财之道"。我在父亲的黑发里寻找着白发，将白发一根根地拔下来。有时候，我看见一茬头发里有好几根白发，便兴奋起来。有时候，我会将两根一起拔掉，然后哈哈大笑。经过多次试验，我找到了拔白发的窍门，比如后脑勺的头发拔起来最疼，头顶的头发拔起来最容易。每次拔完，我都要炫耀一番我的"战果"。

后来上了初中，我不好意思再拔父亲的白发，我们之间的交流也变少了。

一个下雪天，父亲骑着那辆破旧的自行车来学校接我。因为成绩不好，我沉默着。他让我在车子的后座上撑着伞，并说："你别挡住我的视线，下雪天路滑。"我坐在车的后座上，看着自行车在雪地上留下一道痕迹，看着他在风雪中头发开满白色的花。我忘了在哪一刻，我发现有些雪花是拍不掉的，有些风霜永远地留在了他的头上。

如今，我已经大学毕业，父亲不用再为了我四处奔波，不用在下雪天骑着自行车带我回家，也不用为了让我不乱跑，想出拔白发的法子，更不会因为我的成绩不好，在一场大雪中那样沉默。但他还是会像以前一样，上完课后小跑回家，在门口停下，跺跺脚上的雪，把帽子取下来拍拍上面的雪。可是那白发终究不像从前那样，拍一拍就变成黑发。那些雪花再也拍打不掉，那些风霜成了他生命中的一部分。

可每当想起那些被我拔掉的白发，我的心里就会下一场雪。

半如儿女半风云

□ 林 曦

"半如儿女半风云"，齐白石先生教学生画画时，总是提到这样一句话。

小儿女的缠绵和大风云的挥洒，其实是一组矛盾的意象。比如白玉，一块油的料子很容易泛青，如果一块料子很油还很白，即俗称的羊脂美玉，就很珍贵。同样的道理，当两种矛盾的特征能够在一个个体上很好地融合时，便会带来纯粹和丰富的感觉，产生一种很好的审美体验。

传统的审美一直都包含矛盾，是极端与矛盾最终达成的融合与平衡。"半如儿女半风云"也是这个意思，不论画画还是做事，人既要有敏感的内心，也要有果敢的力量。

说到齐白石先生，除了画虾，我们很容易想到他那些痛快淋漓的大写意，就像人人都喜欢的他的一句话——"世间事，贵痛快。"我们喜欢看到这样的痛快和风云挥洒，并且愿意效仿，但往往忽略了这样的痛快是怎么来的。痛快背后，是经历"每日挥刀五百下"才能练就的果敢。所以我们在学齐白石的时候，学得更多的不是"大风云"的结果，而是"小儿女"的品质，也就是他的匠心。

在他的画稿上，人们会看到各种各样的批注：花蕊是什么颜色，用什么颜色的墨好看，仙鹤腿的比例是怎样的。再比如，画面上只有两只青蛙和几只蝌蚪，但这两只青蛙和几只蝌蚪之间的关系，他也很认真地做了处理。

与人说话、跟人接触，都需要以这样的状态对待。在这种状态里，重要的不是手上的那件事要好到什么程度，而是因为有了这种对自己"资质平平"的认知，所以我们会更平和、更持久地努力，从而获得生活质量的扎实提升。

在积累了一些人生经验之后，我想大家都有这样的感受：渐渐地，对一个人的品评、认识，不再基于他的履历。我们能阅读的材料越来越多、越来越隐秘，可能见面时一眼扫到他的鞋带或是他的衣服，闻到他身上的气味，听到他说的一句话，看到他随意的一个举动，等等，都会成为信息的来源。我们之所以需要把匠心落在生活中的每一处，就是因为我们的心与行为始终是一体的，你的用心之处就呈现为你的样子和生活的样子。

文 藤

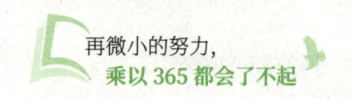

□ 任淡如

四月，最不能错过的自然是文藤。

多少人在这一季从四面八方赶来，就为了瞧瞧他们的"男神"文徵明在近五百年前种下的那株紫藤。

它和世间别的紫藤都不同，它是文徵明的紫藤，被唤作"文藤"。

紫藤的盛时其实很短。

四月初，紫藤开始抽枝长叶；接着，从零星的花苞到璎珞累累，之后飘落，坠地，紫色愈来愈少；最后，绿叶成荫，到四月下旬花期结束。

多少人赶来看它一眼，只为了在心里默默地和文徵明打个招呼——那是嘉靖十一年（1532）三月初六，文徵明游览王献臣的拙政园，为其临苏轼的《和文与可洋川园池》，又手植紫藤一株。

自此，每到春四月，这株紫藤便璎珞拂扬，年复一年，直度过近五百岁。

关于文徵明和拙政园，那是一个很长很长的故事。

拙政园最初是唐代诗人陆龟蒙的住宅，元朝时为大弘寺。

明正德四年（1509），王献臣官场失意，决意归隐苏州，便以寺址拓建为园，取名"拙政园"，历经十六年，方才建成。

文徵明与王献臣交情颇深，据说他很爱拙政园，所以亲自参与建园，并两次将拙政园中的景致绘成三十一幅和十二幅的图册留存。

拙政园后来如何了呢？

园子建好不久，王献臣便去世了。其子一夜豪赌，将园子输给阊门外下塘徐氏。

徐氏在这园子里住了百来年，后来，其子孙也衰落了，园子逐渐荒废。

再后来，拙政园又归王心一、陈之遴、李秀成、张履谦等人所有，张履谦易其名为"补园"，新建卅六鸳鸯馆、十八曼陀罗花馆。我去过卅六鸳鸯馆多次，才偶然得知一个好玩的秘诀：透过那些蓝莹莹的玻璃往外瞧，外面的景物皆如披霜覆雪一般冷彻——这么聪明的妙方，既是闻所未闻，在其他地方也是见所未见。

今天的拙政园，在修修补补、拆拆分分后，与文徵明当年所绘的三十一处景点已经相去甚远。

谁能想到呢，拙政园经历了那么多的沧桑，而文藤竟然被完好地保留下来。在每一年的"暮春三月，江南草长，杂花生树，群莺乱飞"时，它便重现一遍韶华盛时。

苏州人因为爱文徵明，也很爱这株文藤。

如今文藤所在，是太平天国时期忠王李秀成在一部分拙政园的基础上改建成的忠王府，从忠王府可以直接走到苏州博物馆。近五百年的文藤已经非常壮大了，坐在博物馆里面喝茶，抬头便可以看到，站在拙政园外面也可以看到扑到墙外的一片深紫、浅紫。

苏州博物馆不知从几时起，做了一个很有意思的文创产品：文藤种子。我收到过，种子像绿豆那么大，共三颗，装在一个小小的盒子里。这是可以种的。

文藤将来大概会散播到各个地方吧。

如许多年过去，有些人你永远不会忘记，有些事物永远保持着它的韶华美貌。当微风拂过，那紫色的璎珞自在坠落，如梦如幻。

换一种方式

□ 郭述军

前几天，去河边走了走。堤岸一边是清澈的河水，另一边绿草萋萋。有一位看上去七十多岁的老人，在那儿放羊。老人只放了两只羊，大的是膘肥体壮的母山羊，小的也就刚出生个把月。看得出来，母山羊是小山羊的母亲。

大羊的脖子上拴了条绳子，绳子另一头抓在老人手里。小羊很活泼，到处乱跑，一会儿跑到岸上，一会儿蹿到岸下。大羊一边啃着草，一边留意着小羊，只要小羊一跑开，便在后紧随。老人牵着绳子，被大羊牵着跑。因为年纪大了吧，看样子他的腿脚不怎么灵便，瘦小的身体像是没有多少力气。大羊每一次突然发力追赶小羊，都把老人拽得趔趔趄趄的。没多久，老人便气喘吁吁了。

我跟老人说："您小心被大羊拽倒喽，得想个办法，让大羊听话。"

老人盯着他的两只羊，黑黑的脸膛上泛起幸福的微笑："明天我就不用费劲啦。"

我不知道老人这话是什么意思，但见他被大羊拽着离开，也就不去问。我猜想，他明天也许会拿条鞭子，大羊不听话时就抽两下。

可是，第二天，我又在同一个地方见到老人和他的羊，着实愣了一下。老人没有拿鞭子，仍然放着一大一小两只羊——他只是用原来牵大羊的绳子牵着小羊。小羊虽然顽皮好动，但没有力气，老人走到哪，它都乖乖地跟在老人身边。老人也无须用力，只要绳子还在他手里就行了。而那只大羊，又寸步不离地跟着小羊。这下，就由羊控制着老人，变成老人控制着羊了，而且老人控制得异常轻松。

"您这办法真不错。"我由衷地佩服老人的智慧。

老人仍旧憨厚地微笑着，牵着小羊，哼着小曲，悠然地离开了堤岸。

同样是一位老人，两只羊，牵着大羊时和牵着小羊时，效果截然不同。老人只不过换了一种牵羊的方式，便轻而易举地掌控了他的羊，由昨天的气喘吁吁变成今天的悠然自在。

其实，有时候只要改变一下方式，就能让原本不好干或干不好的事，变得很容易，而且效果很好。一件事情是固定的，但完成这件事的方式是灵活多样的。不管是放羊，还是其他工作，都不能钻牛角尖儿，一味费力不讨好地蛮干；只有善于动脑，因势利导，才能既让问题迎刃而解，又将任务轻松完成，并令自己心情愉悦。

最典型的例子，莫过于大禹治水。大禹的父亲鲧用"堵"的方式，不但没能治服洪水，反而让黄河泛滥成灾。大禹彻底改变了"堵"的老办法，采用"疏导"的新方法，把黄河水引入大海，洪水泛滥的问题得以解决。

放羊事小，治水事大。事无大小，全凭做事人的一颗灵活变通的心。

换一种方式去解决问题，表面看只是改变了做事的方法，可背后呢？需要当事人用心思考，分析利弊——那不仅是一种智慧的体现，有时候还是一种责任与担当。

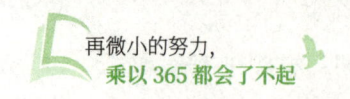

三重境界

□张宗子

人生有三重境界令我感动，但不可一概以"向往"而形容之。有的境界是不可以用"向往"来形容的。它令我感动，令我欢喜，除此之外，与我并无关系。

第一重境界，是《水浒传》里的"林教头风雪山神庙"。这个片段我读的次数并不多，但想到的时候不少。我的记忆力不是很好，然而每一次想到，都十分动情。

方寸小画上的林冲，头戴毡帽，帽上一朵红缨，枪尖挑一只酒葫芦，敞着披风，在大雪中独行。

施耐庵叹道："那雪越下得猛！"

李少春改编的京剧，唱词中说"荒村沽酒慰愁颜"。差矣！错矣！

此时只是快意恩仇，只是无奈之后的觉醒和解脱，哪里来的愁颜？

而且他的痛苦也绝不是"愁颜"担负得起的。

仅仅是家庭的破散，仅仅是功名事业的付之东流吗？

太小觑豹子头林冲了吧！

第二重境界，出自《西游记》，正是"孙悟空重修花果山"。

江山如有待。

大圣被昏聩的师父驱逐，意外得以"还家"。

杀退贪得无厌的猎户，救出备受摧残的群猴，寻来龙王的甘霖，洗出花果山的千年灵秀。然后——

虽然只是在一块巨石上，并非金口玉言的敕封，这猴子仍然无忧无虑，坦坦荡荡，自由自在，大大方方地做他的大王。

做"齐天"的王，总比与人为徒好。

大丈夫岂是与人为徒的？

好猴儿啊！

第三重境界，千万莫怪我俗，乃《三国演义》里的"茅庐三顾"。

我想说的当然不是刘备，更不是关羽、张飞。

我想说的也不是诸葛亮。

我想说的只是"三顾"本身，卧龙岗的一些气氛、一些闲人。水镜先生，崔州平，黄承彦，诸葛均。

他们最后一次去，是在漫天大雪中。我怀疑，在历史上的任何冬天，冬天里的任何时候，都会有那么好的一个日子，都会有那么好的一场风雪：绵密，温厚，辽阔，悠长。

黄承彦像在戏台上一样，念了一首打油诗，让粗通文墨的刘备听得目瞪口呆。他当然不明白其中的妙处。

那妙处只在最后两句："骑驴过小桥，独叹梅花瘦。"

瘦的是梅花，不瘦的是谁？

在风雪中，骑马的人模糊不清，卧龙岗失去了龙的气势。登高远望，无数屯兵的城池沉睡在梦里，看不清旗帜，看不清是谁的王土。

在这样的大风雪中，甚至看不清诸葛亮。

我怀念黄承彦。

"显功"与"潜功"

□ 杨德振

与一个年轻人聊天，见他眼神无光，不时唉声叹气，我便问其缘由，他说，毕业多年，至今工作业绩平平，想转型又没方向和底气，很焦急。

这个年轻人在一个科研单位上班，单位里有大把专业人才，他显得有点力不从心。跟着别人做的几个项目，又碰上在功用上转化率低的问题，总之，工作上没有拿得出手的"显功"……听他说完，我叫他先喝一杯茶，平复一下心情，并安慰他，如果急火攻心或抑郁成疾，那更加得不偿失，必须保持信心与干劲，现在你要做的是解决问题，可以调整一下思维方式和心态，或找个更合适自己的目标去努力。

一个人无论在事业上还是在生活中，只要用功地做着事，等到时机成熟，是会显现成效的。如果现在还没有显现成效，处于"胶着"或"瓶颈"状态，那就说明收获季节未到，尚需努力，或者要三思一下，是不是要调整方向、改变策略，然后继续攻坚克难，最终取得显著的成功。我给他打了一个比方，你看，火箭一飞冲天，多么耀目，这种成果大家都看得见，这是"显功"；而"一飞冲天"的背后，是很多人无数日日夜夜、呕心沥血沉潜研究与实践的努力，这是外人看不见的用功，是"潜功"。我们如果只求"一飞冲天"，不愿默默努力，或急于求成，不想花费时间和精力去积累与沉淀，那便是只求"显功"，不要"潜功"，事业上受挫受阻便不奇怪了。

任何事情的成功，都是"显功"与"潜功"恰到好处的"共情"体现。所谓"显功"，是指显而易见的成功，是一个人经过拼搏将光彩夺目的成果、成绩、成效展现在众人面前；所谓"潜功"，是指潜心钻研某一专业或技术所投入的功力，它是"显功"背后呕心沥血、潜心付出的一种努力状态。这两者相辅相成，没有"潜功"的付出，难有"显功"的出现；而"显功"则是对"潜功"的阶段性检验或测试的结果，适时复盘成败，总结经验教训，对后续的"潜功"有指引作用。"显功"的多少取决于"潜功"的力度和时长，没有一蹴而就的"潜功"，也没有易如反掌的"显功"，如果不明白其中的转换关系和内在因果逻辑，难免在事业上会迷惘，变得情绪低落。

年轻人听了我的教诲，若有所思。他继续问："有时候，'潜功'做了不少，也鲜见'显功'出现，这是怎么回事呢？"我对他说：这要从方向、方法、路径、目标定位、实践形式上找原因。一个人如果方向错了，越努力便越加速"南辕北辙"；如果方法错了，那就像拳头打在棉花上，事倍功半或费力不讨好……所以，我们要时常审视和校正这些成功要素，使之形成合力，才能发挥更正向的效用，要做有用功，不要做无用功。"潜功"真正做到位了，就有"水滴石穿""百步穿杨"的绵绵之力，届时，成功想不显都难。

当然，有了"显功"也别骄傲自满，更不要狂妄自大，自以为从此可以高枕无忧。现在，我们很难做到"一招鲜，吃遍天"了，保持进取与努力变得很重要，不要让已有的"显功"变成"显摆"，要继续潜心努力用功，才会真正"潜力无限"。

生活中也是一样，一个人想过近似"显功"的幸福生活，就必须以奋斗不懈、艰苦打拼的"潜功"作为基础和铺垫，聚沙成塔，集腋成裘，"显功"自显。"显功"可以让人幸福一时，而"潜功"可以让人幸福一辈子。

憎而知善

□ 游宇明

晋国大夫解狐有个小妾，有沉鱼落雁之貌。解狐将她当作宝贝，她却喜欢年轻英俊的管家邢伯柳，事情败露后，解狐将小妾和邢伯柳一起赶出府门。一日，赵简子请解狐帮忙物色一个精明能干的人做上党守，解狐居然推荐了邢伯柳。邢伯柳励精图治，把辖区治理得井井有条，赵简子十分满意，夸奖说："你干得真不错，解大夫没看错人。"此时邢伯柳才知道是解狐推荐了自己。他觉得解狐已经解开心结，便前去感谢。没想到解狐对着他就是一箭，说："举荐你，是公事；和你有仇，是私怨。你走吧，我对你的怨恨还是和以前一样。"邢伯柳吓得落荒而逃。

曾国藩任两江总督时，刚从甘肃返回的吕庭芷去看他，两人论及曾国藩与左宗棠之间的"致隙始末"，曾国藩坦率地说："我生平以诚自信，而彼乃罪我为欺，故此心不免耿耿。"曾国藩问到左宗棠军事上的安排，并且要求吕庭芷实话实说，吕庭芷认为左宗棠处事精详、律身艰苦、体国公忠，并说："一个人能做到左公这样，今日之朝廷没有第二个。"曾国藩回答说："确实是这样，此时西陲的重任，假若左君一旦不干，不要说我不能为之继，就是起胡林翼先生于地下，恐怕也不能为之继，您说他是'朝廷没有第二个'，我认为他是天下第一。"在左宗棠收复新疆的过程中，曾国藩将自己最信任的部将刘松山交给左宗棠；其时各地对朝廷摊派的征西军饷普遍拖欠，有的甚至只交了十分之一，唯有曾国藩执政的两江地区及时足额缴纳，不差分毫。

邢伯柳被解狐请来做管家，说明解狐对他高度信任。邢伯柳夺爱之举显然是对解狐的背叛。曾国荃攻占天京，幼天王洪天贵福和部分太平军逃走，后来进入左宗棠治下的湖州，曾国藩未察，以为幼天王真的如其弟报告的一样"积薪自焚"，以此向皇帝奏报，左宗棠得知真相，做出适当反应，无可非议，但他事先未向曾氏兄弟通报，而是第一时间向朝廷举报了曾氏兄弟的"作假"，不太符合中国人所看重的道义。左宗棠当年遇到杀头之祸的时候，是曾国藩一着棋一着棋地救他；左宗棠的事业陷入低谷时，又是曾国藩将其引进湘军大营，一步一步提携他。曾国藩的恼怒亦可理解。解狐和曾国藩最可敬佩的是懂得憎而知其善（长处）。

两个人产生恩怨，未必是谁的水平或操守、能力相差太远，更多的可能源于性格、做人理念的不合。不喜欢某个人，就将其想象得十恶不赦，这于他人、于社会绝对有害，于自己，也未必有益。相反，如果我们的胸襟开阔一点，既看到对方的不足，也看到他的长处，在关键时刻表现出包容，世事就可能朝另一个方向变化。邢伯柳得知提拔原委之后，专程向解狐表示"感谢"；曾国藩逝世时，时在新疆的左宗棠派家人送了一副著名挽联："知人之明，谋国之忠，自愧不如元辅；同心若金，攻错若石，相期无负平生。"高度评价曾国藩的一生，都体现了他们对"憎而知善"的对手的真诚敬重。

一个人想做到憎而知善，也要有不怕便宜了别人的风度。有一种人，跟别人无怨无仇，都生怕别人得了好处；遇了"仇人"，只想将他踩进泥里，再在上面压一堆石头。解狐、曾国藩之所以能为后世的人欣赏，难就难在他们干了一般人干不了也不想干的事。世间所谓良知，不仅表现在面对丑恶的抗争，有时也呈示于面对个人恩怨的释然。

一语救两家

□丁时照

西晋时，尚书令乐广有五儿一女，他的女儿嫁给成都王司马颖为妻。司马颖的哥哥长沙王司马乂当时正在京都洛阳掌管朝政，权势熏天。司马颖于是起兵讨伐，图谋取代哥哥，操纵朝廷。

司马乂平素亲近小人，疏远君子。凡是在朝居官的，人人忧惧，个个小心。乐广在朝中素有威望，加之是司马颖的岳父，一帮小人就在司马乂跟前说他的坏话。司马乂于是生出杀心，便追查乐广和女婿司马颖有无勾结，并当面查问乐广。乐广神色自若，从容地回答说："岂以五男易一女？"意思是难道我会因为一个女儿而让五个儿子去送命吗？司马乂"由是释然，无复疑虑"。从此，司马乂心中的一块石头落了地，不再怀疑乐广，消除了顾虑。

乐广真会说话，抓住核心要害，一语消融杀机。同样是这句话，后来还挽救了另外一家人的性命。

谢景重的女儿嫁给王孝伯的儿子，两位亲家翁的关系非常好。谢景重在太傅司马道子那里当官，他的亲家王孝伯起兵讨伐太傅司马道子，不久战败身亡。太傅司马道子杀气腾腾地对谢景重说："你的亲家谋反，听说是你给他出的主意？"谢景重听后毫无惧色，从容地回答说："尚书令乐广说过一句话，'岂以五男易一女'？"太傅认为他回答得非常好，便举起酒杯敬他说："回答得实在妙！实在妙！"

这两件事均见于《世说新语》，虽然其人其事早已消散在历史的深处，但抓住关键，一语破的的方式很值得回味。言简意赅，既能消除误会，也能除难消灾，还能得到对方的欣赏，会说话是真本事。

以大盛为惧

□落雪飞花

北宋的王旦，做官十八载，为相十二年，深受宋真宗信赖，离世后被列入昭勋阁"二十四功臣"。

据《王旦教诫子弟》中记述：兄子睦，颇好学，尝献书求举进士，旦曰："我尝以大盛为惧，岂可复与寒士争进！"至其殁也，子素犹未官。

王旦哥哥的儿子王睦，勤奋好学，曾特地写信给王旦，请求王旦保举他取得进士的功名，王旦回复说："我自己都曾因为地位高、权力大觉得害怕，又怎么能跟贫寒的读书人争抢仕途呢！"断然拒绝了侄子。而他自己的儿子王素，直到王旦去世，仍然是一介平民，没有做官。

身居相位的王旦为什么能清正廉明？关键在于这个"惧"字！一个人官做大了，感到的不是高兴、荣幸，反倒是顾虑、惶恐，担心做不好，有负职责和天下百姓，自然就不敢徇私枉法、胡作非为了。

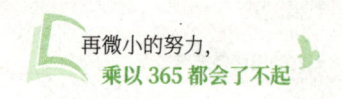

潇 洒

□ 巴 桐

潇洒是东方文化的特质。唐代杜甫《饮中八仙歌》中："宗之潇洒美少年，举觞白眼望青天。"一个美少年举着酒杯，白眼望向天空，一副傲世独立、桀骜不驯的样子！

"潇洒"与西方文化中的"浪漫"相对，但两者在内涵上有实质性的区别。潇洒是一种境界，一种人生态度。潇洒是个人行为，兀自起舞，自得其乐，可以不涉及他人。浪漫则偏重一种感受，一种生活情怀。浪漫基本上是与人互动的，情人之间情意绵绵、海誓山盟，知己之间肝胆相照、执手天涯。相比之下，潇洒的状态更"没心没肺"，更接近于放得下、看得开。

中国人群体潇洒的老祖宗，要数魏晋时期的竹林七贤，其中被称为"天下第一酒鬼"的刘伶，潇洒几近癫狂。他不只酒量惊人，饮酒后更是放浪形骸。一次，刘伶在家里喝得酩酊大醉，一时兴起便脱光衣服躺于竹榻上小憩。这时恰巧有客人慕名来访，仆人拦住客人道："主人正在休息。"客人不听，硬闯进来。刘伶听到外面有嘈杂声，走出来喝问："何事喧哗？"客人看到刘伶竟赤条条地站在自己面前，斥责道："狂徒，怎能如此无礼，快快穿回衣裳！"谁知刘伶笑道："我以天地为房屋，以房屋为衣裤，你怎么钻到我的裤裆里来了？"客人无言以对，愤愤离去。

东晋时期名士王子猷的一句"吾本乘兴而行，兴尽而返"，把率性而为、潇洒自适发挥得淋漓尽致。大雪之夜，王子猷冲风斗雪乘船赶了百里水路，去见一位姓戴的朋友。船行一宿，天亮时分，终于到了朋友家门口，他突然对船家说："不见了，回去吧。"立即掉转船头，又逆水行舟赶百里路回家了。你说够不够折腾？问他为什么，他说兴尽了。来时凭一股心劲，现在那股劲下去了，就没有必要见了。

"知章骑马似乘船，眼花落井水底眠""仰天大笑出门去，我辈岂是蓬蒿人""竹杖芒鞋轻胜马，谁怕？一蓑烟雨任平生"……唐诗宋词里，潇洒意境时不时扑面而来。最潇洒的，莫不是诗仙李白？自古以来，人们一直津津乐道于李白令高力士脱靴、杨贵妃研墨，李白醉书退蛮夷的典故。他那段"天子呼来不上船，自称臣是酒中仙"的逸事尤为传神，一次，玄宗在湖池游宴时召李白写诗，而李白却在长安酒肆里喝得大醉，任凭皇帝老儿怎么叫唤就是不肯上船。这一刻，李白的"狂"可谓登峰造极，那也是潇洒得无可比拟。

"一蓑风雨任平生"的苏东坡，也堪称潇洒的典范。林语堂赞苏东坡的一生是"人生的盛宴"，他历经坎坷，常常不是被贬谪，就是在被贬谪的路上。然后，他把别人眼中的"苟且"活成了自己的潇洒人生。他因"乌台诗案"坐牢103天，几次差点被砍头。谁想，他一踏出牢门，就把这牢狱之灾抛到脑后，在《出狱次前韵二首》中写道："却对酒杯浑是梦，试拈诗笔已如神。"在被贬谪、被流放之地，苏东坡带领家人开垦荒地、种田帮补生计，取了"东坡居士"的别号，他每到一地就发明美食，"东坡肉""东坡豆腐""东坡茶""东坡玉糁""真一酒"是我们至今仍在复刻的佳肴。

再说明朝，最会"折腾"的人大概是奇才张岱。张岱好吃好玩是出了名的，鲜衣怒马、烹饪品茶、诗书画印、梨园鼓吹，没有他不爱的。为了吃，他总结出一套"三不"规则——非时鲜不吃，非特产不吃，非精致烹调不吃。为了吃到上等奶酪，他特意养了一头牛，每晚取牛乳，加上茶一起用小火慢煮成奶酪。他还好戏曲，有一天出门玩，突然戏瘾上来，便带了几个伶人直奔金山寺，没有观众，没有布景，都不要紧，他自娱自乐，咿咿呀呀唱了一宿《韩世忠退金人》，被吵醒的僧侣们感叹："不知是人，是怪，是鬼？"但玩世不恭只是他的外在，这位"两朝文人"耗时近10年完成了共220卷的明代不朽史书《石匮书》，晚年又完成了清朝百科全书式的作品《夜航船》。他的159字《湖心亭看雪》堪称小品文巅峰，如今依然是"学生必考古文"之一。有如此皇皇巨著，有如此潇洒人生，无愧矣。

清代才子金圣叹也是潇洒到死方休的人。顺治年间，他因"抗粮哭庙"被朝廷抓去砍头，在刑场上做了三件惊世骇俗的事。一是悄悄告诉儿子一个秘方："记住，花生米与豆腐干一起吃有火腿的味道。"并叮嘱其保密；二是给儿子题了一副联："莲子心中苦，梨儿腹内酸。""莲"与"怜"同音，"梨"与"离"同音。这副生死诀别对一语双关，十分巧妙。最惊人的故事是，临砍头前他开了一个玩笑，小声对刽子手说："我耳朵里有200两银票，先砍我，这钱就归你。"刽子手手起刀落，金圣叹脑袋落地，两边耳朵里果然有两粒纸团，上面写着"痛快"二字。

至此，我们便懂了，中国文人素来以潇洒为傲，重潇洒而轻浪漫，因为潇洒中还蕴含"风骨"的意味。在封建礼教的束缚下，中国古代文人浪漫的事例不多，而潇洒的故事则俯拾皆是、意味深长……

花　瓶

□ 初　程

好马配好鞍。绝好的鞍呢？并不在马背上，寻它，得去博物馆。鞍的价值，一旦远远超过一匹马，它便不再为马效劳。

花瓶也是。空的花瓶，被摆在条案上醒目的位置，不借花、不借枝，独支门面。多半只因价值连城、美不胜收，万千草木都属高攀。于是，有底气拒绝所有鲜活生命的安慰，宁愿虚空与寂寞。

造花瓶的人，都想过它们的未来。是在窗前提携凡花，还是在橱中扶持奇卉，是在餐桌陪餐，还是在书案伴读，从造出的那一刻就有了数。

按理，花瓶养花，一个花瓶可以养所有的花，然而并不如此。有"声气相投"一词，花与花瓶，不能你一副南腔我一副北调，不能你是冷言我是热语，两重心思。花瓶是挑的，挑和自己旗鼓相当的花材。

如果这样匹配：天青釉瓷瓶与一把野山菊，水晶花瓶与一枝杏，中古欧瓷花瓶与一束红梅……大概也不会有这样的搭配。

见不得空的花瓶摆在那里，像一道待答的填空题。于是买花，一束束来填空，几日花谢，花瓶又空，无止息地循环。土地也像待答的填空题，沧海桑田还是那一片土地，多少树木花草、虫鱼鸟兽粉墨登场，生生不息。

不一样的地方在于，花瓶常常是空的，因为它无法让花木生根。

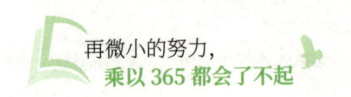

伟大的创新难计划

□ 万维钢

1

创新，是一件神奇的事情。一些取得伟大成就的发明家并非比同行更勤奋、更努力，而是他们经常能捡到意外的宝藏。

近期全球最令人瞩目的重大创新事件是生成式人工智能模型ChatGPT的诞生。它由OpenAI（开放式人工智能公司）研发，但在最初并未得到特别关注。

OpenAI的四位创始人都是三四十岁，首席执行官山姆·阿尔特曼在斯坦福大学学过计算机专业，中途退学；首席技术官米拉·穆拉蒂是一位年轻女性，父母是阿尔巴尼亚移民；总裁格雷格·布罗克曼上过哈佛大学和麻省理工学院，但最终都退学了；首席科学家伊利亚·苏茨科弗原本是俄罗斯人，小时候跟随父母移民到以色列，后又移民到加拿大，最后才到美国。

两个没有学位的美国人和两个外国移民，领着几十名研发人员组成了一家小公司，采用了一条当初包括谷歌在内的大公司都不看好的技术路线，做出了最令人震撼的科技产品。这样的事情是可以被计划的吗？

2

为什么伟大的创新不能被计划？肯尼斯·斯坦利和乔尔·雷曼的《为什么伟大不能被计划》一书，算是把这个问题讲明白了。他们对这个问题的回答，来自一个AI（人工智能）算法。

比如，你想要从一些简单的线条出发演化出好看的图片，或者让纸面上的机器人走出迷宫，又或者让一个三维空间中的机器人学会直立行走，你应该怎么做呢？

直觉上的做法是先设定AI算法的演化目标，在演化的每一步都进行筛选，接近目标就加分，否则就淘汰。但实践中这种做法的效果并不好。

肯尼斯和乔尔发明的算法叫作"新奇性搜索算法"。这种算法会随机生成一组解决方案，通过评估新奇性并保留新奇性比较高的方案，从而使方案像生物演化一样发生一定的变异，如此循环往复，直至达到预定的迭代次数或者将问题解决。

这个算法在迭代过程中不考虑一个方案是否有利于接近目标，哪怕产出的方案再怪异、再不靠谱也没关系，只要是新奇的就保留。然而各种实验都证明，用这种方法找出来的方案最能解决问题。它能生成最好看的图片，能以最快的速度找到走出迷宫的方法，能让机器人在最短时间内学会直立行走。这是为什么呢？

3

一个原因便是，求新就意味着求复杂。简单的方案总是先出现，等你把简单的方案都尝试过后还要新的，出来的就一定是更复杂的方案。复杂意味着掌握更多的信息，也就更容易解决问题。

更重要的原因是，新方案是通往更新方案的"垫脚石"。这就如同你在一片沼泽地里寻宝，必须踩到更多的垫脚石才能探索更多的地方，你必须探索很多地方才更有可能找到你要的东西。

以教机器人直立行走为例。如果你一开始就聚焦于"直立行走",就会刻意避免让机器人摔倒的方案。可恰恰是这些让机器人摔倒的方案能教会机器人踢腿!学踢腿,自然容易摔倒。可是不踢腿,怎么会行走呢?

对新奇性搜索算法来说,机器人从"不会摔倒"到"会摔倒",绝对是一件大好事。机器人会得越多就意味着越高级,就有更多机会将直立行走这项技能收入囊中。

求新确保了探索范围的宽广,好东西也会随之而来。考察科技发展史,好东西从来都不是按照某个目标刻意计划出来的,而是一个接一个自动发展出来的。

莱特兄弟发明飞机,最早依靠的是自行车技术——此前无数人想要发明飞机,谁也没想到首先飞上天的是"自行车制造商";微波技术本来是用于驱动雷达磁控管的一项技术,意外成就了微波炉;第一台电子计算机用的是电子管,但电子管根本就不是为了计算机而发明的。

伟大不是目标指引的结果,因为通往伟大的路线不都是直线,很多时候慢就是快——每次只是选择下一块垫脚石,你反而能找到珍宝。

4

这可不是说人生就应该漫无目的、随波逐流。新奇性搜索算法虽然不预设具体目标,但是它有价值观的指引,这个价值观就是新奇和有趣。

比如一个孩子,一开始觉得看电视很有趣,家长对此很不放心,认为是浪费时间。但是孩子很快就发现打游戏比看电视有趣多了,于是他会把精力转移到打游戏上来。只要眼界够高,他迟早会发现世界上还有很多比打游戏更新奇、更有趣的东西。

没错,真正能把追求新奇和有趣坚持到底的,都不是一般人。他们始终能看见下一块垫脚石,而成就和实用性早晚会随之而来。

如果你一开始就认准了要得到一个什么样的珍宝,反而很难得到这个珍宝;最终得到珍宝的人,只是一直在寻找下一块垫脚石,他们得到的都是意想不到的珍宝。

求新就是求好,出奇就是出色,有趣就是有戏。

补 诗

□卢润祥

北宋嘉祐年间,在京城郊外一座古庙的墙壁上,题着杜甫的《曲江对雨》一诗。由于风吹雨蚀,日久年深,其中"林花着雨胭脂×"的最后一字看不见了。

传说有一天,苏东坡、黄庭坚、秦观、佛印到此游玩,发现墙上的诗句缺了一字,便相约补诗:苏补一"润"字,黄补一"老"字,秦补一"嫩"字,佛印补一"落"字。

有评者说:诗言志!苏东坡的"润"字体现出他身处逆境仍然生趣盎然的乐观,黄庭坚的"老"字淬炼自他曾经的颓唐,"嫩"字可见秦观的青春气息和柔情似水,"落"字则是出家人对生死无常的领悟。

后来,他们查了杜甫的原作,原来是个"湿"字,四个人都叹服不已,觉得这个"湿"字恰好把雨后花朵带着水滴的姿态写出来了。而补入的"润""老""嫩""落",虽各有千秋,但是细细品味,总觉还是不如"湿"字真切。

张师傅的行为艺术

□ 肖 遥

我爸张师傅年轻时有个怪癖，就是讨厌一切装饰品。那个年代并不提倡佩戴饰品，衣服上除了纽扣，再没有别的。可是，张师傅连纽扣也讨厌，在我的印象里，张师傅只穿厂里发的那种拉链工作服，简单方便。

张师傅会给孩子们订杂志、买很多小人书。我们最喜欢的是小人书上的古装美女，临摹她们的项链、耳环、发簪。画这些的时候，因为匮乏与渴望，我们简直想象力爆棚。画着画着，摘两朵地雷花，挂在耳朵上当耳环，照着镜子臭美几分钟。几分钟后，要么地雷花掉了，要么张师傅瞪着眼睛气呼呼地出现了。

在那个"不爱红装爱武装"的年代，人们崇尚简朴实用。尽管张师傅的审美观有时代因素，但这并不影响他形成自己独特的审美。我们小的时候，一个春光明媚的周末，张师傅把一盆扁竹花放在窗台上，撑起画板，铺开纸笔，开始画画。院子里种了很多花，他偏偏就选了一盆扁竹花。清晨，扁竹花还是一个花苞，等他终于画出轮廓的时候，再一抬头，花瓣已经张开了，等他染好颜色的时候，花已经完全盛开了，还伸出一丛鹅黄的花蕊。也怪周围邻居们，这个过来看看，那个过来瞅瞅，还搭讪几句"张师傅还会画画啊"。张师傅就跟他们吹几句牛，说："我上大学的时候，学校里张贴的电影海报、校报的插画都是我画的。"这么说着，抬头一看，眼前的花和手中画的花又不一样了，只好重起一张草稿……那天，那盆花，张师傅画了十几遍。

那时候，家里的米缸是用废报纸捣碎化成纸浆糊的，其他人家的米缸外面贴的都是从报纸、杂志上剪下来的画，只有我家的米缸上贴着张师傅画的画。看到我家米缸上的画，邻居们请张师傅给他们画。因为那次遭遇了扁竹花的戏弄，张师傅在邻居们的鼓舞下拓展了"戏路"，开始画山水画。画的是他带我们春游路上看到的山山水水。和传统山水画中点景的亭台楼阁不同，张师傅画的山水画里点景的是电线杆或拖拉机。越来越多的邻居请张师傅画米缸，于是，我们那栋楼上的邻居都用上了有着拖拉机和电线杆的山水画的米缸。

张师傅从大山沟调回城里以后，生活节奏变快，就再也没有时间画画，直到我和姐姐相继大学毕业，张师傅退休。退休后的10年间，张师傅办了个小型机械加工厂。那些年，机械行业整体衰退，逐步让位于信息产业。所以，张师傅其实一直在一个夕阳产业里奋力挣扎。厂子除了安置一些下岗职工，缴了些税，基本没挣钱。而且比起从前在单位做总工程师的时候，张师傅办工厂的那10年操心多了。他这个厂长，平时就和工人们一起干活，看谁手慢些他就自己上手，看谁车零件出错率高他就自己动手，看扫院子的扫得不干净他也抄起扫把自己扫，久而久之，他其实就是工厂里领头干活的勤快的老头儿。

我对我姐说，张师傅如果退休后不办工厂，而是继续画画，如今他也成画家了。这样说挺功利的，因为张师傅当年就是热爱办工厂，就像如今的许多年轻人想开一间咖啡屋一样。那种心心念念，可能就是现代人寻寻觅觅的自我。想来，自我未必就非要冲着时代逆流而上，或者和现状背道而驰；自我，不过是通过完成自己热爱的事而成全的——通过走过的路、翻过的山、克服的困难，生长出一个新的更丰满、更完整的我，就像"办工厂"这件事对张师傅的成全。

张师傅60岁铺开宣纸画画的时候，和他同龄的学院派画家已经开始画逸笔山水和文人画了。张师傅学习能力超强，飞快地掌握了画画需要的所有技法，然而，他的画里好像总缺了些什么。他画的花鸟画太蓬勃、太甜腻了，就像画家画的是清茶，他画的却是一杯白糖水。可是，现在谁还喝白糖水呢？以现在的标准来看，张师傅的画显然阳气过于充沛了。

如今张师傅画的山水已然没有了电线杆和拖拉机，但是他画的山，一看就不是那种清清静静像住着神仙的所在，也不是学院派画家笔下的枯棚茅舍，而是山风呼啸、层林尽染，中间还开着几户农家乐的山。因为从来没有出世之心，所以他的画烟火气很浓。人家画的是云烟，他画的是炊烟，即便临摹，他也能把"云深不知处"临摹成"白云生处有人家"。

张师傅对生活始终保持着机警和热情，所以不论游戏规则如何变化，他都能快速适应。如果非要说欠缺，他可能一直欠缺艺术家所谓的那种与现实的纠结、对抗、叫板。他从来不愁肠百结，所以他的画里也没有那种萧索孤寂。生活对张师傅来说，就是一辆战车，他驾驭着这辆车，或者被这辆车拖着，身不由己也罢，呼啸前行也罢，根本来不及悲悲切切。

我在写这篇文章的当口儿，张师傅正在临摹齐白石的公鸡。齐白石画的是农村那种扑扇着翅膀、贼精贼精的鸡，张师傅画出来的却像一个精神抖擞、整装待发的厂长。

无着处

□ 高自发

诗僧昙秀到惠州见苏东坡，盘桓了十多日，临走时，苏东坡问他："山中见公还，必求一物，何以与之？"昙秀说："鹅城清风，鹤岭明月，人人送与，只恐它无着处。"

昙秀此语，耐人寻味。此时，苏东坡被贬至蛮荒瘴疠之地惠州，若要从他这带点东西送人做礼物，怕是很困难：黄金、白银、名贵土特产，苏东坡肯定没有；"鹅城清风，鹤岭明月"所在皆是——若带给他们，有地儿放吗？

苏东坡在《前赤壁赋》里写道："惟江上之清风，与山间之明月，耳得之而为声，目遇之而成色，取之无禁，用之不竭，是造物者之无尽藏也……"苏东坡认为清风明月是上天送给人类的无尽宝藏，和昙秀异想天开把清风明月当土特产送人，不谋而合。苏东坡和昙秀相知如斯，正应了那句"物以类聚，人以群分"。

世间功名利禄，如过眼云烟，唯清风明月才是永恒的。可惜有人纵使有清风明月吹拂朗照，也浑然无觉或视若无睹，白白糟蹋了美好景致。唯有偷得浮生半日闲、属意青山流连忘返的人，才视清风明月为无尽的宝藏。

赠人清风明月，未必被理解和珍惜。清风明月哪里安放才好？自然是人的心里。心有清风明月，山河明艳妩媚！

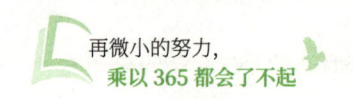

花　籽

□ 林清玄

我背着袋子要北上的时候，爸爸取出一个小瓶子，里面是他亲手培养出来的花籽。他小心翼翼地交给我说："你到那边后，如果有一个花园，就把它种了。"

三年后，我终于找到一所有花园的房子。那时候已经是严冬，花籽摆了三年，到底能不能种活呢？我写信问爸爸，爸爸回信说："只要有土地，花籽就可以活。"他又附寄来一包肥料。

我每天照料着那一片撒了花籽的土地，浇水、施肥，在凛冽的寒风中，我总是担心着，也许它会埋在土地里断丧生机吧！

在冬天来临的第二个月，有一天我打开窗子，突然发现花籽吐了新芽。那些芽在浓郁的花园里，嫩绿到教我吃惊。是什么力量，让那一瓶从南部带来的花籽，在北地的寒风中也能吐露亮丽的新芽？

花籽吐芽的那几日，我常兴奋得无法睡去，总惦念着那些脆弱的花芽。那是什么样的花呢？我问爸爸，他说："等它开了花，你就知道了。"

慢慢地，花长大了，我才知道那是一些茼蒿菜。茼蒿菜是一种贱菜，在乡下，它最容易生长，价钱最便宜，而父亲竟把它像礼物一样送给我，显得那样珍贵。

差不多一个月的时间，茼蒿就在寒冷的冬天开出明艳的黄花，在绿色的枝梗上显得格外温暖。我想，这么平凡的茼蒿竟是从远地移种来的，几番波折，几番流转，但是它的生命深深地蕴藏着，一旦有了土地，它不但从瓶中醒转，还能在冷风中绽放美丽的花朵。

戏　装

□ 杨福成

每个人来到这世上，都是为了一场精彩的演出，主角最好是自己。演，是一个热闹的动词，无论演好还是演坏，大家都不会安静，而演完散场，人也就会沉沉睡去，回归安静。因此，有人叹息，人生不过是一套戏装。的确，戏装被人穿上，蹦跳着显得挺欢，挂墙上就一言不发了。

哲人说，一切伟大的东西，都是纯朴而谦逊的。这纯朴，这谦逊，都是安静的孩子，在天下万物的来和去里，都悄无声息地镶嵌着它们的影子。真正美好的东西用眼睛是看不见的，就像安静。

我们的戏装终究要脱下，在墙上钉个钉子后挂上，归于安静。不妙的是，这种美，也没几个人能够看到。

格局

□ 高自发

楚王打猎丢失一张弓，手下要去寻找，楚王说："楚人遗弓，楚人得之，何必寻找？"按照楚王的理论，楚王是楚人，楚人也是楚人，一笔写不出两个"楚"字，既然都是自家人，无论谁捡到了，弓还是楚人的，肥水不流外人田。没想到楚王的言论引来孔子和老子两位大思想家的关注。

孔子听说后，说道："人失弓，人得之，何必非要楚人捡到？"听孔夫子一席话，真是胜读十年书。楚王反复强调楚人，强调肥水不流外人田，怎么就不能把心胸再开阔一下：楚人是人，吴人是人，鲁人也是人，不论哪国人捡到了，弓还不都在人类的手里？

老子听说后，说道："连人也应该去掉。'失弓，得之'。对于全宇宙而言，弓不失也不得。"

楚王站在楚国的角度，弓只要在楚国，就无所谓得失；孔子站在全人类的角度，弓只要在人类的手里，就无所谓得失；而老子则是站在全宇宙的角度，弓，既没有失，也没有得。咀嚼三人的话语，似乎都有道理，只是说话人的格局不同罢了。

与两位大思想家比，楚王的格局似乎小了些。然而，有句话说得好，关心则乱。假如让孔子和老子分别去治理一个国家的话，不知道他们的观点会不会有所改变。有时候，思想家和实干家的区别在于：想是一回事，做又是一回事。

尽我所能

□ [法] 罗曼·罗兰 译/傅雷

你得对这新来的日子抱着虔诚的心。别去想一年、十年以后的事，只想今天。不要空谈理论，若不去实践，理论就很有可能是对人有害的。别强行挤逼人生，先过了今天再说。你对每一天都得抱着虔诚的态度。

你得爱它，尊敬它，尤其不能侮辱它，妨碍它的发荣滋长。便是像今天这样灰暗愁闷的日子，你也得爱它。你不用焦心。你先看着。现在是冬天，一切都睡着了，将来大地会醒过来的。你只要跟大地一样，像它那样有耐性就是了。你得虔诚，你得等待。如果你是好的，一切都会是顺当的。如果你不行，如果你是弱者，如果你没成功，那还是应当快乐，因为那表示你不能再进一步了。干吗为你做不到的事而悲伤呢？一个人应当做他能做的事，然后竭尽所能。

两位学霸和一个流言

□ 江琦军

去苏州相城，被一粒石子硌了牙。没伤着牙，只是牙与石子的摩擦声麻了肉，麻了神经。想起来，很难受。

这粒石子虽小，但与淳安、相城两地都有关，且有了些年份，是明成化十一年（1475）的陈年往事，还牵着两位历史名人，一位是淳安的商辂，另一位是吴县（现相城）的王鏊。

这两位在当时可都是响当当的人物。

商辂，正统十年（1445）乙丑科会元、状元，加上宣德十年（1435）中的浙江解元，是明朝唯一"三元及第"之人，可谓第一学霸。这位学霸，不仅学业了得，当官也了得，治国有方，且以公正清廉名扬天下。"土木堡之变"后，与于谦一道反对南迁，一个主外，一个主内，打赢了京师保卫战。商辂为官，不容邪恶，"夺门"之后，就算刀架到脖子上，也要坚持原则。对皇帝宠信的大太监汪直，敢于谏言，维护正义，死磕到底；对于皇帝宠爱的万贵妃，也敢拒绝所请，不给她一丁点儿面子。

王鏊，也是一位学霸，苏州解元，成化十一年（1475）乙未科会元，殿试探花，也就是第三名。已经相当了得了。唯一遗憾的就是没有中状元，没能像商辂那样"三元及第"。王鏊除学业有成外，美术、书法也很精通。他还有一个身份，就是唐伯虎的恩师。

介绍完两位学霸后，再请出那粒硌了牙的小石子。

据相城当地传说，王鏊当年本该连中三元，连中二元之后，因主考官，也就是明朝唯一连中三元的商辂从中作梗，商辂心胸狭窄，想独享三元殊荣，不希望与他人分享，便在殿试时有意将王鏊下压两名，变为探花。这个流言至今还在苏州民间传得有鼻子有眼，仿佛亲身经历一般。这一流言，对商辂伤害很大，之后民间还编有《商辂三元记》的剧本，以此来贬低商辂。

作为淳安人，被这一小石子硌了一下，不仅麻到了神经，也激起了内心的斗争精神。遍查史料，并无相关记载，后来从一则小文中了解到这一说法出自当地的族谱，那真相就呼之欲出了。在整理明朝"三元及第"之人时，还有一个叫李骐的，原名李马，永乐十五年（1417）福建乡试第一，中解元。次年会试中式，殿试第一，中状元。朱棣见其名为马，畜名为状元不祥，便大笔一挥，在"马"字后加了个"其"字，从此李马更名为"李骐"。而所谓的李骐"连中三元"的说法来自李骐家族的《上李村族谱》。查阅永乐十六年（1418）会试、殿试录用名录，当年的会元实为董璘，状元为李骐。因此，《上

《李村族谱》中记载的李骐"连中三元"并不可取。同理，王氏的族谱也不排除弄虚作假之嫌。

但到此，还不能彻底还商辂清白。遂分析史料的前因后果，也即从流言本身入手，分析其逻辑关系，不推敲不知道，一推敲，流言就不攻自破了。

第一，殿试时有皇帝在场，名次不能由商辂一人说了算。

第二，商辂参加过三次科举，主持过五场科举，对科举中的各种规则相当熟悉。如果有意压制王鏊，作为主考官的他，为何不在会试中就充分使用主考官的权力进行压制，何必等到殿试皇帝在场再进行压制呢？引用周星驰电影《九品芝麻官》中的经典台词：一个凶手根本用不了那么多毒药，何必买那么多毒药来引起他人的怀疑？

第三，商辂为官为人，一个"正"字入骨，世人皆知。"夺门"之后他宁死也要坚持原则，不与徐有贞、石亨等人同流合污，英宗不愿杀他，才将他削职为民。怎么看，都不像心胸狭窄之辈。

第四，再看所谓的"想独享三元"一说，王鏊中探花那年是成化十一年，明朝已进入中期，之后还有一百多年的历史。能说"独享三元"这样的话的，肯定不会在明朝当代。当年商辂根本不可能知道明朝能有多少年，也根本不可能知道在此之后整个大明会不会再出现"三元及第"的学霸，他就算压了一个王鏊，说不定还会冒出一个黄鏊、汪鏊，他压得过来吗？就算他有这个心，时间也不会给他机会。因此，商辂"想独享三元"之说，完全可以判定是明代以后的人杜撰出来的。就像第一次世界大战期间，报纸上根本不可能刊登"第一次世界大战最新消息"一样。四点一摆，事实也就明朗了。这粒硌牙的石子，原本就是虚无的流言，对商辂伤害不小，但也没给王鏊增色多少，细究起来可谓两败俱伤。这样的结果，想必学霸王鏊本人也不愿见到。一粒原本就没有的石子，突然冒出来，硌了一下大家的牙，那叫一个难受。

不管怎么说，两位学霸身上，还是有很多东西值得我们后人学习的。王鏊虽为探花，但也不影响他发挥才能，最终也成为明朝的顶梁柱，只是明朝中期已病入膏肓，再多的能人也无能为力，他最后告老还乡专攻书画，在艺术造诣上远远超过了前辈商辂。

养 废

□徐悟理

带孩子在公园玩，遇到一群被圈在栅栏里的鸽子，个个肥嘟嘟，但身上脏兮兮，和印象中洁白轻盈的鸽子完全不一样。

喂鸽子的饲料，自费购买，10元一包。我也给孩子买了两包，接到饲料后，孩子兴奋地喂了起来。我很快便发现问题：那些鸽子，都不会飞了，一个个只愿站在地上争抢饲料。孩子把饲料抬到高过它们的头，它们便不愿意去争了。其实，只要稍稍飞起一些，或朝上跳一跳，它们就能啄到食。可没有一只鸽子愿意这样做，它们纷纷转头朝另一个低矮的喂食处涌去。

"这些鸽子怎么都不愿飞了？"我自言自语，旁边一位老人接过了话："都被养废了，养肥了，轻易就能吃到食，谁还愿意去飞！"

没有生存的压力，就没有奋发的动力，甚至连原有的本领都会渐渐丧失。不仅是鸽子，对于一些人来说也是一样。

守 望

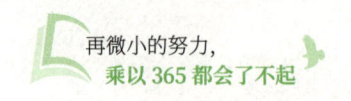

□ 周春梅

朋友发给我一组图片，说是她很喜欢的窗外的一棵树。

如果没有同一栋灰色的大楼作为背景，没有向右弯曲、上细下粗的主干作为明显的标志，只看树冠，恐怕很难认出这是同一棵树。夏天，这棵树枝繁叶茂，满树的碧绿在风中摇曳。秋天，叶子变黄变红，从浅黄到绛紫，色调丰富，难以概括。冬天，树裸露出清晰而美丽的线条，直刺天空，树上仅剩些枯黑卷曲的叶子，有的夹杂着红，有的则浅黑与深黑交杂，浓淡干湿，个个不同，让人想起国画里的墨分五色——焦、浓、重、淡、清。

总之，只要你将目光停留，细细观察，就会发现，17世纪德国哲学家莱布尼茨的那句名言一点也没说错："世界上没有两片完全相同的树叶。"据说这句话还有常常为人忽略的后半句："世界上也没有两片完全不同的树叶。"而识别出不同季节的同一片树叶，恐怕也绝非易事。

我建议朋友给这组照片取名"守护我的朋友"。

作家帕乌斯托夫斯基在《金蔷薇》中曾谈及自己偶遇一位画家，那位画家乘火车去看望一片白杨林。与中国古诗里"白杨多悲风，萧萧愁杀人"的形象不同，在这位俄罗斯画家的眼里，秋天的白杨树如同新娘一样，披着华丽的盛装。他用画家才有的眼力和对色彩的敏感这样描述："它的树叶可说是五彩缤纷。有绛红的、淡黄的、淡紫的，甚至有黑色的，上边洒满金色的斑点。在阳光下像是一堆灿烂的篝火。"他说自己会在那里一直画到秋末。到了冬天，他就动身去芬兰湾，看全俄国最好看的霜。

最好看的霜是什么样的？愚钝如我，很难想象，只能大抵感知那一大片的洁净耀眼如水晶般的白。国画里也有一种颜料名为霜，是杂草经燃烧后附于锅底或烟筒中所存的烟墨，其质轻细，故谓之百草霜，别名釜底墨、锅底灰，兑胶使用，可画须发，画翎毛。另据《本草纲目》中记载，百草霜还可入药，止血消积，清毒散火。此霜虽与大自然中的霜之洁白莹润不同，但也别具美感，引我这样的绘画门外汉浮想联翩。

在这位画家的生活里，秋天的白杨树和冬天的霜，也都是守护他的朋友吧，所以他要常常去看望它们。而他用自己的画笔描绘它们，让倏忽即逝的美定格并长久留存，也可以视作对朋友的守护和回馈，因为他认为自然的美是一种神圣的东西，是人的终极目的之一。

我们也能如这位画家一样，在辽阔壮丽的自然中找到彼此守护的朋友吗？应该也不难吧，比如我的那位朋友，用相机记录下一棵树的四季，记录下秋窗风雨夕与春江花月夜。李白的"相看两不厌，只有敬亭山"，辛弃疾的"我见青山多妩媚，料青山见我应如是",也都可视作一种特别的"陪伴"。贝多芬的《月光奏鸣曲》和德彪西的《月光》,则又是另一种形式的人与自然的呼应了。

无论是用镜头、画笔、文字还是音乐,关键都在"守",在于长久而专注的凝视、聆听、守护。"守望"的本义为"看守瞭望",此处不妨将其这样拆解——守候,凝望,正如帕乌斯托夫斯基所记录的另一位画家的教诲:"看每一样东西时,都必须抱定这样的宗旨,我非得用颜料把它画出来不可,您不妨试这么一两个月。坐电车也罢,坐公共汽车也罢,不管在哪里,都用这样的眼光看人。这样,只消两三天,您就会相信,在此之前,您在人们脸上看到的,连现在的十分之一还不到。两个月后,您就学会怎么看了,而且习惯成自然,无须再勉强自己了。"

逃离"时间黑洞"

□李睿秋

什么是"时间黑洞"呢?它指的是在每天的日常生活中,你无意识地、习惯性去做的事情。尽管这些事情看起来都很小,但累积起来,就可能吞噬我们的时间资源。

这些时间开支一般包括两种。一种是日常琐事,例如家务。如果把生活比喻成一个瓶子,它们就像瓶子里的沙子,细微而不起眼,却散落在我们生活的方方面面。

如何处理这些事情呢?首先要考虑的是,能不能尽可能缩短处理它们的时间。比如,请人帮忙打扫卫生,用洗碗机等现代科技产品节省劳动力,一次性购买一周所用的食材并简单预处理……避免把自己宝贵的时间,空耗在这些维持日常运转的琐事上。

如果实在难以缩短,也可以考虑另一种方式,那就是把这些时间黑洞,转化为我们的能量仓库。一种有效的做法是,把这些琐事转化为日常生活中的"仪式感",让它们成为自己休息和疗愈的契机。你可以把做日常琐事的时间、步骤甚至场景,固定下来。重复的行为能够带来一种奇妙的力量,它能增强我们对生活的掌控感。比如,在下午4点散步,做一下拉伸;午饭后泡杯茶,读两页书;每工作半小时,听一会儿音乐。

什么样的仪式才能起到作用呢?答案非常简单:只要它足够精确,经常重复,并且遵循严格的顺序。关键是把它内化到每一天的生活轨迹里。这种方式,可以让自己找回对生活的掌控感。

另一种时间开支,就是当我们感到无聊、无所事事时,下意识地去"打发时间",填充生活间隙。比如,看小说、上网"闲逛"等。这些事情有价值吗?价值很低。一个有用的建议是,为这些事情设定一个明确的边界。

我的习惯是,为所有这种"打发时间"的行为设定一个明确的时间点。比如,我现在想看一会儿网络小说,那么我就定一个20分钟的闹钟,时间到了,就让自己停下,以此避免长时间不由自主地沉浸其中。一旦习惯了这种做法,你就不需要定闹钟了。你可以在脑海中培养起一个时间观念,不论你在做什么事情,都能够估算一下:现在大概过了多久?我已经做了多久?那么,你就可以及时提醒自己,是时候停下做这些低价值的"打发时间"的事,而去做更有意义的事情了。

云天之下，瓦屋之上

□ 董改正

每年开春，雨季到来前，父亲都会上房捡瓦。

不知什么原因，每过一年，总有瓦碎若干。摆在瓦楞上的小瓦，上连云天，下覆人间，偶承雨水霜雪，也有狸猫黄鼬松鼠瓦雀星夜来访，但它们轻捷如波纹浮水，那瓦又因何会碎呢？

每次看到父亲缘梯而上，我仰脖而望，总有这样的疑惑。

寂寂午后，乡村宁静，毫无睡意的孩童，是接替慵懒猫狗之后喧哗的另类生灵。此时阳光透过瓦隙垂射而下，在黑漆漆的老屋里，犹如影院背后小孔里射来的那一根神秘的光线，似有无数的尘埃在那柱形的光河里踊跃飞扬。每有此景，我便会告诉父亲，瓦又破了，雨天又要漏水了。父亲便笑着说，捡瓦是要上屋的。他的脸上挂着骄傲，让我印象深刻。

捡瓦是必须上屋的，要仔仔细细翻检一遍，讨巧不得。多是在晴朗的上午，万木萌蘖，阳光正好，院子里鸡啄食猪哼哼，院子外有人荷锄而去，有人拎篮归来。这时，父亲就将梯子斜靠屋墙，嘱我扶梯，他则在口袋里插着小铲，一手握着高粱笤帚，跃身而上，瞬间就蹲在瓦脊上了。我的心突突地跳起来，一是屋高，二是屋顶斜，三是瓦脆，担心父亲，也担心瓦。然而我显然是杞人忧天。父亲说："瓦结实着呢，你怕啥？"他拿着扫帚，已开始打扫了。

屋顶小瓦排列如田垄，一垄俯瓦如桥，一垄仰瓦如舟。仰瓦承接雨水，俯瓦则趴伏在两排仰瓦的连接处，如同螺帽，将整个瓦顶连成一片，既遮雨，又压住了仰瓦，以免被风掀飞。再大的雨，只要屋顶无碎瓦，屋内便可安宁地听一片雨声了。

父亲蹲在俯瓦上，扫着落叶枯枝、朽烂的布条、鸟粪猫屎，甚至死猫死鼠。这是捡瓦时我们最激动的时刻，仿佛一场寻宝探险。有时候，会骨碌碌滚下一个乒乓球，在地上一弹高，欢快地向我们寒暄"多日未见"；有时候会飘下一个羽毛球、一个毽子；有时候会是一支铅笔、一块橡皮、一种从未见过的果核，或一片漂亮的鸟羽；更多的是头年夏天我们射到屋顶的螺蛳壳，它们骨碌骨碌地滚着，落在地上却悄无声息，仿佛来自岁月深处。我们或惊讶，或欢呼，或蹙眉跺脚，然后又望着屋顶上的父亲。

扫过之后，父亲便开始用小铲铲掉瓦松、狗尾草和一些我叫不出名字的一年生草本植物。瓦松或许是土著，狗尾草等则多是麻雀等衔来的、留下的。铲除积土后，它们多会留下曾附着在瓦上的痕迹，犹如青苔的版图，在雨烟中隐现成宋元的青绿山水。我知道，不久之后，那上面依然会有尘土附着，依然有青苔生长，依然会有鸟儿飞来，耸颈撅尾，喳喳有声，依然会有狸猫沙沙走过，掏破梦的泡泡，而父亲依然会在某一个艳阳春日，上屋捡瓦，我依然会为他扶梯，仰望他在云天之下，瓦屋之上，行动如猫。

此时，一片片碎瓦已被找了出来，堆在一处。父亲蹲在檐边，接我递上来的小瓦。瓦有新的，敲之铿铿然，如击金玉；也有旧的，湿黑沉重，上附湿土、虫卵和干死的青苔。父亲将它们一一放在需要的地方，再把碎瓦插入俯瓦中。这项工作耗时很久，我的目光开始涣散，云天渺远，心思渺远，狗吠鸡鸣渺远。待我回神过来，屋顶烟云流泻漫卷，母亲已开始做饭了，院子里的弟弟妹妹早已不见踪影。

如今父亲老了，捡瓦已成往事。一日回家，天雷阵阵，惊见堆叠的乌云之下，父亲正站在梯子上给柴堆蒙雨布。我忙奔过去，替下父亲，站在梯子的顶端，看着仰脸而望的父亲，正满脸是笑和期待，像一个等待寻宝探险的孩子，我不由刹那间泪水盈满。屋顶依然年年积土，年年有奇异之物莫名而来，父亲怎么就老了呢？怎么就不能捡瓦了呢？我怎么就不能永远做一个扶梯仰望的孩子呢？我曾经怨过他，轻视过他，如今我也即将老去，才知道每个人只能过自己的日子，每个人都成不了别人。他以自己几十年如一日的勤俭，为我捡出一方不漏雨的空间，已经竭尽所能，我还要怎样呢？

蓦然想起有一年捡瓦时，父亲手拈一物，呼我上梯。我接过来一看，是一颗板牙。本地风俗云，凡稚子换牙，扔到屋顶，则牙齿正而坚实。那一刻，新牙已长成，手拿旧齿，一种时光恍惚的忧伤笼罩住了我。如今，四十年过去，新牙早因虫蛀而被我换掉，而父亲给我的那颗，也早已消失在岁月深处，不变的，唯有流淌在血液里的亲情，萦绕在梦魂中的往事，和那潇潇的安宁的雨声。

"配盐幽菽"的困惑

□王厚明

"配盐幽菽"是何物？如果感到困惑，不妨去宋代周密编撰的《齐东野语·配盐幽菽》中一看究竟，书中记载了这么一桩趣事：

南宋时江西有一位年轻人声名在外，自认为学识渊博，一向恃才傲物。他听说同是江西的诗人杨万里颇负盛名、很有才华，非常不服气，就托人带信给杨万里，说要到其家乡江西吉水见他，意欲与他一较高下。杨万里也听说了这个年轻人一贯比较自负，但还是谦和地给他回了一封信，信中说："我很欢迎您的到来，并冒昧地向您提一个小小的请求，听说你们家乡的配盐幽菽非常有名，很想亲口尝一尝滋味，请您来时顺便捎带一些。"

年轻人拆信一看，不禁茫然不知所措，他从未听说过"配盐幽菽"。然而碍于他曾四处炫耀自己学识渊博，又不愿意放下身段去问熟人，只好在街上向陌生人打听，但直至约定与杨万里相见的日子也没找到。年轻人只好带着满腹困惑来到吉水，他见到杨万里后有些愧疚地说："请先生原谅，您信中提到的配盐幽菽是不是卖的地方比较偏僻？我找了很久也没找到，我虽读书不少，但也未听说过配盐幽菽，所以无法带来。"

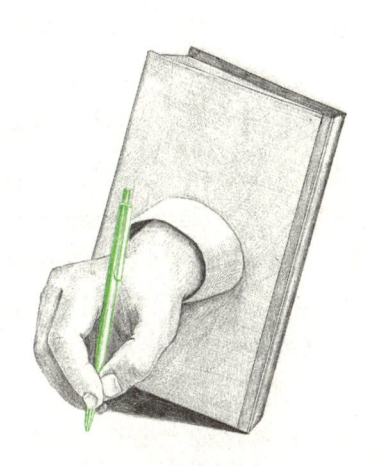

杨万里淡淡一笑，不慌不忙地从书架上取出一本《韵略》，翻开当中一页递给年轻人，只见书上写着"豉，配盐幽菽也"。年轻人这才恍然大悟，原来让他踏破铁鞋四处寻觅的"配盐幽菽"，就是家庭中日常食用的豆豉啊！年轻人不禁涨红了脸，明白杨万里是在考验他的学识，也为自己才学浅陋惭愧万分，从此也不再骄傲自负、目中无人了。

在知识爆炸、信息无限的时代，一个人的学识再高、能力再强，所能获取的知识都是有限的，也是暂时的，都有可能遇上不为己知的"配盐幽菽"，因为学海无涯、知识浩瀚。同时，知识在社会发展进步中不断更新迭代，我们绝无理由高傲自大、目空一切，所抱有的人生态度应是虚怀若谷、谦恭谨慎，生命不息、学习不止。

失传的种粒

□ 南 子

地域显然具有一种奇怪的力量,却又十分隐秘。它使人的感觉,像味觉、嗅觉,甚至触觉、视觉等,在此地如此,但在彼地就不一样了,这似乎取决于气候、地理等因素。可是还有一些什么呢?

一位作家曾跟我说起他小时候吃过的一些未经改良的老式瓜菜:有长了虫眼的西红柿、甜瓜、土毛桃,模样矮小的芹菜、萝卜……一堆堆、一筐筐地摆在巴扎上。有一种叫"克克奇"的甜瓜,又小又难看,秧扯不长,产量不高,一棵秧上只结三四个瓜,但味道极香极甜,吃过保准忘不掉。

他说他的家人都喜爱这有着浓郁香甜味道的"克克奇"。他的母亲每年就拣最甜最饱满的瓜留下种子,放在窗台上晾干,来年再种。可是不知道哪一年忘记种了,或者是他们仅有的几颗种子被老鼠或鸟儿偷吃了。当那种有着特殊浓郁香甜味道的老品种作物从生活中消失的时候,竟然谁都没有觉察。

现在,经过改良的又大又好看的瓜果长满大地,它们高产,生长期短,但不断改良的结果就是它们把人最喜爱的味道一点点弄丢了。事实就是这样,当人们成功地改良出一个新品种,老品种就消失了。

好像许多事物也是这样被过滤、筛选的,真正古老而美好的东西被拿走,只剩下渣滓。曾经有很长一段时间,"老""原汁原味"的作物是乡村普遍认可的原则。从某种意义上说,本土知识体系即指"传统"。历史上,我们最讲传统,这是由传统社会的特性决定的,由农耕方式建立起来的家族制社会最重经验,由此传统"代代相传"。有人抽象出"文化"这个词,来说明"传统"的重要性,因为它的精神因素,可能是超越时空的,但我们大多数时候对它熟视无睹。

哈密乡村里的维吾尔族叫甜瓜"库洪"。在卡尔塔里村,我从当地的一些老人那里,记下了一些老品种"库洪"的名字:黑眉毛、老汉瓜、一包糖、加格达、红心脆、早金、黄皮可口奇……这些瓜名多好听啊,听到名字就能一下子联想到瓜的模样,像一个个活生生的有性格的熟人站在自己面前。这些美好的名字传承于人的生活,不仅有色泽、肌理,还有温度,诱发人的联想。我感觉到了人与大地交替的呼吸。

比如老汉瓜,瓜肉醇香,略带甜酒味,入口即化,将这种瓜一剖两半,刮去瓜瓤,泡上馕,就是一顿饭。不像后来改良后的新品种哈密瓜名:抗病1号、26-1号、伽师瓜2号、凤凰1号……这些莫名其妙的术语和词根在消解生活中的诗性成分,阻隔了人与大地之间的联系。

千百年来,哈密瓜农在种植哈密瓜方面积累了丰富的经验。老人尼牙孜·哈斯木说:"以前祖上种瓜,都是用牛羊粪施肥。用老方法种,铺上苦豆子叶。这样长出的哈密瓜口感好,易保存,用化肥不好。前两年看大家都在用,我们也试着用,用化肥催熟的瓜成熟快,样子好看但不好吃,保存时间也不长,再说,化肥把土地也烧坏了,所以我就改回老方法种了。当然还有其他的方法。"

"什么方法?"

老人笑而不答。

我知道,那就是外界纷传的他家有一本从祖上传下来的有关种植哈密瓜的"秘方"。只是，古老的秘密会不会因时间而失去价值？

种子是每一个生物源头私属的神，开始创造它那善变的无中生有的戏法。甜美的果肉会被牙齿消灭，或是在寂静中慢慢腐烂，这样，种子就会裸露出来，进入土壤，开始生生不息的传递。比如在农村，一些珍贵的种子，往往只保留在个别农人手里。他们喜爱那些老品种瓜果的味道，就一年一年传种了下来。

尼牙孜·哈斯木家种植加格达瓜一直用的是祖上留下来的瓜子。种瓜和种瓜的种子是坚决不卖的。怕失传，所以一直种下去，等着喜欢它的味道的人来买。同样，老人也为我们展示了他祖上一代代传下来的有两三百年历史的种子。有好几个品种，都用皱巴巴的纸包裹着，一粒粒被小心翼翼地放在了罐头瓶子里和土布缝制的袋子里。那是他的家族永久的珍藏。

迈克尔·波伦在《植物的欲望》一书中说："从前，世界上就没有花，当然也就没有果实和种子。稍微精确一点说，是在两亿年前。后来有了蕨类植物和苔藓，有了松类和苏铁类，但是这些植物并不形成真正的花和果。它们中有一些是无性繁殖，以种种手段来克隆自己。与现在我们所处的这个世界相比，因为缺少花和果实，这个有花之前的世界，是一个更为缓慢的、更为简单的世界。"

也许，所有沉重的东西，注定是由纤细来背负的。现在，每颗瓜的果实里都睡着它的孩子，那些白而狭长的种粒安睡它的腹腔之中，这是花粉、媒粉以及浩荡的春天存在的全部理由，是大自然互容互生、环环相扣的复杂节律。

一年飞逝，另一年回转而来。春季将去，落花满地，夏秋之景，接踵而至。它在时间上构成了连续的波状之链。

现在，一张张苍黄的"秘本"和一粒粒种子获得了与时间相等的地位，我目睹了一个家族对传统的繁衍、坚忍、持久的全部秘诀。

无效的努力

□ 张　璐

如果在沙漠中迷路怎么办？很多人都不会坐以待毙，而是选择试探着去寻找水源，期待最终找到绿洲或者被骆驼队营救。

但研究人员告诉我们，最好的方法是在原地找到一块岩石，然后坐在岩石的阴影下等待。可以把鲜艳的衣服、头巾压在岩石显眼的位置，这样更可能被搜救车队或飞机发现。如果你急于寻找出路，反而会因为运动过多而大量消耗身体里的水分。更重要的是，很多时候，人们是在不知道方向和水源的情况下行动的，这样会让自己快速脱水。

另外，现实中大部分的救援，都会从最后推算的失踪地点开始，沿着计划路线进行第一轮搜救。如果你不明方向地行走，最大的可能是让搜救队离你越来越远，拖延自己可能被发现的时间。

在没有明确方向和目标的情况下，你所做的努力大多是无效的。留在原地，反倒可能是最可靠的方法。

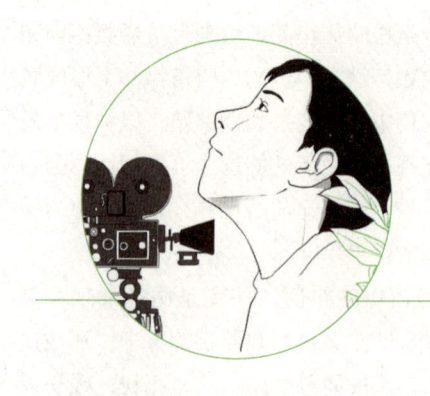

> 再微小的努力，
> 乘以365都会了不起

惊奇元素

□李南南

在好莱坞的剧本评估里，一直有一个首要考虑项，叫作"惊奇元素"。也就是说，要看你的剧本能不能用一句话，概括出一个让人感觉惊奇的元素。假如这个惊奇元素成立，你的剧本就能进入下一步；不成立，则不能立项。

大部分的好故事里都能找到这样的惊奇元素。

比如，一个男人含冤入狱，在牢里十多年，用一把小鹤嘴锤，挖出了一条通道，最终逃出生天。没错，这是电影《肖申克的救赎》。

再比如，一个小男孩为了救出母亲，决定向神宣战，并劈开了一座大山。这说的是《宝莲灯》。

所有惊奇元素，本质上一定要满足两个条件：第一，能用一句话说清楚；第二，颠覆了你通常的想象。只用一把锤子，怎么可能挖通监狱呢？一个小男孩，怎么可能向神宣战呢？

惊奇元素一定要简洁，且颠覆常识。不仅电影如此，大多数畅销书也都具备至少一个惊奇元素。

比如，《人类简史》的惊奇元素是，过去我们都觉得智人之所以能在进化中胜出，能战胜尼安德特人，是因为智人更聪明、更强壮。事实上，尼安德特人不比智人笨，虽然他们的个子比智人矮，但是力气比智人的更大。智人之所以胜出，不是因为智力，而是因为想象力。是想象力，让智人能够在更大范围内形成一个共同体。

如果你要去应聘，想用一句话吸引面试官，也可以借鉴惊奇元素。比如，你本来想说，你很会培养人才。你可以换个说法，"我有个管理心得，大家都觉得人才是培养出来的，但我认为不是，人才是在一个好的机制里自己成长起来的，我很擅长打造这样一个好的机制"。有这么一句带点颠覆感的话，就会使你更容易被记住。

智识上的鉴别力

□林语堂

有教养的人或受过理想教育的人，不一定是个博学的人，而是个知道何所爱何所恶的人。一个人能知道何所爱何所恶，便是尝到了知识的滋味。

我碰见过这种人，谈话中无论讲到什么话题，他们总有一些事实或数字可以提出来，可是他们的见解是令人气短的。这种人有广博的学问，可是缺乏见识或鉴赏力。博学仅是塞满一些事实或见闻而已，可鉴赏力或见识却是基于艺术的判断力。

一个人必须能够寻根究底，必须具有独立的判断力，必须不受任何社会学的，政治学的，文学的，艺术的，或学究的胡说威吓，才能够有鉴赏力或见识。

不断优化你的思考模式，
摆脱无谓的精神内耗

"合成谬误"与"合宜目标"

□ 胡建新

"合成谬误"是美国经济学家、诺贝尔经济学奖得主萨缪尔森提出的理论，意思是许多事物单个看是理性、正确、有效的，合成后却可能成为一个谬误。

为阐释这一理论，萨缪尔森举了一个颇为生动的例子：在一个露天剧场里，大家原本都坐在地上观看演出，但坐在后面的人觉得看不清楚，于是就站起来看；见有人站起来看了，再后面的人也跟着站起来，结果大家都回到了"原点"，跟不站起来看的效果一样；于是一些人又踮起脚尖看，后面的人也跟着踮起脚尖……如此循环往复，整体福利一直在下降，个体成本却不断在上升。这就是"合成谬误"。

现实生活中，类似"合成谬误"的现象俯拾皆是——有名学生每周末都去补习功课，成绩提高很快，后来整个班级只有他一人考上了名牌大学，此后该校学生都去上补习班了，结果整体成绩提升，录取分数线也随之水涨船高；有家农户率先种植一种别人尚未种植的农作物，居然深受市场欢迎，赚了大钱，于是其他农户纷纷效仿，结果此种农产品严重滞销，大家亏了本；有人对某人某事发表了较为合理的批评意见，可接着大家一边倒地发表议论，最后形成"网暴"，导致舆情失控……概而言之：一人或少数人做某件事可能很有好处，但大家或多数人一起做某件事，则可能带来负面效应甚至产生严重后果。

上述现象表明，在一个冗杂繁芜的系统及其运行过程中，个体的理性和效率并不一定能带来整体的合理性和有效性；局部的最优和出众，并不意味着全局的最佳和卓越；微观上的井井有条和精益求精，宏观上未必会有同步响应和同等绩效。由此还可举一反三地看到更多更大更具垂诫意义的"合成谬误"——上级制定一项政策后，下级和相关部门常常都要按照这一政策目标同时发力；上级提出某个口号或推出某项举措后，下级和各个部门都要拿出相应的措施和办法来，且级级放大、层层加码，如此"运动式"的做法很容易出现全局性、普遍性的谬误。事实证明，级级放大、层层加码效应每每弊大利小——扩张的时候级级放大，将导致恶性膨胀，与初衷背道而驰；收缩的时候层层加码，常使结局急剧萎缩，与预期南辕北辙——这就如同驾车途中一会儿使劲踩油门，一会儿用力踩刹车，不但不会节油和顺利行驶，而且会更加耗油甚至发生意外事故。曾经，一哄而上、一哄而散对经济社会发展所造成的不良后果，人们一定记忆犹新、铭诸肺腑，可至今仍有重蹈覆辙者，不免令人惴惴其栗。

畅销书《行为投资者》的作者说："如果说人们可以从金融中学到什么教训，那就是普遍的共识往往预示着坏消息。在资本市场中，当每个人都在做所谓的正确的事情时，正确的事情就不再正确了。""合成谬误"的核心问题，在于忽略了个体之间的相互影响和相互作用，使得许多对个体来说是正确的东西，对整体来说却是错误的。恰似"内卷"，一个人"卷"，对这个人来说往往很有好处，但所有人一起"卷"，大家就得不到想要的好处。由此看来，加强对"合成谬误"消极性、危害性的分析研究和纠偏调整，非常有必要，也很有价值。

于是，有人提出了"合宜目标"的理念。"合宜目标"，即不是跟在别人后面亦步亦趋地选定目标，而是选择适合和适宜于每个人、更便于操作和利于实现的目标，然后按照这个目标去努力作为。确立"合宜目标"，可以有效避免"合成谬误"，如期获得事业成功，但需要把握三点：一是识物要"合宜"，不能一叶障目、不见泰山。要想欣赏到泰山的壮美景色，必须以全局眼光、全面视角去认知泰山，切勿被零碎的枝枝叶叶遮住了双眼。盯住一点、不及其余，往往会出现致命"谬误"。二是趋利要"合宜"，不能只顾自己、不顾他人。追求个人利益及其最大化原本无可厚非，但不能损害他人尤其是大多数人的利益。一味"内卷"的成本必将分摊到每个人头上，最后对谁都没有好处。三是举措要"合宜"，不能盲目跟风、失去自主。大水漫灌式的一哄而上，必然导致泛滥成灾；作鸟兽散式的一哄而散，必然走向灰飞烟灭。此种苦果和恶果，不知多少人已经尝过，切不可屡戒不止。

鲁迅日记中的天气

□ 孟祥海

鲁迅日记每则一般不超过100字，最长不超过150字，内容最短的只有"无事"两个字，真可谓惜字如金。然而，他对天气情况的记录极其详细，这也成了鲁迅日记中相当有趣的部分。

首先，鲁迅记录天气的字词丰富。一般的天气用语，不外乎"风、云、雨、雪、晴、阴"，而鲁迅日记中却有一般人很少用的字，如"曇""霰""霁""晦""霾"，还有更生僻的字，如"晛""燠"……这不仅显示了鲁迅渊博的学识，也反映出他对生活观察感悟之细致。

其次，鲁迅非常详细地记录了天气变化以及由此带来的感受，他在日记中会用"冷""燠""大热"等字词。1912年10月5日，"雨，冷，午后雨止而风，益冷"，不仅表明了天气变化，更写了自己对大自然冷暖变化的感受。

再次，鲁迅日记中有许多对极端天气的记载。比如沙尘暴、霾、暴雨、梅雨、台风。如鲁迅刚到厦门不久，就遇到台风，他在1926年9月10日的日记中写道："下午风，雨……夜大雨，破窗发屋，盖飓风也。"鲁迅这些有关极端天气的记录，为后人了解民国时期的气象提供了第一手资料。

透过天气还可窥见鲁迅当日的心情。比如，1912年5月5日鲁迅的一篇日记："途中弥望黄土，间有草木，无可观览。"这是写他乘火车从天津到北京途中所见，一派萧条悲凉，也显出他此次北上的心情。1913年1月15日，"晨，微雪如絮缀寒柯上，视之极美"。那是鲁迅第一次看到北方的雪，欣喜之情溢于言表。鲁迅对月色也是情有独钟的。如1917年中秋节，鲁迅在日记中写道："烹鹜沽酒作夕餐，玄同饭后去。月色极佳。"简短的话语，表露出鲁迅内心的愉悦。

鲁迅日记中的天气记录，颇具美学意味，能让人透过天气的冷暖变化，体会到鲁迅对人间冷暖的深刻感悟。

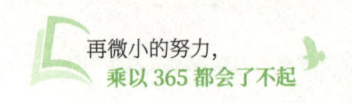

有一种完美叫精确

□ 田 涛

在科技和制造的世界里，追求精确已经成为一种信仰。一切改进创新的努力，均来自对完美的追求。

250年来，一个叫作"公差"的概念坚定地引领着一代代梦想家、创业者、架构师、程序员与工匠，他们用"公差主义"重构世界。

公差指"机器工艺中允许的误差范围"，即预先设定的可接受变量。公差具有绝对刚性，它就像射出去的子弹，极微小的抖动都可能左右一场比赛，乃至一场战争的胜负。从某种意义上讲，战场比的是公差，市场拼的也是公差。大到国家发展，小到企业兴衰、个人的胜负，都与公差有关。

从千米到纳米，在不断细化的公差世界的背后，是创新与停滞的斗争，也是组织与组织在管理文化上的较量。追求极致精确，不仅是一种产品质量观，更是一种关乎企业存亡乃至国家兴衰的哲学观。

以芯片制造为例。如今，芯片制造的精度已经达到不可思议的程度。抛开艰涩难懂的技术指标，仅看制造芯片的光刻机的运行环境，就给人一种"不真实"的感受——每立方米空气中仅仅允许存在10个直径不超过0.1微米的微粒。倘若达不到如此程度，一粒极微小的灰尘就可能在瞬间毁掉数百块即将制成的芯片。

哈勃望远镜就踩过类似的坑。在被送入距地球600多千米的轨道时，由于主镜头上存在只有人类头发丝直径1/50的误差，望远镜"经历了1300天毫无意义的漂泊"。究其原因，仅仅是技术人员的一个极其微小的疏忽：矫正用的金属棒的盖子上少了一小块油漆。

19世纪初，美军在与英军的战争中惨败，连正在建设的白宫都被付之一炬。军事专家认为，关键原因是，那个年代美军的枪支是出了名的不可靠，而英军的枪械依靠精密制造，实现了零部件的通用。

英格兰谚语有云："少了一个铁钉，失去了一个国家。"我们的文化中也有类似的表达："差之毫厘，谬以千里。"

当极小的变成微观的，微观的变成亚微观的，亚微观的变成原子级的……精密制造大踏步地朝两极推进，宏观至宇宙，微观至粒子。精密制造领域250年来的竞赛，既是企业层面的，更是国家层面的。

很大程度上，哪家企业在精密制造、智能制造上领先，就可以成为全球产业的执牛耳者，就拥有了关于前沿技术标准的定义权、前沿产业方向上的话语权，占领了世界科技、经济、军事的制高点。

从这个意义上讲，现代世界的秩序也是被"精确"塑造的。

自从摩尔定律出现后，人类社会似乎已经很久没有出现过牛顿、爱因斯坦这类"孤胆英雄"了。科学发现、技术发明越来越走向群体协作，每个"恒星"的周围都环聚着一群璀璨的"行星"，而精密制造也越来越明显地呈现一种系统力量。集成已成为一种前所未有的大趋势。大规模的思想集成、创意集成、想象力集成、数据集成、算力集成、资本集成，将使摩尔定律无处不在——人类的创造活动、创新活动将变得越来越可预期、可实现。

高薪背后的逻辑

□ 张 军

生活中，我们经常听说某某公司的工资水平比同行业其他公司的高出好多。

大部分人对这样的公司既憧憬又疑惑：为什么这些老板愿意给员工开特别高的工资？给大家讲一个理论，叫作"效率工资理论"。这个理论是由2001年诺贝尔经济学奖得主乔治·阿克尔洛夫最先提出来的。阿克尔洛夫教授虽然是诺奖得主，但比起他，你可能更熟悉他的太太。他太太叫珍妮特·耶伦，曾担任美联储的主席。

简单来说，效率工资是一种薪酬制度，它一般指的是，企业支付给员工比市场平均水平高得多的工资。教科书里常常用20世纪初的美国福特汽车公司来举例。那时，美国汽车产业迅速发展，汽车工人需求旺盛。1914年，亨利·福特开始向其汽车工人支付每天5美元的工资。而当时工人普遍的工资仅是每天2~3美元，福特汽车公司开的工资远远高于当时的均衡工资水平。求职者在福特汽车工厂外排起了长队，为争抢工作岗位几乎发生骚乱。

用人单位有用工需求，劳动者供给劳动力，便会形成均衡工资和均衡用工数量。老板为什么要支付高出劳动力市场均衡价格的工资给员工呢？随大流，给普通的工资不就好了？给高工资，增加自己的成本，确实很违反常规。

事实上，在福特汽车公司的例子中，当年由于美国汽车产业迅速发展，对汽车工人的需求旺盛，汽车工人的工作流动性很大，这给企业的稳定发展带来不小的压力。而亨利·福特支付高工资，使得公司有一个稳定持久的基础。当时的一份调查报告显示，高工资提高了工人的积极性，增强了企业的凝聚力——福特汽车公司雇员的辞职率下降了87%，解雇率下降了90%，缺勤率也下降了75%。高工资也带来了更高的劳动生产率，福特汽车的价格比竞争对手的便宜了很多，销量从1909年的5.8万辆直线上升至1916年的73万辆，7年里翻了超过10倍。

所以，效率工资看上去不划算，付出了高于市场平均水平的工资，但是它带来了很多好处：一方面，员工跳槽会给企业造成损失，员工辞职后必须得到补充，这意味着企业不得不再次进行招聘，产生了招聘费用和培训费用。因此，企业有强烈动机采取各种措施将员工的跳槽率控制在一个合理的范围内，而通过效率工资可以有效减少员工跳槽。

另一方面，因为信息不对称，老板看不到员工的努力程度，员工在工作时，就可以偷懒。如果企业仅仅支付均衡工资，员工上班偷懒被发现辞退后，仍可以在劳动力市场上找到一份薪酬同样是均衡工资的工作。而企业如果支付高额工资，并且建立起比较严格的淘汰机制，员工偷懒就容易被辞退，而且辞退后很难找到类似的高薪工作，所以员工会加倍珍惜现有的高薪工作机会，从而减少偷懒，提高劳动生产率。

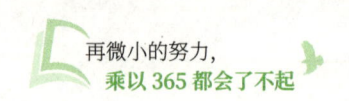

渔樵耕读为何以"渔"为首

□ 熊召政

在古代中国，尽管当官始终是最荣耀的事情，但人们认为的最好的生活方式，或者说最好的职业，不包括当官。尽管我认为，最好终生当一个读书人，但古人并不这样认为，古人将贤人分为渔、樵、耕、读四种，第四种才是读书人。

为什么要把渔翁放在最前面呢？打鱼人出没风波里，社会地位那么低，有什么好的？在这里，我用三个例子来说明渔翁的了不起。

第一个故事是在春秋时期，当时中国的长江流域有三个诸侯国，楚国、吴国和越国。公元前五世纪前期，楚国最强大。楚国的国君楚平王却很平庸，他派使者到秦国为自己的儿子政治联姻。但是等秦女到楚国，他一看，秦女这么漂亮，便把秦女纳为自己的老婆。这件事遭到朝中老臣伍奢的极力反对。于是，楚平王杀了伍奢一家三百余人，只有伍奢的第二个儿子伍子胥逃了出来。

伍子胥历尽磨难逃到昭关，这是吴楚分界的边城。此时，前有大江堵截，后有楚平王派的追兵，跑不掉了。在这生死存亡的关头，突然，芦苇深处荡来一只小船，一个老渔翁把船摇到伍子胥跟前，说："你上船吧。"伍子胥刚上船，楚国的追兵就到了岸边，追兵高叫渔翁将船摇回来。渔翁笑了笑，仍是一边唱歌一边将船摇到江中心。伍子胥脱离了危险，他非常感激渔翁，便说："我这里有一把祖传的宝剑，我把它送给你。"

在春秋时期能够将自己最好的剑送给别人，这是最高的馈赠。谁知渔翁笑了笑说："我知道你是伍子胥，我知道楚王在追杀你，我也知道楚王悬赏的价值，如果我将你交出去，不但可以得到五万石粮食，还可以加官晋爵。我连那些都不要，还会要你这把剑吗？"

伍子胥非常感动，渔翁仍然一边唱歌，一边摇船将伍子胥送走。等伍子胥上岸回头一看，小船上已经没有人了——渔翁知道自己回去就会被楚王杀掉，于是干脆沉江。这是中国历史上第一个渔翁的形象，渔翁是中国智慧的化身，是英雄的化身。

第二个渔翁的故事，发生在战国晚期，与伟大的诗人屈原有关。

屈原遭到放逐，沿江边走边唱，面容憔悴，模样枯瘦。这时，他遇见一个渔翁。渔翁问他为什么落到这般田地。屈原说，奸人当道，只有我不愿同流合污，因此被放逐。这时，渔翁针对屈原"众人皆醉我独醒"这句话，回应"何不淈其泥而扬其波"。

渔翁的意思是，圣人不会死板地对待事物，能随着世道的变化而变化。如果举世混浊，那你何不随波逐流？如果大家都迷醉了，那你何不既吃酒糟又饮薄酒？为什么让自己落得被放逐的下场呢？渔翁这是告诉屈原，你要接受一切，接受命运的安排。但屈原没有接受渔翁的劝告，最终还是选择了投江自尽。

这个渔翁的形象也随着屈原的故事一同留在了中国的历史上。这个渔翁是中国老庄哲学的代表，明哲保身，不与世界对抗，只讲求"独善其身"。

现在讲第三个渔翁的故事。大家还记得《三国演义》开篇的那首词吧："滚滚长江东逝水，浪花淘尽英雄，是非成败转头空，青山依旧在，几度夕阳红。白发渔樵江渚上，惯看秋月春风，一壶浊酒喜相逢，古今多少事，都付笑谈中。"

这是明正德年间状元出身的杨慎写的一首词。杨慎学问很好，但官运不佳，因为参与大礼议案，与嘉靖皇帝结下不解的仇恨。他被嘉靖皇帝流放云南，终生不赦。

杨慎是在流放的路上写下这首词的。个人的坎坷遭遇，让他羡慕一辈子与世无争的江上渔翁。从古到今几千年，朝代更迭，在渔翁眼里，不过是太阳从东边升起从西边落下，是自然的规律。人间的兴衰更替，不必太在意。渔翁在日夜流淌的江流上，长年累月看着秋风春雨，不会被小人构陷，不会为功名所累，多好呀！

通过以上三个渔翁的形象，大家就知道"渔樵耕读，四大贤人"，为什么要把渔翁放在首位。中国的四大贤人排座次，是中国的读书人给自己排的位置。渔翁是独善其身的，他永远是那么悠闲，这是读书人将他摆在第一位的原因。读书人羡慕渔翁的那份平淡和自得，也正因如此，渔翁经常担任着历史仲裁者的角色。

眼前无异路

□黄德海

1936年，金克木和一位女性朋友到南京莫愁湖游玩。因女孩淘气，他们被困在一条单桨的小船上。两个人谁也不会划船，船被拨得团团转。女孩嘴角带着笑意，一副狡黠的样子，仿佛在说："看你怎么办。"年轻气盛的金克木便专心研究起划船。经过短时间摸索，他发现，因为小船没有舵，桨是兼舵用的，"桨拨水的方向和用力的大小指挥着船尾和船头。看似划水，实是拨船"。在女孩的注视下，金克木应对了人生中一次小小的考验。

1939年，金克木在湖南大学教法文，暑假去昆明拜访罗常培先生。罗常培介绍他去见当时居于昆明乡间，任历史语言研究所所长的傅斯年。见面后，"霸道"的傅所长送他一本有英文注解的拉丁文版《高卢战记》，劝他学习拉丁文。金克木匆匆学了书后所附的拉丁语法概要，就从头读起来。"一读就放不下了。一句一句啃下去，兴趣越来越大。真是奇妙的语言，奇特的书。"就这样，金克木学会了拉丁文。

20世纪40年代，金克木在印度结识汉学博士戈克雷。其时，戈克雷正在校勘梵文本《集论》，就邀请金克木跟他合作。因为原写本残卷的照片字太小而且不是十分清楚，他们就尝试从汉译本和藏译本将其先还原成梵文。结果，让他们吃惊的"不是汉译和藏译的逐字'死译'的僵化，而是'死译'中还有各种语言本身的习惯和特点。三种语言一对照，这部词典式的书中拗口的句子竟然也明白如活了，不过需要熟悉他们各自的术语和说法的'密码'罢了"。找到了这把钥匙，两个人的校勘工作越来越顺利。

上面三个故事，看起来没有多大的相关性，但如果不拘泥于表面的联系，而把探询的目光深入金克木思考和处理问题的方法，这些不相关的文字或许就会变得异常亲密。简单地说，这是一种"眼前无异路"式的方法，即集全部心力于一处，心无旁骛地解决眼前的问题。

你是防御型还是进取型

□Susan Kuang

当面对一项有挑战、有难度的任务时，以下哪项描述更符合你的思维习惯？

A.担心会失败，思考如果失败了会怎么样。
B.想象成功突破之后的样子，并感到兴奋。

如果你的选择是A，那么你很有可能是习惯从"失去"的角度看世界的，底层思维模式是"防御型"；如果你的选择是B，那就意味着你是习惯从"得到"的角度看世界的，底层思维模式是"进取型"。

想要实现"自我认知"，很重要的一步就是认识自己看世界的角度——你是习惯从"得到"还是"失去"的角度看世界？你看世界的角度，深深地影响着你的动机、行为和感受。它决定了你会被什么激励，什么样的目标类型更适合你，以及你在追求目标的过程中和达成目标时的感受。

不同的目标类型

我们先来了解两种目标类型：进取型目标和防御型目标。进取型目标是指为了实现积极结果而设定的目标。这些目标通常与个人的快乐、成长、成功相关联，关注的是"得到"，例如获得一份新工作、学到新知识等。防御型目标则相反，往往是为了避免某种负面结果而设定的。它关注的是履行责任和避免损失或不愉快的情境。

在生活中，有些目标是自带进取或者防御属性的。比如，旅行就自带进取属性，去旅行肯定是为了得到快乐。反之，体检、打疫苗则完全是防御型目标。

但还有很多目标本身并不带进取或者防御属性，完全取决于个人动机。就拿学习来说，有些人能够一直保持学习的习惯是因为他们有很强的好奇心和求知欲，他们渴望并享受学习，这时学习是进取型目标。而有的人保持学习的习惯则是害怕自己落后，这时学习是防御型目标。

当你处于进取型模式时，你会试图让生活充满积极的东西，如爱、快乐、成就等。当你处在防御型模式时，你会试图避免消极事物，如危险、惩罚，以及其他伤痛。

除了关注点不一样，进取型目标和防御型目标在达成和失败时给你带来的感受也会有所不同。前者的达成会让你感到喜悦和兴奋，失败则会让你感到郁闷、沮丧；而后者达成之后更多的是让你感到放松，失败则会让你感到恐慌和焦虑。

虽说每个人在生活中都会同时追求两种类型的目标，但毋庸置疑，我们都有主导目标，它与我们看待世界的角度有关。有的人习惯从"得到"的角度看世界。这样的人往往自信、乐观，喜欢挑战并愿意承担风险，他们以进取型目标为主导。有的人则习惯从"失去"的角度看世界，这样的人相对悲观，对于消极事物更为敏感，更看重安全，所以他们往往以防御型目标为主导。

思维差异的源头

是什么导致了这样的思维差异呢？通常是多种因素共同影响的结果。一项最新研究结果表明，其部分原因与父母对我们的奖惩方式有关。

进取型家长在孩子做对事时倾向于给予表扬与鼓励，而在孩子做错事时会对爱意有所保留。于是，孩子就会逐渐将目标达成看作得到父母的爱与认可的机会。慢慢地，孩子会把目标的达成与更多的快乐联系起来。防御型家长倾向于在孩子做错事时惩罚他，在孩子做对事时不再惩罚。也就是说，把事情做好孩子就"安全"了。慢慢地，孩子就会习惯从"安全"的角度看世界。

性格特质也是影响思维方式的重要因素。例如，性格内向、敏感的人更容易形成防御型思维，而性格外向的人更容易形成进取型思维。

此外，成长经历也会影响思维方式。例如，经历过很多挫折和失败的人，可能更加谨慎和保守，更容易形成防御型思维；而有过很多成功经历的人，可能更加开放和乐观，更容易形成进取型思维。

你热爱什么

了解自己思维方式的倾向之后，有些问题就能得到解答了。比如，为何你会不知道自己热爱什么，也不知道自己想要追求什么。

首先，我们需要明白，当一个人说"不知道自己热爱什么，想要追求什么"时，他真正在表达的其实是，自己的人生中缺乏自主自发的进取型目标。

为什么会缺乏这样的目标呢？很可能因为他是一个以防御型思维为主导的人。他总是担心如果自己满足不了各种要求，就会产生糟糕的后果。当一个人把大部分精力放在如何避免糟糕的后果上时，他就没有太多精力去探索什么能让自己快乐。

事实上，防御型思维的人有时也会有自主发起的进取型目标，但对于进取型目标的持续追求，特别依赖乐观精神。乐观精神会让你在遭遇困境时，依然相信自己可以做好某件事。而防御型思维则会让你在遇到困难时产生自我怀疑，进而放弃努力。

然而，防御型思维在面对那些必须做成，或者对于准确率要求很高的任务时很有优势。因为在这种情况下，悲观想象会引发焦虑感，这种焦虑感会促使你为了避免糟糕的结果而更加努力和谨慎。

适合的才是最好的

进取型思维和防御型思维并没有绝对的优劣之分，关键在于，是否能与适合的目标进行匹配。

比如，你是一个进取型思维的人，但处在一个需要十分保守和谨慎的环境里，面对的都是防御型的目标，那么你可能会感到很压抑。或者，你是一个防御型思维的人，却总羡慕那些进取型思维的人，既想要安稳，又想获得那些必须承受风险才能获得的成就，那么你就会过得很拧巴。

当你了解自己的思维模式，以及它的优劣势之后，你就能够做出更适合自己的选择。比如，你是一个防御型思维的人，认为安稳对你来说是最重要的，那么就接纳这一点。当然，你也可以给自己设定一些与个人成长相关的小目标，但这些目标最好不要带任何功利色彩。因为一旦你需要用最终结果来定义自己的"成功"，而"成功"的道路上又充满不确定性，那么你的防御型思维就会成为阻碍。

如果你的目标是进步和成长，并且你能够有意识地培养自己的积极乐观精神，把"失败"看作进步和成长的机会，那么你就更有可能坚持下去，并体会到持续进步的快乐。

孩 子

□陈年喜

这是一群孩子
这是春天的下午
背景是苍黄的田野
风弯腰和野草说话
广阔的天空多么匹配
这广阔的白野
一架飞机飞过头顶
它闪烁三只航灯
这是他们从没有体验过的物体
对着它，他们伸出了两根手指：耶
仿佛梦想已经达成
世界有许多美好
有的像梦一样繁复
有的像花一样简单
获得是获得的开始
天空是飞翔的背影

闻 树

□ [美] 戴维·乔治·哈斯凯尔 译 / 陈 伟

在人行道和一栋郊区住宅之间的狭窄草地上，我跪立在一堆新鲜的木屑前。我捧起两把木屑凑到鼻子前，闻到一阵湿绿色的香气：类似切碎的生菜和芦笋，伴随着淡淡的单宁味。四个小时之前，一棵美国红梣还矗立在这里。而现在，它的树干和枝叶都被工程队拖走了。树桩研磨机旋转的锯齿将树干底部和根系上部粉碎成一堆锯末，地上一圈金黄色的树叶标记着树冠的范围。

我低下头，再次吸气。我闻到茴香和菌菇土的味道。气味很强烈，好似我正张嘴潜游其中。一下子，美国红梣多年来积累的香气都被释放到空气中。

沿着街道往下走，今天又有三棵美国红梣倒下了。最近，在北美洲各地，有数亿棵美国红梣被砍倒，而这些都是一种名为白蜡窄吉丁的甲虫造成的。北美洲有许多以木材和树皮为食的本土甲虫。但是，疾病和啄木鸟及其他鸟类的取食在大多数情况下足以控制虫害的规模。然而，白蜡窄吉丁是最近才出现的，几乎没有经历过控制本土甲虫种群的生态限制。由于在本地几乎没有天敌，白蜡窄吉丁得以肆意繁殖。它们在短短十多年里，就从城市和森林中清除了这种原本在北美洲很常见的树木。

在美国红梣被砍掉的第二天早上，我回到街道上的树桩旁。磨碎的木头气味已经很淡了。我闻到了新翻整的土壤的味道，以及一丝昨天的青草味。

美国红梣叶片的柔和香气，与橡木的锐利和松树的辛辣相得益彰，然而它再也不会出现在这片街区。沿路两旁的房屋没有了遮蔽，郁郁葱葱、夏绿秋黄的树冠已经消失了。美国红梣的消失也挫伤了林产品贸易。在北美洲，一个极具文化意义的损失是失去制作棒球棒的木材。美国红梣是一种强度高、重量轻的木材，曾经是制作棒球棒的首选材料。美国红梣木球棒撞击棒球的声音曾响遍美国。但现在，声音变了。叮当作响的铝质球棒成为主导，而由其他木材制成的球棒在击球时只会发出暗哑、浑浊的声音。或许这只是一个很小的变化，但这是木制品，尤其是家具、橱柜、地板和木工制品在整个商业领域消失的征兆。人类的手工艺、工业和生计现在必须建立在日渐脆弱的生态基础上，这是一个持续恶化的过程，因为一个又一个本土树种被外来的病害或昆虫清除和毁灭了。

这些人类感官可知的损失揭示了一种更重要的生态损失。树木是生命的乐园，现在它却消失了。以美国红梣叶片为食的本地蛾类毛虫必须找到其他宿主，从美国红梣树上找寻食物的潜叶虫、蚜虫和其他昆虫也必须找到其他宿主。而这些昆虫中的大多数很可能都找不到——一个常见树种的消失无法轻易、快速地通过种植其他树木来弥补。因此，一种树的消失会松解和削弱此地生命网络中的一部分。可以从美国红梣树上啄食的昆虫没有了，候鸟也不得不更拼命一些，这样才能为它们从热带飞往北方森林的迁徙之旅补足能量。

当美国红梣被砍倒时，我感受到的香气流动是树木语言的一部分。人类的鼻子"偷听"树叶、树干和树根向群落其他成员发送的化学信息。植物细胞会向空气和水中释放分子，它们的表面布满接收外来信息的受体。人类对各种香味的称呼，诸如"叶香""刺鼻""苦涩"或"松香"，是对植物传递的复杂且不断变化的分子混合物的拙劣翻译，这些分子混合物在植物间传递，或是由植物传递给其他生物，如土壤中的微生物和飞过的昆虫。每个分子都像一个单词。从一片叶子上飘出的十几个分子是植物诉说的语句，植物想要表达的含义就写在有机化学的语法中。从早上到下午，从春天到秋天，气味混合物的性质不断变化，这是充满交流意义的叙事弧。即便运用最先进的实验设备，我们也只能解析这种语言的一小部分：植物根系向根际微生物发出信号，启动合作联盟；一片受伤的树叶发出一阵警报，提醒邻居当心；叶片向掠食性昆虫发出信号，请求建立一种联合对抗植食性昆虫的伙伴关系。

闻一棵树就是加入这场对话，尽管这场对话用的是一种奇怪的语言，尽管它很复杂，但这种语言并非无法理解。我们人类的祖先在森林中和草原上生活了千百万年，所以我们的鼻子也懂得了植物香气的某些含义。在健康树木的气味中，我们会感到宾至如归。茂盛树木的叶香意味着水土丰饶，闻之令人身心舒畅，缺少这样的镇静剂则令人感到不安。

当一棵树被拖走，光秃秃的街道上只有湿沥青和工程队的旧卡车泄漏的机油味时，我们的身体明白，生物联系、生命力和可能性都丧失了。通过生态美学——对生态系统的欣赏和思考——我们被周遭其他物种的故事所吸引，其中既有相互联系的故事，也有彻底失去的故事。

孤犊之鸣
□侯美玲

公明仪是先秦时期的音乐家，能作曲、善弹奏，七弦琴弹得尤其好。天气好的时候，公明仪喜欢背着古琴到户外弹奏。

这天风和日丽、山色如画，公明仪心情大好，一个人坐在地上弹奏美妙的音乐，路边一头黄牛正在慢悠悠地吃草。公明仪心想：我的琴声动人心扉，使人陶醉，牛听了是否也很享受呢？想到这里，公明仪立刻对牛弹奏起"清角之操"。公明仪弹得很投入，并深深沉浸于雅正的音乐当中，可那头牛无动于衷，甚至没有停下来看他一眼，这就是"对牛弹琴"成语的来历。

"对牛弹琴"出自《理惑论》，后被收录于《弘明集》，但这只是故事的上半部分，故事的下半部分其实更精彩。公明仪见牛听不懂高雅的古曲，就依蚊子、牛虻的嗡嗡声和失群牛犊找母牛的哞哞声，临时作了一首曲子，演奏给黄牛听。

当公明仪奏响"蚊虻之声"和"孤犊之鸣"时，神奇的一幕出现了，原本正在吃草的牛顿时垂下尾巴、竖起耳朵仔细听起来。

听不懂"清角之操"，但听得懂"孤犊之鸣"，看来，牛并非不懂音乐，只是对自己不感兴趣的音乐漠不关心，对那些熟悉的音乐则兴趣盎然。有感于牛前后两种截然不同的表现，《弘明集》的作者僧祐感叹道："非牛不闻，不合其耳矣。"

动物教给我的事

□[英]海伦·麦克唐纳 译/周玮

很多年以前，我九岁还是十岁时，在学校写了一篇作文，主题是长大以后想做什么。我宣称要做个艺术家，要养一只宠物水獭，然后加了一句，只要那只水獭快活。作业本发下来以后，老师有条评语："可是你怎么知道一只水獭是否快活？"我看了怒不可遏，心想我当然知道，如果水獭可以玩耍，有一个柔软的地方睡觉，可以四处探索，拥有一个朋友（那就是我），在河里游来游去抓鱼，那它就很快活。水獭的需求可能与我的并不相符，在这一点上我唯一承认的事实是它对鱼的需求。但我从未想过，也许我并不了解一只水獭想要什么，对于水獭是怎样一种动物也所知有限。我以为动物都跟我一样。

我是一个奇怪而孤僻的孩子，很早就痴迷于寻找野生动物，无比投入。也许这是我在出生时失去了双胞胎兄弟的部分后遗症，一个小女孩正寻找她失去的另一半，却不知道在寻找什么。我翻开石头看有没有蜈蚣和蚂蚁，在花丛间跟随蝴蝶，花了很多时间追逐和捕捉小东西，却从不考虑它们会有什么感觉。我是一个会跪在地上，单手从封闭的笼子里取出一只蚱蜢的孩子，神情凝重，因为需要下手轻柔。我皱着眉头察看它网状的翅膀，印刻着纹章似的胸部，像宝石一样精妙发光的腹部。这样做不仅是在了解动物的形态，也是在测试我在伤害和关爱之间的危险地带探索的能力，一半是了解我对它们可以控制到几分，一半是了解我的自控力有几分。在家里，我用玻璃水族箱和生态缸饲养昆虫和两栖动物，摆在卧室书架和窗台上的越来越多。后来，加入其中的又有一只乌鸦幼雏、一只受伤的寒鸦、一只獾的幼崽，还有一窝因邻居修整花园而无家可归的红腹灰雀雏鸟。照料这些动物让我掌握了很多动物饲养学知识，但是回想起来，动机是自私的。救助动物让我自己感觉良好，有它们陪伴在侧，我觉得没那么孤单了。

我父母对我这些怪癖全盘接纳，风度极佳地容忍着厨房台面上四处散落的种子和客厅里的鸟粪。可是在学校就没那么容易了。有一天早晨，为了辨识附近鸟儿的鸣叫，我在一场无挡板篮球赛中途溜出了赛场，还对我在队员中引发的怒火迷惑不解。这类事情不时发生。我无法适应团队活动或是规则，不出所料，我成了他们欺侮的对象。为了减少与同龄人之间日渐增长、刺痛心灵的差异，我开始利用动物隐没自己。我发现如果使劲盯着昆虫，或是把双筒望远镜举到眼前，将野鸟拉近，专心致志地观察动物，就能让自己暂时脱离现实。这种在困境中寻找庇护的方式是我童年时期的持久特点，我以为自己已经摆脱。可是几十年过去了，在我父亲去世以后，它势不可当地卷土重来。

那时我已经三十多岁了，驯鹰也有很多年的经验。驯鹰之术是一种令人惊奇的情商教育，它教会我清晰地思考行为后果，理解赢得信任时温柔的重要性。它让我准确地了解鹰隼何时已经饱腹，何时宁愿独处。最重要的是，它让我明白在一段关系中对方看待某事的角度不同，或与我意见不合，都有原因，再正常不过。这些经验教训事关尊重、自主性和另一种思维。说起来未免尴尬，这些我在鸟类身上先学到的经验，很久以后才推及他人。但是父亲去世后，这些经验都被遗忘了。我想成为像苍鹰那样凶猛、缺失人性的东西，于是我和一只苍鹰同住。我看着它在我家附近的小山坡上翱翔捕猎，我如此认同在它身上发现的特质，以至于忘记了自己的悲伤。但是我也忘记了如何做一个人，就此陷入抑郁的深沼。对于做一个人，过人的生活，一只鹰注定是个糟糕的榜样。小时候我以为动物跟我一样，后来的我假装是一只动物，借此逃避自己。二者都有同样错误的前提，因为动物给我最深刻的教益，就是我们太容易不自觉地把其他生命看作自己的映像。

　　动物的存在不是为了教诲人类，但是一直都发挥着这种作用，而它们教给我们的大部分东西，只是我们对自身一厢情愿的了解。因为研究、观察、与动物打交道的时间越多，塑造它们的故事就会出现越多的变化。这故事将变得更加丰富，所拥有的力量不但能改变对动物的看法，也能改变对自我的看法。想到家园对一只铰口鲨或一只迁徙的家燕的意义，这扩展了我对家园概念的理解；了解到橡树啄木鸟的育雏习性是几只雄鸟和雌鸟共同养育一窝幼雏之后，我对家庭的观念也有所改变。不是说人类生活要仿效动物，我身边没人会以为人类应该像随水漂流的鱼儿那样产卵。但是对动物的了解越多，我就越发觉得，表达关心，体会忠诚，热爱一个地方，穿行在这个世界，正当的方式也许不止一种。

　　几个星期以来，我一直担忧着家人和朋友的健康。今天我数小时盯着电脑屏幕，眼睛酸痛，心脏也疼。我需要透透气，便坐在后门门阶上。我看见一只秃鼻乌鸦，欧洲乌鸦中一个喜爱社交的种类，它正穿过光线渐暗的天空，低低地向我的房子飞来。我立刻用上了儿时学会的把戏，当我想象着它的翅膀如何感受到凉爽空气的阻力，所有难过的感觉都缓解了。但是我最深切的安慰不是来自想象自己能够感其所感，知其所知，而是由于心知做不到而缓缓生发的欣喜。近来给我情感慰藉的便是这种认识——动物跟我不一样，它们的生活并非围绕着我们展开。它飞过的房子对我们二者都有意义，对我来说是家，那么对秃鼻乌鸦呢？一段旅程的落脚点，一个瓦片和斜坡的集合，可供栖息；或是一个可以在秋天摔碎胡桃的地方，它再啄出壳里的胡桃仁。

　　不止如此。当它飞过我的头顶时，歪了歪头，看了我一眼继续飞。这一瞥让我的心针扎似的疼，一直蔓延到脊梁骨，我的方位感发生了变化，世界仿佛被放大了。乌鸦和我没有共同的目的，我们只是注意到了彼此。当我看着它，它也看着我，我便成为它的世界中的一点特征，反之亦然。我和它互不相干的生活在此重合，在这稍纵即逝的瞬间，我所有耿耿于怀的焦虑都消失了。天空中，一只飞往别处的鸟投来一个眼神，越过分歧，把我缝合在这个彼此拥有同等权利的世界。

在我们的私人空间里

□ 黄灿然

在我们的私人空间里
都珍藏着一个小小的角落，
它是我们唯一的寄托，
所花的心思比针还细；
它使我们忘却生命的沉重
而安于一种谦卑的寂寞，
有时候我们被自己深深打动
并在一阵辛酸中黯然泪落；
我们懂得自己的渺小，
所以从来就不敢企望高傲，
我们像一块平凡的手表
尽量不辜负内心的发条，
有时候我们是多么确实地感到：
"多少伟大的时刻，没有人知道。"

识人的能力

□ 吴 军

识人的能力在任何国家、任何时代都被看作一个人基本的能力。今天很多人喜欢谈曾国藩，曾国藩最大的本事就是善于识人——他为晚清选用了一大批股肱之臣。据说，他只要对一个人多看几眼，就能把那人的性格特点讲个大概。实际上，通过观察一个人的行为举止和生活习惯，我们能够很好地了解他是一个什么样的人。

美国得克萨斯大学心理学副教授山姆·高斯林写过一本书，叫《看人的艺术》。他发现，大多数人拥有的东西能够透露他们的信息，尤其是以下三类物品。

第一类是身份标签，就是可以用作身份标识的物品。

比如，在美国，人们通常会根据一个人开的车来判断其特征。这不是简单地说开豪车的人更有钱，而是说在同等价位的汽车中，选择开什么车和这个人的职业、生活习惯及思想的开放程度有关系。

比如，价格在同一区间内的新车，美国人通常有以下5种选择：1.买美国传统品牌汽车；2.买日韩品牌汽车；3.买越野车；4.买皮卡，也就是小卡车；5.买中低端的欧洲品牌汽车。

通常，选择美国传统品牌汽车的人，相较于选择日韩品牌汽车的人更保守，而后者通常比较重视性价比，不那么在乎面子。不过，买美国车或者日韩车的人，大多是把车作为代步工具，属于中规中矩之人。买越野车的人基本可以分为两类：年轻的和年长的。根据调查，买越野车的年轻人大多比较爱玩，主要看中越野车在荒野中的动力性能。而年长的越野车买家，主要看中越野车车型高大的特点，他们追求在开车时坐得舒服，视野开阔。

美国还有很多人喜欢载货能力强的皮卡。其中，除了出于工作原因而购买的，大部分人是因为喜欢那种想玩就玩、想走就走的生活。特别是喜欢露营的人，通常会租一辆小房车，用皮卡拉着，自驾到各地游玩；或者拖上自己的小船，周末去水边游玩。

买欧洲品牌汽车的人比较小众，有个性。在美国，欧洲汽车要比其他产地同档次的汽车贵很多，保养费用也更高。因此，除非是坚持个性和喜好，否则美国人不会把这类汽车作为首选。

第二类是可以作为"情感调节器"的物品。

很多人会在宿舍里或者工位上摆放家人的照片或者具有特殊意义的纪念品。这些物品就属于情感调节器，能反映出主人的情感依托。

在美国，大约有8%的人会在钱包里放家人的照片。当然，如今更多的人是把家人的照片设置成手机壁纸。如果一个人有这样的行为，基本可以推断出他是一个从家庭中获得情感慰藉的人。

第三类是会留下行为痕迹的物品。

《福尔摩斯探案集》里写过，福尔摩斯通过怀表发条处的磨损痕迹，推断出怀表的主人有酗酒的习惯。这样的情节设置有着统计学上的依据。比如，开车比较猛或者容易紧张的人，汽车的刹车片会磨损得比较厉害。

我开车时经常会注意前方车子的外观。据我观察，那些开车水平不高的人，车身通常剐蹭得比较厉害，尤其是前后保险杠的四个角和侧面车门处。高斯林也举了一个很有趣的例子。比如，通过观察一个人扔掉的垃圾，能判断他是什么样的人。这是很有道理的，就像医生会通过检测患者身体的代谢物来了解患者的身体状况一样。

我们还可以通过一个人在互联网上的表现去了解他。比如，通过他转发的文章、微信朋友圈发布的内容、社交媒体上使用的头像和昵称，我们能大致判断他是什么样的人。

掌握了识人的基本方法，我们就可以做到"知人知面也知心"了。不过，被观察者有没有可能刻意把自己伪装起来呢？也许会，但很难。只要通过长期的观察，就能看到真相。比如，一个人平时很邋遢，可如果有客人要来，他可能会把家里收拾一下。但是，邋遢的人不会每天都收拾家，即便收拾，也只会收拾表面。如果你经常去他家，可以注意一下家具背面、桌子下面，就会发现问题。

除了花更多时间、更细致地观察，还可以从多个维度来审视一个人的行为，看看是否有不一致的情况。当一个人坦然展现自己的时候，你从各个维度了解到的关于他的信息是具有一致性的。比如，一个真正爱看书的人，家里大概率会有书架，平时的言谈中会提到最近看的书，可能还会有图书馆的借阅卡，路过书店时会进去看看……这些都是不同维度的信息，但具有一致性。刻意伪装的个人形象总是会露出马脚的，尤其在日常生活中，人总有放松的时候，那时就会显现出真实的自我。

不过，无论我们用什么方法来判断人，都是不可能完全准确的，只能说某些细节意味着某种可能性的概率更大。如果我们对一个人的了解程度本来可以打50分，那么通过留意他的行为举止和生活习惯，就有可能把对他的了解提高到70分。但我们不可能完全了解某个人，因此，多观察，不要轻易评论，更不要轻易对人产生偏见。

轰然倒地

□ 徐　徐

鲁国有个叫东野稷的车夫。一天，他为鲁王表演车技：沿着广场，驾马跑出一条直线，留下两条车轮痕，然后又从终点倒回起点。厉害之处是，一来一回的车轮痕竟然重合。

接着，东野稷驾马又跑出一个圆圈，先顺时针，再逆时针，车轮痕也重合。鲁王对此惊叹不已，高兴地要东野稷再跑100圈，顺逆时针各50圈，要圈圈重合。

颜阖正好入宫办事，看到了这场表演。他对鲁王说，像这样跑下去，东野稷必然要栽！鲁王听后不悦，说东野稷车技如此之好，不会栽的。结果，才跑了几圈，东野稷便栽倒在地，人仰车翻。

鲁王有些不服气地问颜阖："你怎么能未卜先知？"颜阖说，问题既不是出在东野稷身上，也不在车上，而在马身上。两次表演下来，马已筋疲力尽，嘴边都有白沫，气喘得厉害，还要它继续奔跑，必然会力不从心，轰然倒地。

由此可见，一味蛮干或瞎指挥，只会弄巧成拙。

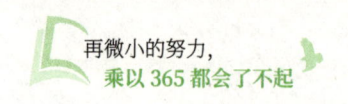

为何会有选择困难症

□岑 嵘

在金庸的小说《倚天屠龙记》中，张无忌是个很纠结的人。周芷若曾问他："无忌哥哥，我有句话问你，你须得真心答我，不能有丝毫隐瞒。我知道这世上曾有四个女子真心爱你。一个是去了波斯的小昭，一个是赵姑娘，另一个是……她（殷姑娘），倘若我们四个姑娘，这会儿都好好地活在世上，都在你身边。你心中真正爱的是哪一个？"张无忌万分纠结地说："这个……嗯……这个……"

越来越多的现代人有着和张无忌一样的烦恼。比如当我们想买辆车时，可供选择的品牌和种类实在太多，并且每种看起来都有优点；当我们为未来做打算时，考公、创业、深造、进大公司，各种选择的利弊困扰着我们；我们的朋友圈也变得越来越广，但要选择一个最合适的人携手一生也变得很难……各种各样的选择，让我们变得越来越纠结，有些人甚至患上了选择困难症。这是为什么呢？

行为经济学告诉我们，人们的行为总是和张无忌很相似，选择越多，我们就越难选择。有这样一个实验，证明人们面对更多的选择时有多烦恼。果酱店的店主一般会提供几种新产品供客人试吃。研究者摆出一排价格昂贵的优质果酱，且提供试吃的样品。促销人员会给每位试吃的顾客一张优惠券，如果他们购买了一瓶果酱，就可以凭券立减一美元。实验分成两组，一组有6款果酱，另一组有24款。任何一款果酱都是可以随便购买的。尽管24款果酱吸引来的顾客比6款果酱的更多，但在两种情况下，人们平均尝试的品种数量相差无几。不过在购买果酱的数量上，两组的情况就立见高下了。在提供6款果酱的那组中，购买果酱的人数是30%，而在提供24款果酱的那组中，只有3%的人最后掏腰包买了一瓶回家。

研究者对这个结果给出了几种可能的解释。面临太多选择的消费者可能会因为做决定的过程更艰难感到沮丧，所以不少消费者宁愿放弃选择权，干脆不买。也有一些人会买，不过劳心劳力做出决定的痛苦超过了买到心仪商品的好心情。而且，选择太多反而让那个真正被选中的"心头好"魅力大减，因为事后我们老是在想那些没被选上的是不是更好。这会让我们的购物乐趣大打折扣。

经济学上有一个"机会成本"，当我们选择一样东西时，它的机会成本就是一系列选项中第二好的价值。但是一项最新研究告诉我们，每一个选项都有吸引人的地方，如果我们从不同的角度来思考，每个选项都可能在某方面是"第二好"的，甚至是最好的。

机会成本会让最佳选项的整体吸引力下降，而且与我们否决掉的众多选项息息相关，所以选择越多，机会成本就越大。张无忌要是选择周芷若，那么他的机会成本不只是赵敏，而是赵敏、小昭、殷离三人的总和。而我们意识到的机会成本越大，被选中的选项带给选择者的满足感就越低。

现代社会物质极大丰富，如果你想买某本书，网上就有成百上千种选择，做出选择变得越来越难。我们稀缺的是时间和金钱，选择了一件事物就意味着失去了另一个，难免有种失落感，即便最终做出选择后会有种如释重负的感觉，但在某种程度上，选择带来的快感降到了最低点。

筛选外部信息是大脑的一项基本功能。但是我们的大脑是在资源匮乏的环境中形成的。人类经历了长达几十万年的狩猎和采集生活，我们的大脑通常用于简单的资源筛选——要么打猎，要么采集果实。在物质匮乏、机会稀少的社会里，人们面临的选择只是接受或拒绝，他们问自己的问题是"究竟要还是不要"，而不是"应该选甲乙丙还是丁"。

拥有对好坏的判断力是生存的关键，但是判断好坏远比从好的东西里挑出最好的简单多了。在习惯了千百万年的简单选择后，我们的生理机制并没有为现代社会涌现出的种种复杂选择做好准备。当我们的大脑处理过多的选择时，厌恶和逃避就是一种保护大脑正常运作的合理机制。这就是我们在面对越来越多的选项时感到纠结的原因。

世界上最糟糕的老板

□编译/班　超

你，可能是世界上最糟糕的老板。

即使你不是自由职业者，你的老板也是你自己，你管理着你的工作、生活和情绪，管理着怎样销售你的服务、你的谈吐以及你与他人交谈的方式。

很可能，你做得不好。如果你有一个经理，他对你说话的方式就像你对自己说话那样，你会果断辞职；如果你有一位老板，他毫无顾忌地浪费你的时间，就像你挥霍自己的时间那样，他必定会被员工炒掉；如果一个机构，疏于培养员工，就像你懒于管理自己一样，它很快就会倒闭。

我惊讶地发现，当有些人盲目地开始创业时，或终于找到一份需要他们制定日程和管理自己的时间的工作时，他们常常会失败。面对突如其来的自由，他们步履蹒跚、犹豫不决、停滞不前，最终一败涂地。

于是，当出现一个能自我管理的人时，我们惊呆了。有人竟然想出在家工作的方法，然后把它变成一趟为期两年的旅行，他背着笔记本电脑，一边工作一边探索世界；有些人竟然利用周末和晚上进行自我充电，并开始一个有价值的新副业……当我们得知有人通过自己的业余时间获得成功时，我们总觉得他是借助了好运气。

指导你成为优秀经理的书很少，指导你管理自己的书就更少了，还有什么比学习做自己的老板更重要的事情！

一张自拍照能泄露多少隐私

□ 李 木

随着人们隐私保护意识的提高，在晒图时我们越来越小心，以避免泄露重要的个人信息。可是你知道吗，哪怕一张毫不起眼的自拍照，也隐藏着许多信息。

背景暗示地点

美国老电影《空中飞龙》讲述了这样一个故事：一伙恐怖分子绑架了一位美国富商的妻子和子女，以勒索巨款。绑架者将一张受害者的照片寄给了富商，照片中，富商的妻儿被绑在一个空无一物的石头房间里，除了昏暗的阳光，什么也看不见。可是这张看起来没有透露任何背景信息的照片，泄露了绑架的地点，富商根据妻儿瞳孔里的倒影、阳光照射的角度、石头的材质和建筑风格等信息，推断出妻儿被囚禁在英国的一座百年古堡里。最终，他和友人驾驶着简易滑翔机飞越大海，勇闯古堡，成功解救了妻儿。

你觉得这个故事很神奇？其实相似的故事在生活中发生过很多次。美国空军有一个专门负责跨地域目标定位和分析的情报侦察小组，叫作361号小组，其成员的一项重要工作内容就是在社交媒体上收集信息。

有一天，361号小组成员在推特上发现了一张特别的自拍照，一名恐怖组织成员站在其指挥部前得意扬扬地笑着。该小组根据自拍照的环境信息迅速进行坐标定位，确定了恐怖组织在伊拉克的总部大楼的位置，并发射了3枚导弹直接摧毁大楼。从恐怖组织成员发布自拍照到美军实施军事打击，整个过程只用了22小时。

定位方法并没有那么神秘，在大数据时代，普通人也可以轻易定位他人。在网上随意搜索一张可以隐约看到背景的自拍照，找出一到两个建筑物的名称，比如××公司或××商城，然后在搜索网站中搜索相关建筑物，在实景地图中查看周边环境，再逐一比对照片中的其他细节，比如光照角度、室内布置等，就能找出拍照地点。

人体自带信息

如果没有背景，整张照片只有自己的脸，是不是就是安全的呢？恐怕未必。

2019年，日本的一名男子因袭击一名女星而被捕。被捕后，嫌疑人交代了犯罪过程：他放大了女星在车站的自拍照，从其瞳孔倒影中获知了大致的街景轮廓，再用地图软件的街景功能逐个排除，找到了疑似车站。随后他到车站蹲点跟踪，进一步锁定了女星居住的公寓。接着，他又找到女星在家里拍的自拍照和短视频，经过对光照角度以及窗帘颜色等关键信息的仔细分析，最终成功推断出女星住所的具体房号，上门实施了犯罪。

除了瞳孔，拍照时常摆的"剪刀手"也很危险。现在，智能手机摄像头的分辨率越来越高，通常在千万级像素以上，一张对焦完美的照片放大后能看清手指细节。这时可就要小心犯罪分子找上门了。从自拍照中得到你的身份信息和指纹后，指纹支付盗刷、伪造文书签订以及自由出入指纹门禁系统等"灾难"可能会接踵而至。

自拍照被盗用

如果说从自拍照中"偷盗"信息还不算普遍的话，那么他人直接使用自己的自拍照就让人防不胜防了。

2019年8月，重庆无业男子李某窃取了某位主持人的照片，伪装成飞行员，并在网上交到7名"女朋友"，之后向她们"借"了一大笔钱。一段时间后，受害者突然发现她们的交往对象看起来和某主持人长得一样，这才意识到自己被骗了，报警后最终揭开了李某的真面目。

别人利用你的自拍照还能成功刷脸。2019年，某快递柜推出了刷脸取件的服务，杭州的几名小学生用打印出来的父母的自拍照成功取出了他们的快递。后来，快递柜的这项服务就被取消了。

不仅是快递柜，就连网站上的真人认证也可以用他人的自拍照完成。网站的真人认证环节通常要求用户对着摄像头做一些简单的动作，比如眨眼、点头和张嘴等，正是为了防止不法分子拿他人的照片来蒙混过关。不料道高一尺魔高一丈，不法分子运用特殊软件"活化"照片，就能让照片上的人"动"起来，完成认证动作。这些软件通过人工智能算法提取照片的特征值，然后调整其中的一些参数，就能改变脸部的角度和五官的形态等特征，从而实现诸如挑眉、摇头、点头和张嘴等动态效果。

不过，相似的技术反向运用一下，也可以造福广大热衷自拍的人。加拿大多伦多大学的教授曾设计出一种算法，同样通过更改照片的一些参数，对照片进行了肉眼不可见的改变，却能使不法软件再也无法提取识别照片的特征值，从而保护了用户的脸部信息。美国芝加哥大学的研究者也设计了一种类似的算法，并将其分享在了软件代码网站上，用户们可以免费获取他们设计的算法。

美美的自拍背后居然隐藏着这么多风险，下次，你在上传精心拍摄的自拍照前，一定要再慎重考虑一下这样做的风险。

传谣与辟谣

□苗 炜

哪些谣言易于传播呢？一是有可信度的，而不是太荒唐的：家门口那家肉店卖的肉都不新鲜，或者家门口那家肉店的老板是个吸血鬼，显然前者更易于传播。二是危险能预防，预防成本也适中的：我们有很多禁忌和迷信，都是成本可控的，比如风水不好，可以调整一下家具的摆放位置，而不至于得把房子拆掉。三是你如果不当回事，会造成严重后果的。这三条都是为了激发你的预防机制。请注意，传播者一般都需要社会支持，希望个体能加入集体行动中，形成一种联盟关系。所以，老年人的朋友圈旨在形成一种联盟关系，也容易成为"谣言的温床"。

科学能解决这事吗？科学传播很难唤起人们的消极偏见和危险预防机制。比如一篇科普文章，里面讲了很多道理，也想缓解人们的焦虑，但就是传播不起来。再比如我们经常看到的，谣言传播得很广，但辟谣的内容往往传播不了多广，就是因为它们不符合大众的传播心理。而互联网特别适合谣言传播，究其原因，一是现在人们获取信息的成本低，二是人们更容易陷入共识幻觉，再不靠谱的事情，在网上也能找到一群信奉者。

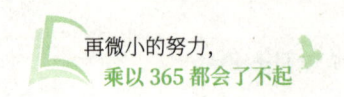

简朴会使人快乐吗

□ 龙　盼

在北京、上海这些大城市，如何用1000元过一个月——在网络社交平台，一群年轻人热衷于尝试这种省钱挑战。他们聚成小组，以"抠门男女"自居，戏称自己正在"丧心病狂地攒钱"，交流着各种省钱秘诀：如何用3元解决中饭，沐浴露怎么用才能用一年，月薪4000元如何每月存款3000元等。

刷到这样的帖子，你会惊讶还是点赞？千百年来，人们把简朴看作美德，也当作美好的生活方式。颜回的"一箪食、一瓢饮"，中国人耳熟能详。在西方国家，节俭和简约同样受到无数思想家推崇。可为啥简朴就是好，奢侈就应该被视为道德缺陷呢？

在《简朴的哲学》一书中，美国哲学教授埃默里斯·韦斯特科特罗列了西方哲学世界关于"简朴"的观点与讨论，节俭被古今中外的人贴上许多美好的标签，在埃默里斯看来，这大概源于道德和自利两方面。

第欧根尼的故事你也许听过。相传，这位古希腊哲学家曾受老鼠启发，常年住在一只桶里，拿两件披风当床铺。他说，自己最喜欢喝别人的葡萄酒，看见小孩用手舀水喝，就把杯子也丢掉。这简直是"低欲望生活"的极致版本。当亚历山大大帝到桶前拜访，第欧根尼便说出了那句传世名言："不要挡住我的阳光。"后人称颂说，因为第欧根尼对物质生活的要求降到了最低，他才能远离诱惑和堕落的危险。

在人们看来，简朴生活总是能培养某些特定的美德。湖南卫视曾有一档节目叫《变形计》，当年火遍大江南北。电视机前的观众，一边期待着城里的"不良少年"在农村改头换面，一边又担忧"农村娃"抵御不了大城市的花花世界。下意识地，人们总认为清苦培养良好品质，而财富可能会滋生邪恶。

简朴的确有许多显而易见的好处。乘坐飞机头等舱、住五星级宾馆、吃海鲜大餐是旅游；坐绿皮火车、住海底捞、吃淄博烧烤同样是旅游。大学生们的"特种兵式旅游"，既能省钱，也不耽误快乐。

这个世界的诱惑太多，有时实在难以抗拒，就像网络直播间里的那句"买它"。节俭并不是一件容易的事情，但提早培养省吃俭用的能力，可以为我们提供一种保护。万一生活陷入困窘，也不至于过得太悲惨。

美国著名作家梭罗曾做过一个生活实验。他在瓦尔登湖畔盖了间小木屋，隐居两年，自耕自食，过着简朴和接近自然的生活。梭罗所著的《瓦尔登湖》，如今依然畅销。在现代社会里，人们向往梭罗那自然而又诗意的生活，远离人群和纷争，没有手机、电脑，低社交、不攀比。

然而，向往的生活，很少人真正去过，大多数人似乎更容易把快乐和挥霍联系在一起。时至今日，节俭依然是被"呼吁"的内容。

有人会郑重其事地告诉你，如果每个人

都像"抠门男女"那样生活，社会就无法发展了。对个人来说，财富始终有着天然的吸引力，它让人想到闲暇、自由、愉悦。我们或许会对网络上的炫富颇有微词，但几乎很难拒绝富裕的生活。一名在省钱的年轻人，可能会少点一份外卖。但看到"刮刮乐"，腿又迈不开了。

富裕的快乐，常常与消费有关，"想买啥就买啥"。电商们搞出购物节，宣称打折促销，有一万种方式让你"剁手"。即使宅在家里，钱包也会被掏空。总有人想方设法塑造你的欲望，告诉你不用这款产品，就无法正常生活了。梭罗如果生活在互联网时代，可能也会熟悉瓦尔登湖的快递小哥——其实，梭罗住在瓦尔登湖畔时，也会经常跑到朋友家蹭饭，根本没有真正远离人烟。

不过，这不意味着简朴的生活就无法实现，也不妨碍我们欣赏梭罗的生活方式。简朴可以成为一种主动的生活选择，我们大可不必刻意模仿梭罗，至于"省钱挑战"，有人省小钱是为了攒大钱。

欢迎消费拉动内需，但拒绝消费主义绑架，简朴更重要的内核是选择适合自己的生活方式。豆瓣小组"抠门男性协会"有一句slogan（意为"口号、广告语"）："我们抠不是因为穷，我们就是抠。"在这十多万成员看来，"抠"是一种态度，"该花的一分不少花，不该花的一文不多花"。当年轻人"骑着单车去酒吧"，或"坐着公交车去看音乐会"时，便是在践行自己的生活哲学。正如《简朴的哲学》的作者所说，关键在于我们如何保持投入低成本生活的能力及意愿。

生而知之与学而知之

□宋 乐

宋太祖赵匡胤平定南唐后，后主李煜与一干南唐旧臣被迫北上汴京。赵匡胤对其中一些名气比较大的人物，比如徐铉、汤悦、张洎等，都授予官职，给予了一定的礼遇。

不久赵匡胤就召这些南唐旧臣谈话，先是很客气地对他们讲："我平定江南，就是为了得到你们这些人才。"这话说得挺高明，既显示出自己海纳百川的胸襟，更表达了赵匡胤对这几个人的格外看重，激励他们今后努力为宋朝效力。果然徐铉、汤悦等人十分感动，连忙叩头谢恩。

让所有人没想到的是，赵匡胤突然话锋一转："我比起你们的国主李煜如何啊？"问完赵匡胤就用犀利的眼神扫视这些南唐旧臣。

这是一个带有明显试探意味的问题，而且对这些降臣来说，这还是一道必答题，所以徐铉和汤悦在没有想好的情况下，根本不敢轻易应答。

这时，张洎主动站出来打破沉默，他答道："陛下是生而知之，而国主是学而知之。"赵匡胤听闻此言，龙颜大悦，心中狂喜。

张洎在这里引用了孔子的一句话："生而知之者，上也；学而知之者，次也。"他的意思是：赵匡胤天生悟性高，本来就知道很多，这是上等；而李煜要经过一番学习后才知道，是次一等的。

对于新主适当捧高，却没有对旧主过分地贬损，张洎对赵匡胤出的这道难答的必答题，应答得何等精妙！

"动嘴"有分寸

□余仁山

人与人之间的交流，离不开语言。别看仅是说话——动动嘴儿，也属于特殊的艺术范畴。自言自语也好，锋芒毕露也罢，乍看，无非上嘴唇一碰下嘴唇，说话而已；其实，该怎样交流、如何谈吐，并非所有人都能处处得体、时时出色。

中国古代对此早有描述。比如，"酒逢知己千杯少，话不投机半句多"，点明了聊天的重要性；再如，"良言一句三冬暖，恶语伤人六月寒"，勾勒出不同语言的特殊效果；还有，"勿多言，多言多败"，重在劝诫他人别多说话，毕竟，话多招损；更有，"恶言不出口，苟语不留耳"，专指恶毒的语言危害性更大，如果听到了别人说的类似的坏话，干脆别在意……

恰当地赞美他人，艺术地劝诫朋友，总能让人心生感动。显然，人类语言的表达与交流，确实潜力巨大，足以连通起各种生活细节。想起巴尔扎克的那句名言："在巴黎，阶沿上有耳朵，门上有嘴巴，窗上有眼睛。最危险的莫过于在大门口讲话。彼此临走说的最后几句，好比信上的附笔，所泄露的秘密，对听到的人跟说的人，一样危险。"

中国人笃信，金无足赤，人无完人。任何人都可能有五花八门的缺点与不足，语言交流也要注重这一点。西方有句谚语："会说的，能把人说笑；不会说的，能把人说跳。"有才学、有头脑、识大体、顾大局的人，应选择合适的时机和场合，以适当的方式，委婉地指出对方的问题与不足。倘若不顾时机、场合，不讲方式、技巧，往往会让对方觉得面子尽失，反倒会招致反感甚至对抗。最巧妙的做法，还是将个人的动机与客观的时机紧密结合，恰当地把握说话的策略与艺术。

春秋时期，晋灵公为了享乐，下令修建一座九层高台，引起了民众的强烈不满。大臣们相继劝解，可是，晋灵公根本不听。有位叫荀息的大臣心生一计，先拿十二颗棋子摆在地上，然后取出九个鸡蛋叠放在上面。晋灵公连呼"危险"，荀息意味深长地说："这还不算危险，还有比这更危险的事呢。您修建的九层高台，动工三年，民不聊生，如遭外侵，朝廷不就像摞起的鸡蛋一样危险吗？"晋灵公听后吓了一大跳，连忙下令停止筑台。成语"危如累卵"，便源自这段历史。毋庸置疑，在重大问题上，荀息艺术性地把握住了思想交流的时间、地点与方式，最终顺利完成了进谏君主的大动作。

还好，晋灵公拥有起码的判断是非的能力，因此，没有酿成大祸。即便当事人的步子迈得有些急切，已经造成了一些损失，但如果能够迷途知返，也算有所裨益。

说话是一门艺术，假话全不说、真话不全说，是一种智慧；看破不说破、知人不评人、知理不争论，更属一种智慧。

"假话全不说"指不说假话，重在提醒公众，做人要诚实，任何时候都不要为利益所动，绝不说假话、违心话。说假话将使个人、社会、国家付出沉痛的代价。

"真话不全说"则指真相犹在，却未必全盘托出，毕竟不分场合、不顾他人感受，把真实想法公之于众，很可能对他人造成不必要的伤害。看来，恰当把握讲话的深度与广度，也属一种人文智能。

孔子曾告诫："可与言而不与之言，失人；不可与言而与之言，失言。"这是在提醒大家，每逢说话前，先得想清楚"可与言"和"不可与言"这两种情况。如果事先没有这种区分，遇到那些有诚意、可信赖的"可与言"的人，自己却"不与之言"，不说出真话，那么，就是有意无意的失礼了；若对方属于"不可与言"者，仅凭几句漂亮的说辞，就"与之言"，那就属于失言了。因此，不但要力求自己不讲假话，还要知道对哪些人要敢说真话，对哪些人可以"真话不全说"，唯其如此，才能成为真正的交流高手。

明代《增广贤文》中说"隐恶扬善，执其两端"，是指在为人处世中，不要老揭别人的短处，而是要多宣扬别人的长处；清代《格言联璧》中说"静坐常思己过，闲谈莫论人非"，是指独自静坐时要经常反省自己的过错，与人交谈时不要老谈论别人的是非。如此看来，"动嘴"看似简单，其实大有学问。

你的生活风格决定你的困境

□ [奥地利] 阿尔弗雷德·阿德勒　译/文韶华

我总认为，每个人在生活中的一举一动，都是他对世人展现自己的生存模式、能力和独特风格的表演。也就是说，人的行为，始终来自对自己和对世界的看法。

请勿对此论点感到讶异，因为我们的感官所感受到的，只是我们主观的错觉，本来就不是客观的真相。我们所认知的世界，也不过是外在世界投射在我们内心的主观映象。

每个人对自己或对人生的解释，都有一种"观念"，也就是一种生活模式或一种惯性将他牢牢套住，虽然他并不了解这种观念，也无法分析这种观念是好是坏，但这样的观念会影响他的一生。而这种惯性是在童年的生活环境中所形成的。因为在没有分辨及选择的能力时，我们只好运用本能，在外在世界的影响下，顺势发展成自己习惯且熟悉的生活规则。

到目前为止，经验告诉我，探寻人格结构的最可靠数据，都在童年的记忆里——比如，孩子在家庭成员中的位置、曾做出的幼稚的错误行为、童年时期的白日梦，甚至引起疾病的外在因素……因此必须对整个童年时期有完整的了解，才能找出关键答案。

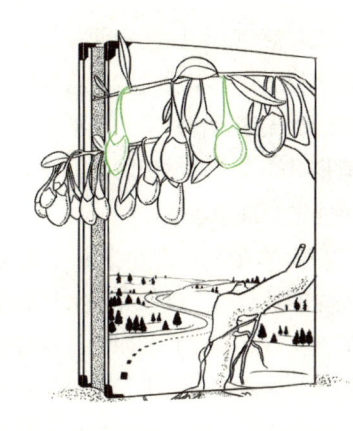

每个人在生命初始时，都为自己设计了一些惯性定律。为了顺应这些定律，他会利用自己内在的能力、缺陷，以及对周围环境的最初印象，来设定自己的行为法则和思考逻辑。

事实上，把"自己的妄想"合理转化成强烈的欲望，经常是人们在构建自己的处世风格或人生意义时，误入歧途的一个基本要素。

我们的生活模式一旦形成，内心就会牢牢地抓住它不放，任何人都无法改变我们的生活模式和风格。只有在我们犯下重大的错误时，现实才会逼我们去反省自己的生活模式和风格是否有问题。

如果你经历一场踩踏事故

□ [美] 科迪·卡西迪保罗·多赫蒂 译／王思明

科幻作家艾萨克·阿西莫夫预计，如果世界人口继续呈指数增长，几千年后，我们将变成一个结实的人肉做的球，以光速朝着外层空间扩张。这个理论令人兴奋，但是有一个问题，那就是你在听下一场摇滚音乐会时可能遇到踩踏事故。

听到"踩踏事故"这四个字时，你可能想象的是成群的人在四处乱跑，就像非洲大草原上的野生动物一样，但其实踩踏事故并非如此，踩踏事故之所以危险也不是因为这样。事实上，危险的踩踏事故不是发生在人们跑起来的时候，而是在他们根本动不了的时候。

踩踏——更确切的说法是撞击——一般而言，更大的可能是因为疯狂而非惊恐，这意味着一群人是朝向他们想要的东西移动的，而不是背向他们不想要的东西移动。如果你被卡在里面，你将面临几个问题。首先是，缺乏信息素。

在稠密的人群里，情况开始变得危险。在处理人群活动时，跟蚂蚁不同，我们天生不擅长处理这种情况。当蚂蚁排队行走时，一队蚂蚁里最前面的那只可以释放出信息素，来跟后面的蚂蚁沟通。如果前面的路被堵住了，这些信息素可以告诉后面的蚂蚁，要走别的路。

你没有这些信息素。如果有人绊倒了，你没法像蚂蚁那样，告诉后面的人停下来。

大体上看，缺乏群体沟通成了稠密的人群里的一个严重的问题。什么样的人群算是稠密的呢？当谈到规模的时候，如果人数足够多，多到可以被称为一群，那么就稠密到可以杀死你了——我们后面再谈这一点。更重要的因素是密度。人群密度可以通过每平方米内的人数来测量。

1平方米，大概有谋杀案现场警察在死者周身画的那个粉笔圈那么大。在每一个设想中的粉笔圈里容纳的人数，就是这群人的密度。

如果只有2个人，就算是密集的人群——可以行走，只是有些小摩擦；如果这个数字翻倍，那就叫作拥挤的人群——会有很多小摩擦和推挤，但人们还是可以活动起来。

当1平方米里有6个人的时候就危险了——你总能碰到你旁边的人，移动变得几乎不可能。

当1平方米里有7个人的时候，就像把21个人塞进了一部正常大小的电梯。出了踩踏事故的人群，密度一般就是这样的。

在这种密度下，人群的活动不再像人的活动了，更像液体的流动。由人构成的强大的波浪从后面往前推，随着更多的人被卷进来以获得动量——这种波浪可以让你的脚离开地面，把你带向他们走的方向。如果你身边的人倒下去了，那么将没有什么可以托住你，你也会倒下去，就像多米诺骨牌那样，旁边的人也会倒在你身上。

如果你正好身处这样的人群——通常是庆典、运动会或者音乐会——从友好的碰撞到踩踏，这种转变可以发生得非常迅速。突然之间，你会意识到你无法举起胳膊，无法逃走，只能任由人群摆布。

倒下去自然很危险，即使没有倒下去，你也会有麻烦。如果你还站着，从两边卷过来的波浪也会穿过人群，将你钉在那里，你将受到来自人群两个方向的力的挤压。因为人群里的力会升级，这种情况很快就会变得很危险。

一般人可以推出的最大的力作用于自身，相当于你承受了20多千克的重量。如果有四五个人推你，就像在拥挤的电梯里那样，会使你不舒服，但不算危险。在踩踏事故里，人们通常不会以最大的力去推你，但是在上千的人群里，这种力可以升级，给你的横膈膜以致命的打击。

你需要将你的胸部扩张几厘米，才可以呼吸。幸运的是，你的横膈膜很强壮。一个健康的人，可以在180千克的重量压在胸部的情况下，呼吸2天后才觉得累。不幸的是，在踩踏事故里，横膈膜可能会受到重压。踩踏事故过后，调查者发现能够承受上千千克的铁栅栏断成了两截。

我们说过，每平方米里有7个人的人群就足以致命，但是对整个人群来说，这只是一个平均数字。在踩踏的瞬间，你被杀死的地方，密度可能已经达到1平方米里有至少10个人。不可能在没有超强外力的情况下，让那么多人用那么大的力气推挤。就像把28个人塞进一部一般大小的电梯里一样——只有一两个不情愿的乘客推挤是不可能的。要么需要成千人从后面压过来，要么需要一台推土机。

如果你被人群中两个方向过来的力卡住了，或者如果你摔倒了而6个或更多的人像多米诺骨牌一样倒在你身上，就像身处一部非常拥挤的电梯里，而一台推土机正在把人往里推。相当于有450千克或者更多的重量挤压到你的横膈膜上，而你连呼吸一口气的力气都没有。

在踩踏事故里，有450千克的重量压在你的胸口上，你会在15秒内昏过去。如果持续时间比4分钟更久，你会遭受永久性脑损伤，然后死掉。

所以艾萨克·阿西莫夫错了。我们从踩踏事故里知道，没有人可以在6个或者更多的人压在他身上时活下来，所以地球永远都不会变成一个由成千上万的人做成的球体，以光速朝着太空扩张。

这堆人的层数永远都不会大于6。

信　心

□ 梁晓声

对于治疗马，民间有种经验是，"立则好医，卧则难救"。这句话的意思是，马连睡觉都习惯站着，只要它自己不放弃生存的本能意识，它总是会忍受着病痛顽强地站立，而不肯卧倒。

马一旦病得卧倒了，就证明它确实病得不轻，同时证明它自身的求生意识已被病痛大大削弱了。而如果没有它自身求生意识的配合，就算良医良药也难以治好它的病。

所以兽医和马的主人，见马病得卧倒了，治好它的信心往往大受影响。他们要做的第一件事，往往是用布托、绳索、带子兜住马腹，将马吊得能站立起来，有点类似武打片中吊起那些飞檐走壁的演员的做法。

人们为什么要这么做呢？为了给马以信心，使马明白，它还没病到根本站立不住的地步。这种办法真的会使马明白什么吗？我相信是可以的。因为我下乡时多次看到，病马一旦被辅助着站立起来，它的双眼往往会一下子变得晶亮。它还会咴儿咴儿地嘶叫。听来那确乎有些激动的意味，有些又开始恢复自信的意味。

为什么记忆常常不靠谱

□ [美]大卫·伊格曼 译/闾 佳

大脑和身体在我们的一生里改变了很多，但就像时钟时针上的变化一样，要察觉这些变化很困难。例如，每四个月，红细胞就彻底更替一遍，皮肤细胞每几个星期就换一轮。在7年左右里，身体里的每一个原子就会彻底被其他相同的原子取代。从物理层面来说，你在不停地翻新，变成一个全新的你。幸运的是，或许有一个恒定的元素——记忆，连接着所有这些不同版本的你。记忆说不定能担此重任，成为编织起你身份形象的线索，令你成为你。它是你身份的核心，为你提供了连续的、独一无二的自我意识。

然而，其中或许也存在一个问题：这种连续性会不会只是幻觉？想象一下，你走进一个公园，与不同年龄的自己相会。那里有6岁的你、青春期的你、20岁的你、50岁的你、70岁的你，以及生命最后阶段的你。在这种情境下，你们可以坐在一起，分享相同的人生故事，梳理出你唯一的那条身份线索。

这真的能做到吗？你们的确有着相同的名字和经历，但事实上，你们是不同的人，有着不同的价值观和目标。你们人生记忆的相同之处说不定比你预想的还少。你记忆中15岁的自己，跟你真正15岁时不同；而且，对同一件事，你有着不同的回忆。为什么会这样呢？因为记忆就是这样的。记忆并不是一段视频，不能准确地记录你人生的每一个瞬间；它是来自往昔的一种脆弱的大脑状态，你要回想，它才浮现。

举个例子，你来到一家餐厅，为朋友过生日。你经历的一切，触发了大脑特定的活动模式。有一种活动模式，由你和朋友之间的对话触发；另一种模式，由咖啡的气味激活；还有一种模式，由美味的法式小蛋糕的味道激活。服务员把拇指放进你的杯子里，是又一个难忘的细节，触发了又一种神经元放电模式。在海马体庞大的相关神经元网络里，所有这些模式集群彼此连接，反复播放，直到连接方式最终固定下来。同时激活的神经元会建立起更有力的连接：一同启动的神经元，连接在一起。由此产生的网络，是该事件的独特标志，代表了你对生日聚会的记忆。

假设6个月以后，你吃到了一块法式小蛋糕，味道跟你在那次生日聚会上吃到的一样。这把特殊的钥匙，能够解锁相关的整个网络。突然间，你回到了那段记忆里。虽然我们并不是总能意识到这一点，但记忆或许并不如你期待的那么丰富。你知道朋友们在那里：他穿的一定是西装，因为他总是穿西装；另一个女性朋友则穿着蓝色的衬衫，不对，也可能是紫色的，说不定是绿色的。如果深究那段记忆，你会意识到，你完全不记得餐厅里其他食客的细节，尽管当时是满座。

所以，你对生日聚会的记忆已经开始褪色。为什么？因为神经元数量有限，而且它们都需要从事多重任务。每个神经元参与不同时间的不同集群。你的神经元在关系不断变化的动态矩阵中运作，繁重的需求不断要求它们跟其他神经元连接。随着这些"生日"神经元协同参与到其他记忆神经网络里，你关于生日聚会的记忆变得模糊起来。记忆的敌人不是时间，而是其他记忆。每一件新的事情都需要在数量有限的神经元里建立新的关系。然而，褪色的记忆在你看来似乎并未褪色。你感觉，或至少以为，完整的画面始终存在。

你对一件事的记忆更是值得怀疑。比方说，聚会之后的某一年，你的两位朋友分手了。回想起那次聚会，你现在或许会错误地记起两个人的关系在当时就亮了红灯。那天晚上，他是不是比平常更安静？两个人之间好像有些尴尬的沉默？这些细节很难说得准，因为你神经网络里的相应知识改变了相关的记忆。你情不自禁地用现在涂改过去。因此，对同一件事的感知，在你人生的不同阶段很可能有很大差异。

加利福尼亚大学欧文分校的伊丽莎白·洛夫特斯教授进行了一项开创性的研究，发现了记忆的可塑性。她展示了记忆有多么容易受到影响，为记忆研究领域带来了巨大变革。

洛夫特斯设计了一项实验，请志愿者们观看车祸的影片，接着问他们一系列问题，测试他们记住了哪些内容。她所问的问题，影响了志愿者们的答案。她解释说："我使用了两种问法：一种是，两车相碰时，车速有多快？另一种是，两车相撞时，车速有多快？志愿者们对速度做出了不同估计。我用'撞'字时，他们认为车速更快。"诱导性问题可以干扰记忆，这令她深感好奇，于是决定做进一步的探究。

有没有可能植入完全虚假的记忆呢？为了寻找答案，她招募了一群参与者，让团队接触其家人，了解这些参与者从前的生活点滴。掌握这些信息之后，研究人员针对每一名参与者拼凑出四段童年故事。有三段是真实的。第四段故事包含了若干似是而非的信息，但完全是编造出来的。它讲的是小时候在购物中心迷路，在一位和善的老人的帮助下，最终跟家人团聚的故事。

研究人员通过一系列的访谈，把这四段故事讲给参与者听。至少有四分之一的人声称自己还记得商场迷路事件，尽管它从未发生过。不仅如此，洛夫特斯还解释说："他们一开始也许只能'回想'起一点。一个星期之后，他们回忆起来的内容更多了。他们还会说起帮助了自己的老妇人。"随着时间的推移，越来越多的细节被悄悄填入虚构的记忆里："老妇人戴着一顶很夸张的帽子""我抱着自己最心爱的玩具""妈妈急得都快疯了"。

所以，不光有可能往大脑里植入虚构的新记忆，人们还会欣然接受它，为其增加细节，不知不觉地把幻想编织进自己的身份认同里。

我们都很容易受到这种记忆的摆布，洛夫特斯也不例外。原来，在她年纪还小时，母亲在游泳池里溺水身亡。多年以后，她和亲戚的一番对话引出了一个出人意料的事实：洛夫特斯在泳池里发现了母亲的尸体。这个消息把她吓坏了，她根本不知道，事实上也根本不相信。但她这样说道："从那次生日宴会回家以后，我就开始想，说不定真是这样。我开始想其他我还记得的事情。比如，消防员来了，让我吸氧。或许我需要氧气，因为我发现尸体后受到太大冲击？"没过多久，她的脑海中浮现母亲在游泳池里的情形。但又过了一阵，亲戚给她打电话，说是自己记错了。发现尸体的并不是她而是她的姑姑。于是，洛夫特斯拥有了一段属于自己的虚假记忆。

我们的过去并非一段段忠实的记录。相反，它是一次次重构，有时几乎是在编故事。我们在回顾自己的人生记忆时，应该带着这样的认识：不是所有的细节都准确无误。一些细节是别人讲给我们的，另一些是我们自己补充的，我们认为当时就是那样。所以，如果你完全根据自己的记忆来回答你是什么人，你的身份就变成了一段奇异的、不断变化的故事。

必不输之法

□冯友兰

纪晓岚的《阅微草堂笔记》里有这么一段记载：有一个棋迷，有时赢，有时输。一天，他遇到一位神仙，便问下棋有无必赢之法。神仙说没有必赢之法，却有必不输之法。棋迷觉得能有必不输之法倒也不错，便请教此法。神仙回答："不下棋，就必不输。"

这个故事讲得很有道理。一切事都可以成功，可以失败，怕失败就不要做。自己棋艺高明，难免遇到比自己棋艺更高明的对手，便会失败；自己棋艺臭，也许遇上比自己棋艺还臭，甚至臭不可闻的对手，这时便也可成功。其他事业也是如此。

卖的是"吱吱声"

□ [美]理查德·卡尔森 译/潘 源

在任何生意中,重要的是要知道你实际上在卖什么。通常并不是表面上表现的那样。例如,如果你在卖房子,显然你卖的不是木材、砖瓦或混凝土。相反,你在敲响一个人的梦想——一旦他或她住进这个家将有何感受。

第一个给我这个有价值的训导的是我的一个好友。他曾在加利福尼亚一个可爱的小镇上拥有一座美丽的公寓大楼。我一到那里,他就带我巡视了一番。公寓带有网球场、两个漂亮的游泳池、一个工作间和野餐营地。"哇!"我的第一反应是,"我敢打赌,没有人不爱用所有这些棒极了的设施。""实际上,理查德,你知道了可能会吃惊,几乎没人用过这些设施。我希望他们能够用上,实际上,他们根本不用。"更让人震惊的是,只有不到10%的居民曾使用过这些设施,而只有少于5%的人会有规律地使用它们。

我的好友接着解释说,事实上,几乎没人使用这些设施,但大部分人,在搬进来之前,都认为他们将会使用。这是他们选择公寓大楼的一个重要原因,也是他们情愿为此支付大笔钞票的唯一理由。

"牛排",在这个例子中,就是公寓大楼,"吱吱声"就是美妙的环境和设施——卖的是"吱吱声",而不是"牛排"。所以对销售来说,卖房产最好的办法就是带每个想要买公寓的人去看全套的设施——这将使他们开始梦想自己以后将如何花时间去放松,学会打网球、在游泳池中游泳、与朋友一起享用烧烤,等等。

这个对卖"吱吱声"而不是"牛排"的分析能被延伸到其他许多领域。通常,我不得不承认我决定住哪家旅馆主要是基于它有室内游泳池和房间服务这些因素。然而,实际上我很少利用这些因素。偶尔,我和妻子选择某家饭店是因为他们有份惊人的甜品菜单——我们渴望得到那份低价的巧克力蛋糕。但是,除了极少有的情况,我们通常省掉甜品,因为担心会增加体重。关键是,我们走进饭店不是由于理智的思考,而是像许多人那样,被我们的想法和梦想影响。

想想每年售出的数以万计的健身器材。据调查,人们认为他们将变得有节制并有规律地使用这些设备。新的顾客梦想着拥有平坦的腹部和肌肉发达的胳膊。然而,统计数据显示,90%的顾客在购买并使用这些设备几天后便停止了,并且大部分人在一两个月后便都放弃了。只有很小比例的人继续使用这些设备。而生产这些产品的公司知道,最好的销售这些机器的办法就是有效地激发消费者的梦想。所以他们将美丽的、身材健美的女人或坚实的、肌肉发达的男人的照片贴在盒子上。因此如果你想销售某物,你要先确定与之相伴的梦想是什么。将这一知识转化为组成因素应用到你卖的东西——产品或服务中去,你将会惊奇地看到效果。

唤醒心中的巨人，
让意志的光照亮前进的路

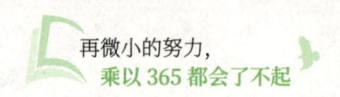

罐 儿

□ 冯骥才

罐儿是码头最穷的人。

爹是要饭的，死得早，靠他娘缝穷把他拉扯大。他娘没吃过一顿饱饭，省下来的吃的全塞进他的嘴里，他却依旧瘦胳膊瘦腿，胸脯赛搓板。打他能走的时候，就去街上要饭。

罐儿十五岁那年白河闹大水，水往城里灌。城内外所有寺庙都成了龙王庙，人们拿木盆和门板当船往外逃。他娘带着他跑出了城，一直往南逃难，路上连饿带累，娘死在路上。他孤单一个人只能再往下逃，可是拿嘛撑着，靠嘛活着，往哪儿去，全都不知道。

这天下晌，来到一个村子，身上没多大劲儿了，他想进村找个人家讨口吃的。忽然，他看见村口黑森森的大槐树下有个窝棚，棚子上冒着软软的炊烟，一股煮饭的香味扑面而来。这可是救命的气味！他赶紧奔过去，走到窝棚前，看到一个老汉正在煮粥。老汉看他一眼，没吭声，低头接着煮粥。

他站在那儿，半天不敢说话。忽听老汉说："想喝粥是吗？拿罐儿来。"

他听了一怔。罐儿是他的名字。他现在还不明白，爹娘给他起这个名字，是叫他有口饭吃。爹是要饭的，要饭的手里不就是拿个罐儿吗？

可是，他现在两手空空，嘛也没有。

老汉说："没罐儿？好办。那边地上有一堆和好的泥，你去拿泥捏一个罐儿，放在这边的火上烧烧就有了。"

罐儿看见那边地上果然有一堆泥，他过去抓起泥来捏罐儿。可是他从小没干过细活，拙手拙脚，罐儿捏得歪歪扭扭，鼓鼓瘪瘪，丑怪至极，像一个大号的烂柿子皮。老汉看一眼，没说话，叫他放在这边火中烧，还给他一把蒲扇，扇火加温，不久罐儿就烧了出来。老汉叫他把罐子放在一木案上，给他盛粥。当他把罐儿捧起来往案子上一放，只听"咔嚓"一声，竟散成一堆碎块。他不明白一个烧好的罐儿，没磕没碰，怎么突然散了。

老汉还是不说话，扭身从那边地上捧起一堆泥，放在案上，自己干起来。他先用掌揉，再用拳捶，然后提起来用力往桌上"啪、啪"地一下下摔，不一会儿这堆泥就变得光滑、细腻、柔韧，并随着两只手上下翻卷，渐渐一个光溜溜的泥罐子就美妙地出现在眼前，好赛变戏法。老汉一边干活，一边说了两句："不花力气没好泥，不下功夫不成器。"

这两句话像是自言自语，又像是对他说的。他没弄明白老汉这两句话的意思，好像戏词，听起来，似唱非唱。

老汉捏好罐儿，便放在火中烧，很快烧成，随即从锅里舀一勺热腾腾香喷喷的粥放在里边，叫他喝。他扑在地上跪谢老汉，边说："我一个铜子也没给您。"

老汉伸手拦住他。嘴里又似唱非唱地说了两句："行个方便别提钱，帮帮人家不叫事。"

等他把热粥喝进肚里后，对他说："这一

带的胶泥好烧陶。反正你也没事，就帮我把地上那些泥都捏成罐儿吧。你照我刚才的做法慢慢做，一时半时做不好没关系。"

罐儿应声，开始捏罐。按照老汉的做法，一边琢磨一边做，做过百个之后，一个个像模像样起来。他回过头想对老汉说话，老汉却不见了。窝棚内外找遍了，影儿也没找着，怎么找也找不着。

窝棚里还有半锅粥，够他喝三天。原打算喝完粥接着往前走。可是他待在窝棚里的这三天，慢慢把老汉那几句似唱非唱的话琢磨明白了——老汉不仅给他粥喝，救他一命，原来还教他做罐。

前边的两句话"不花力气没好泥，不下功夫不成器"，是教他活下去的要领；后边两句话"行个方便别提钱，帮帮人家不叫事"，是告诉他做人做事的道理。

这个烧陶的棚子不是老天爷给他安排的一个活路吗？那么老汉是谁呢？没人告诉他。

多少年后，津南有个小村子，原本默默无闻，有人专做陶盆陶缸陶碗陶盏，由于陶器做得好都知道了。这地方的胶泥很特别，烧过之后，赤红如霞，十分好看；外边再刷一道黑釉，结实耐用，轻敲一下，其声好听，有的如磬，有的如钟，人人喜欢，渐渐闻名，连百里之外的人也来买他的陶器用。他的大名没人知道，都叫他罐儿。他的铺子门口堆了一些罐子，那时逃荒逃难年年都有，逃难路过这里，便可以拿个罐儿去要饭用，他从不要钱。有人也留在这里，向他学艺，挖泥烧陶，像他当年一样。

又过了许多年，外边的人不知这村子的名字，只知道这村子出产陶器，住着一些烧陶的人家。家家门口还放着一些小小的要饭用的陶罐，任由人拿。人们就叫这村子"罐儿庄"，或"罐子庄"。

难得糊涂

□刘心武

清代"扬州八怪"之一的郑板桥那幅"难得糊涂"的书法作品，这些年来极为风行，其复制品不仅见于拓片，也借助于木刻、雕漆、织锦、画盘，乃至塑料工艺品等形式广为流布，许多人不仅将这四个字呈于厅室，更有将镌刻这四个字的徽章别于胸前的。

在多数当代人看来，"难得糊涂"似乎提供了一种轻松超脱的生活观，不管大事小事、公事私事，一概糊涂了之，好不快活！

其实，依我细想，郑板桥所谓的"难得糊涂"，不过是表达了一种对偏激欲望的抑制：对事不要过于执，对人不要过于知，对理不要过于信，对情不要过于迷。

说到底，也还是主张中庸之道，只不过那是更严格的中庸之道，真实践起来，是很费力气的，所以郑板桥解释说："聪明难，糊涂难，由聪明而转入糊涂更难。"那非但不是一种轻松超脱的生活观，简直是主张以一种高等数学中的模糊数学来把握极尽艰辛的生活的方式。所以，他所说的"难得"，并非"很容易做到而人们竟忽略不做"，而是"需历经艰难方可达到"的意思。

"糊涂"既然那么"难得"，不得也罢！

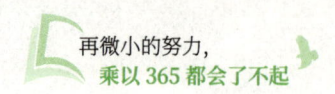

秘密花园

□ 任蓉华

何为孤独？比较流行的说法是：这世界有那么多人，我却独自走过晨与昏。其实，习惯了形单影只还好，怕的是原本相濡以沫的两个人，转眼间成了孤家寡人。法国小说家斯蒂芬·朱拉的长篇小说《重拾加布里尔的花园》里的主人公马丁恰是这样的不幸者。性格孤僻的他难以接受爱人加布里尔的突然离世，对她展开了近乎疯癫的追忆式挽留，也由此发现了她留下的秘密花园，并从中寻找到了人生的另一种可能。

马丁自幼失怙，与加布里尔的相识相知，让极度缺乏爱的他拥有可以栖息的避风港。遗憾的是，这部小说却是由加布里尔遭遇车祸去世切入的，沉重的打击几乎击溃了马丁，使其成为一名抑郁症患者。马丁在痛苦中奋力挣扎，他也有过几次尝试，努力让自己不至于与社会完全脱节。现实却是，在他生活的社会，人与人的交往有着太多隔阂，没有人真正愿意花时间深入另一个人的内心，他们只是把马丁当成一个因爱落魄的"非正常者"。

马丁被无论如何也弄不懂、搞不好的人际关系困扰。同事们的恶意揣测，让他精疲力竭又无从辩解，最终，他被辞退了，离开了工作近20年的岗位。小说中，那棵独立于墙外的杉树，虽然外形高大美观，却因没与其他树木生长在一起而饱受行人指责，这正是马丁的现实写照。

幸好，加布里尔给马丁留下了图书和一处秘密花园。这是怎样的一座花园呢？其实，这座花园并不大，是一个绕着公寓楼的后墙、宽五六米的"L"形花园。售楼广告上说它有100平方米，比公寓还大20平方米。"要进入花园，必须先经过一个三条边都搁置了许多大小、形状都不同的花盆的露台，一棵形似圣诞树的松树就种在其中的一个花盆中。而阳台的第四个角落有几个温室，里面的插枝都已变得干硬，枝头挂着一些奇怪的荚果，颜色发黑且卷曲着。"

"只需随便看一眼就足以发现这座花园无视于一切风格上的定位——它既是蔬菜园，又可被称作观赏性花园，也可以说是混合式花园，既有英式花园的特点，又混有法式的风格，甚至可以找到日式花园的影子……"书中这样描述这座秘密花园。

进入园中，马丁如同到达人迹罕至的自然丛林：公寓的墙及被常春藤缠满的木栅栏之间，是枝繁叶茂的山茶、山梅、黄杨及杜鹃，它们不分种属地被混种在一起，盘根错节，将一条林中小径覆盖得几乎看不见。马丁不得不在长满生菜、草莓、洋葱及大蒜的蔬菜地里，开辟出一条新路。而在花园拐角处，巨大的树木高举起粗壮的枝干以及蓬乱的枝叶，向天空炫耀着这里过度旺盛的生命力。

加布里尔的花园，与其说是城市混凝土

中的一块绿地，倒不如说是马丁的"我心安处"。树荫下，他感受到爱人并未离去，他们是永远在一起的。唯有在花园里，他才感到安全，才不会受到来自外界的伤害。马丁给两只鸡取了名字，和它们在花园里过起了自由自在的生活。当然，不是绝对的自由，因为没人知道马丁患有严重的抑郁症，也没人想知道。即便是在花园里，邻居们也不时抗议他的反常行为。马丁只好将自己藏在花园深处，更深处，与花木相伴，只有在那里，他的与众不同方能被温柔以待。

固守在与世隔绝的孤岛，马丁渐渐混淆了现实与理想的界限，他把自己当成了"鲁滨孙"，过上了放纵灵魂的生活。这虽不为社会所容，但对其本人而言无疑是温柔的，甚至是快乐的。在花园里，他重构了自己的人生信仰，彻底放弃了与世界、与他人的对抗，与生活中的坎坷和解。事实上，罹患抑郁症的马丁只是世界上众多孤独者的一个缩影，他们被困于孤岛，且没有"星期五"的陪伴。

每一个与孤独相伴的人，背后都有一个不为人知的自己。只是他们没有像马丁一样在经历挫折后，走进"秘密花园"，活出另一个"我"。可是谁又能说孤独者就不能好好生活，就非得被这个世界排斥呢？王尔德曾说："能在美好的事物中发现美的意义的人，方为文明之人。对他们来说，美好的事物就只意味着美，别无他意。"秘密花园之于马丁，美好得如同整个宇宙。

人间孤独，却有温度。小说最后的重要隐喻，是那个突然出现的小女孩，在暖阳下迎着雾气放声大笑。她明白了给花浇水的方式不是一成不变的，完全可以更多样、更有趣——打破常规，冲破界限，爱与包容，或许才是加布里尔的花园的本意，才是生活的本来面貌。

蔓与诠释学循环

□李雪涛

丰子恺在《随感十三则》中写道：

"花台里生出三枝扁豆秧来。我把它们移种到一块空地上，并且用竹竿搭一个棚，以扶植它们。每天清晨为它们整理枝叶，看它们欣欣向荣，自然发生一种兴味。

"那蔓好像一个触手，具有可惊的攀缘力。但究竟因为不生眼睛，只管盲目地向上发展，有时会钻进竹竿的裂缝里，回不出来，看了令人发笑。有时一根长条独自脱离了棚，颤袅地向空中伸展，好像一个摸不着壁的盲子，看了又很可怜。这等时候便需我去扶助。扶助了一个月之后，满棚枝叶婆娑，棚下已堪纳凉闲话了。"

蔓的生长和攀缘能力都是超强的，但有一定的盲目性。只有在作者的"扶助"——引导方向之下，扁豆秧才能长成供人纳凉的棚子。蔓作为一个局部的生长物，只有在有整体观、全局观的人的引导下，才可能有用。

我想到伽达默尔的"诠释学循环"的观念：通过参考各个部分建立起一个人对整体的理解，并通过参考整体促进一个人对每个单独部分的理解。尽管我们并不缺乏向上的勇气和毅力，但如果没有整体观的话，这些力量很可能会像蔓一样盲目。

用更有益的方式解决"无聊"

□金思睿

想象这样一个场景,晚高峰的地铁上挤满了人,你要站着度过接下来的一小时。手机电量即将耗尽,你将它放进口袋。你有点累了,想屏蔽所有有关工作或未来的严肃思考,茫然地东张西望。

时间显得漫长,你看过了车厢里陌生人的脸,看过了电子显示屏上的宣传片。一阵困意袭来,你烦躁地第四次抬头查看路线图的到站光点。

被无聊找上门的感觉真不好受,但你想过吗,看似空洞乏味的它,可能在向你传达信息。

我们都曾体会过无聊,却很难定义它。在不同人的眼中,无聊是完全不同的,"让甲感到快乐的事可能对乙来说无聊透顶"。

在《我们为何无聊》一书中,作者丹克特和伊斯特伍德从心理学出发,试图剖析无聊。他们的团队检索了各领域专家对"无聊"的定义,发现各群体之间存在惊人的一致——"无聊是一种想要却无法参与到令人满足的活动中的不适感。"

列夫·托尔斯泰在小说《安娜·卡列尼娜》中写道:"无聊是一种对欲望的渴望。"当我们被内心真正想要的东西所吸引,它便会产生。

有人觉得无聊时,我们通常会给他一些选项,比如读书、跑步、看视频。其实,这些选项他们都考虑过,但无法投入其中。如果无聊是因为缺乏做事的动力,列出选项并不能逆转局面,"就像一个不会游泳的人溺水了,我们不能叫他使劲游上岸"。

人到底为什么会觉得无聊?作者给出了两种解释。一个是"欲望迷局",即"我们无法对当前可及的事物产生欲望";另一个是"能力不得其用",比如,在半小时内记住数字3,又或是,让一个不懂物理学的人去听量子力学的讲座。面对这些任务,我们的技能和天赋毫无用武之地。

身体上的疼痛会引起条件反射,比如手碰到火会缩回去。"无聊"传递的信号也可以这么理解,这种心理"疼痛"暗示我们应该采取行动,而如何行动决定着无聊的后果。

这些看上去抽象的理论可以对应具象的生活。《我们为何无聊》的作者呼吁:"我们有责任以对社会和自身都更有益的方式来应对无聊。"

无聊可能造成毁灭,也能让人变得慷慨。研究表明,与结束一项有趣的任务相比,完成单调乏味的任务后,人们更愿意做公益,因为"无聊驱使他们寻求社会行为来重建失去的意义感"。

如今,我们拥有前所未有的、诱人的、高效占据心智的工具。打开手机,网上到处是猫咪做了傻事的搞笑视频,新闻24小时不间断更新,怎么还会有人抱怨无聊呢?

事实上,科技导致了"新奇的常规化"。我们不断提高有趣的标准,最终踏上"永无止境地寻找新奇事物的仓鼠轮",留下的还是无聊。

在短视频平台下拉屏幕比核查新闻真实性简单,看猫咪视频比读深度长文轻松。越是依赖外在的事物来解决无聊,人的主观能动性就越是萎缩。

我们原想摆脱无聊，却做出了适得其反的选择，这听起来很矛盾，但理解其背后的信号后，也没什么好奇怪的。"人越是痛苦，就越是迫切地渴望解脱。"我们沉溺于网络，自欺欺人地认为自己很好，只是为了忘记更深层次的痛苦。

恐惧无聊还有另一个理由。在《倦怠社会》一书中，作者韩炳哲将21世纪的社会视作"功绩社会"，认为它充溢着积极性，"为了提高效率，未被填满的时间变得低效、无益，最终是无聊的"。

这么多网民，谁敢面对停滞的空白呢？

怎么消除无聊？一种说法是"仅仅是告诉无聊的人放轻松，就能减少他们当下的无聊感"。

试着回想一下，你上一次真正的放松是在什么时候？也许是在山林、海滩，或者只是躺在沙发上，看着光线在地板上移动。你的头脑是清晰的，没有惦记着工作，也没有烦恼或紧张。

放松天然使人愉悦，它与无聊相反，"没有迫切的追求，有的只是时间"。

韩炳哲认为，"精神放松的终极状态对于创造活动具有重要意义"。比如走路，有人觉得无聊，就拿出手机边看边走。也有人发现，真正枯燥的是行走方式本身。他将线型的步伐改为花哨的舞步，于是舞蹈诞生了。人们普遍认为儿童最富有想象力，可能他们倾向于花时间去观察和想象。成年之后，我们只能看到"头上的帽子"，看不出那是"想要吞掉大象的蟒蛇"。

有趣的是，在一家书评网的评论区，针对《我们为何无聊》一书，获赞最多的评价是"果然无聊很无聊。连写无聊的书都这么无聊"。看来，这本号称凝结了团队15年心血的科学手册还是没能征服"无聊"。

真的非得消除无聊吗？叔本华曾赞美"心存欲望的人"，"因为他们能够为之奋斗，直到欲望变成满足，再滋生新的欲望"。

最后，让我们重温丹克特和伊斯特伍德的提醒："'无聊'抛出了一个简单而又深刻的问题：你想要做什么？很少有比这更重要的问题了。"

一衣虽微，不可不慎

□唐宝民

王溥是明朝官员，洪武末年，曾任广东参政，以清正廉洁闻名。据《明史》中记载，有一年，王溥的弟弟从家乡来探望他，路上，同舟而行的人中，有一个是王溥的下属，这位下属从攀谈中知道了他是王溥的弟弟，便立即献起殷勤来，临别时还送给他一件布袍。

王溥的弟弟见到王溥以后，就谈到了这件事。王溥听罢，很严肃地对弟弟说："一件衣服虽然是很轻微的东西，但在接受它时不能不谨慎，因为这正是玷污一个人的品行、玷辱一生的开始啊！"说完，就让弟弟把布袍还给了那位下属。

圣人常慎其微，故能太平而传子孙。王溥就是一个在微小的事情上都谨慎的官员，即使是一件布袍，也不让弟弟接受，"一衣虽微，不可不慎"，正因如此，他才因清廉被写进了《明史》。"不虑于微，始成大患；不防于小，终累大德。"

王溥爱惜名节，能在如此细微的地方都注意防范，对我们有着极大的警醒作用。

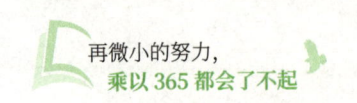

大唐李白

□ 祝 勇

李白的出生地我没有去过,却很想去。

吉尔吉斯斯坦北部城市托克马克,在这座风物宜人的小城里,大唐帝国的绝代风华想必早已风流云散,但早在汉武帝时期,这里就已被纳入汉朝的版图。公元七世纪,它的名字变成了碎叶,与龟兹、疏勒、于阗并称大唐王朝的安西四镇,在西部的流沙中彼此呼应。那片神异之地,不仅有吴钩霜雪、银鞍照马,还有星辰入梦。那星,是长庚星,也叫太白星,今天我们叫它启明星,它是天空中最亮的星。《新唐书》中说:"白之生,母梦长庚星,因以命之。"就是说,李白的名字,得之于母亲在生他的时候梦见了太白星。后来,当李白入长安,贺知章在长安紫极宫一见到这位文学青年,立刻惊为天人,叫道:"子,谪仙人也!"原来李白正是太白星下凡。

李白在武则天统治的大唐帝国长到五岁。他五岁那年,武则天去世,李白随父亲从碎叶来到蜀中。二十年后,李白离家,独自仗剑远行,一步步走成了我们熟悉的那个李白。那时候的唐朝,已经进入唐玄宗时代。在那个交通不发达的年代,仅李白的行程,就令我们惊叹不已。

由此我们可以理解李白诗歌里的纵深感。他会写"明月出天山,苍茫云海间",也会写"兰陵美酒郁金香,玉碗盛来琥珀光"。假如他是导演,很难有摄影师能跟上他焦距的变化。那种渗透在视觉与知觉里的辽阔,我曾经从俄罗斯文学——托尔斯泰、屠格涅夫、陀思妥耶夫斯基的作品里领略过。但他们都扎堆于十九世纪,而在一千多年前,这种浩大的心理空间就存在于中国的文学中。

虽然杜甫也是一生漂泊,但李白是从千里霜雪、万里长风中脱胎出来的,所以他的生命里,有龟兹舞和西凉乐的奔放,也有关山月和阳关雪的苍茫。他不会因"茅屋为秋风所破"而感到忧伤,不是他的生命中没有困顿,而是对他来说,这事太小了。

他不像杜甫那样,执着于一时一事。李白有浪漫,有顽皮,时代捉弄他,他却可以对时代扮个鬼脸。毕竟,那些人、那些事,在他看来都太小,不足以挂在心上或者写进诗里。所以,明代的江盈科在《雪涛诗评》里说:"李青莲是快活人,当其得意,无一语一字不是高华气象……"

李白也有倒霉的时候,饭都吃不上了,于是写下"余亦不火食,游梁同在陈"。"骆驼死了架子不倒",都沦落到这步田地了,他依然嘴硬,把自己当成在陈蔡七天吃不上饭的孔子,与圣人平起平坐。

他人生的最低谷,应该是被判流放夜郎,但在他的诗里,找不见类似《茅屋为秋风所破歌》里呈现出来的那种郁闷。他的《早发白帝城》,很多人从小就会背,却很少有人知道,这首诗就是他在流放夜郎的途中写的。那一年,李白已经五十九岁。

白帝彩云、江陵千里,给他带来的仿佛不是流放边疆的困厄,而是顺风扬帆、瞬息千里的畅快。当然,这与他遇赦有关,但无论如何,三峡七百里,路程惊心动魄,让人很难放松。不信,你可以看看郦道元在《水经注》里的描述。

郦道元笔下的三峡,阴森险怪,可一旦切换至李白的视角,就立刻像舞台上的布景,被所有的灯光照亮,就连恐怖的猿鸣声,都如音乐般悦耳清澈。

朝辞白帝彩云间，千里江陵一日还。
两岸猿声啼不住，轻舟已过万重山。

这首诗，也被学界视为唐诗七绝的压卷之作。

李白并不是没心没肺，那个繁花似锦的朝代背后的困顿、饥饿、愤怒、寒冷，在李白的诗里都能找到，比如《蜀道难》和《行路难》。他写怨妇，首首都是在写自己：

箫声咽，秦娥梦断秦楼月。秦楼月，年年柳色，灞陵伤别。

乐游原上清秋节，咸阳古道音尘绝。音尘绝，西风残照，汉家陵阙。

李白的诗词，我偏爱这首《忆秦娥》，那么凄清悲怆，那么深沉幽远。全诗的魂，在一个"咽"字。只是李白不会被这样的伤感吞没，一时一事，困不住他。他内心的尺度，是以千里、万年为单位的。

李白写风，不是"八月秋高风怒号，卷我屋上三重茅"。小小的"三重茅"，入不了他的法眼。他写风，是"长风万里送秋雁，对此可以酣高楼"，是"黄河捧土尚可塞，北风雨雪恨难裁"。

杜甫的精神比较单纯，忧国忧民，他是意志坚定的儒家信徒。李白的精神则是混杂的，里面有儒家、道家、墨家、纵横家等，什么都有。

儒与道，一现实一高远，彼此映衬、补充，让我们的文明生生不息。但儒道互补，体现在一个人身上，并不多见，李白正是这样的浓缩精品。所以，当官场试图封堵他的生存空间时，他一转身，就进入一个更大的空间。

李白是从欧亚大陆的腹地走过来的，他的视野里永远是"明月出天山，苍茫云海间"，是"山随平野尽，江入大荒流"，明净、高远。他有家——诗、酒、马背，就是他的家。他的个性里，掺杂着游牧民族歌舞的华丽、酣畅和任性，也有五胡和北魏的风姿。而卓越的艺术，无不产生于这种任性。

李白精神世界里的纷杂，更接近唐朝的本质，将许多元素和成色搅拌在一起，绽放成明媚而灿烂的唐三彩。

这个朝代，有玄奘万里独行，写成《大唐西域记》；有段成式，在残阳如血的晚唐，行万里路，将所有的仙佛人鬼、怪闻异事汇集成一册奇书——《酉阳杂俎》。

李白身边还活跃着大画家吴道子、大书法家颜真卿、大雕塑家杨惠之等人，而李白，又是大唐世界里最不安分的一个。只有唐朝，能够成全李白。假若身处明代，李白会疯。

张炜说："'李白'和'唐朝'可以互为标签——唐朝的李白，李白的唐朝；而杜甫似乎可以属于任何时代。"

杜甫的忧伤是具体的，也是可以被解决的；李白的忧伤却是形而上的，具有哲学性，关乎人的本体存在。他努力舍弃人的社会性，保持人的自然性，"与宇宙同构才能成为真正的人"。

这个过程，也必有煎熬和痛苦，还有孤独如影随形。在一个比曹操《观沧海》、王羲之《兰亭集序》更加深远宏大的时空体系里，一个人空对日月、醉月迷花，内心怎能不升起一种无着无落的孤独？

李白的忧伤，来自"花间一壶酒，独酌无相亲。举杯邀明月，对影成三人"。

李白的孤独，是大孤独；他的悲伤，也是大悲伤，是"大道如青天，我独不得出"，是"白发三千丈，缘愁似个长"，是"高堂明镜悲白发，朝如青丝暮成雪"。那悲，是没有眼泪的。

不要永远深陷于一场大雪

□侯小强

人生是由一个总的"悲剧"和无数个"小确幸"组成的。理解了这一点，你就会珍惜你的每段历程。

一个人可以在某个时刻深陷于一场大雪，但不应该在每个时刻都陷入一场大雪。即使在一场旷日持久的大雪中，也永远不要忘记欣赏触手可及的风景。即使面对的是呼啸而过的过山车一样的人生体验，你也要学会感受尖叫的与众不同。

寻找第三极

□ 曾海若

什么是第三极？这个问题有标准答案——青藏高原。它是地球隆起最高的区域，因而是继南极、北极之后的第三极。

第三极是"世界屋脊"，但是很少有人会居住在屋顶。有高处就有低处，在很多高原的山上，从山顶到山脚，几乎可以经历四季，从寒带、温带，到亚热带、热带。我们称之为"大地的阶梯"。

在距珠峰直线距离不到100千米的地方，我们要拍摄悬崖上的采蜜人。那里是连夏尔巴人都恐惧的地方，但是我们遇到一个很固执的人，他就要采蜜。我们9个人，花了整整一天，在两江汇流的上方300米处，拍摄采蜜人从全世界最大的蜜蜂嘴里夺吃的，并且很糟糕的是，在采蜜之前，蜜蜂出动了。我们当时请的岩壁摄影师，拍摄时距离蜂巢大概3米，被蜇了无数个包，虽然当时已经感到眩晕恶心，但他还是坚持下来了。晚上，他从身上拔出了100多根蜂针。

这个故事，发生在海拔比较低的区域，2000米。

在人类能居住的最高海拔——5100米处，我们要拍摄藏历新年之前，人们为了保护羊群，走过漫长冰面的故事。为了呈现极端环境下的生命状况，我们采取了冰下潜水的拍摄方式。这是一种非常危险的潜水方式。第一，人在潜水时，相当于处于零海拔的位置，然而一出水，相当于直接从零海拔到了海拔5000米的地方，这对人的血压是个极大的挑战。第二，冰层厚80厘米，冰潜入口只是一个小小的窟窿，也就是说，人不能像平时潜水时那样随意起降，

出水时必须找到入潜时的洞口，如果找不到就麻烦了。第三，零下20摄氏度的环境温度，加上刮风，从水里出来很快会结冰，人面临的是致命的寒冷。不过，我们的冰潜摄影师总是主动说"再来一次"。

我们想跑遍每一层阶梯，但是跑完10万千米，才意识到还应该跑100万千米，或者更长。

在漫长的旅途中，我印象最深刻的是草原，这是最能体现生命合作精神的地方。这种合作是充满欢乐的，我们称之为"生命的共舞"。

我们拍摄的纪录片有几个主题，例如"土地的吟唱""森林的密语"，都是在讲不同的环境造就了不同的人，但这一切只是表面现象。很多人去西藏，是去体验神奇和神秘的感觉。然而我在西藏一年，最深的感触不是神奇，而是熟悉，是一种魂牵梦绕但又在醒来时滑落的东西，那是蕴藏在日常生活中的东西。

我每次去当地人的家里，人们都会说，喝一口酥油茶，喝了就踏实了。在我们的生活中，产品一定要多样，欲望一定要得到无限满足。但是在那里，一碗酥油茶可以喝一辈子，而且人们永远会从中得到满足。每当遇见这种时刻，我的心就像站在高山之巅，轻盈、宽广，目光也因此变得长远。

我想，何必纠结于一座山是否最高、一条河是否最宽，为什么不去关心你的心是否最善良、最平静、最纯洁无瑕？

这就是我们最后找到的"第三极"。

独坐风月里

□黄雪芳

在古画里，常看见一人独坐的情形：或坐卧于一棵老松下，悠闲舒展，仰头凝思；或席坐于瀑泉之侧，听耳边流水淙淙，取水煮茗；又或盘坐于山崖之巅，手挥七弦，泠泠音声中，游心太玄。

这样的画面，既令人神往，也极具治愈性——光是看见，已自觉散去一身躁气，获得心灵的宁静与超脱。

古人尤爱独坐。放荡不羁如李太白，也有静下来只与青山相对的时刻。在《独坐敬亭山》中他写道："众鸟高飞尽，孤云独去闲。相看两不厌，只有敬亭山。"此时的敬亭山，如同一位知心的友伴，懂得却不越界，保持有距离的欣赏，在距离中产生无限的美感，所以才能相看不厌。

王维在《竹里馆》里写道："独坐幽篁里，弹琴复长啸。深林人不知，明月来相照。"此时的诗人隐居蓝田，在抛开所有的俗尘杂事之后，他在月下独坐，弹琴长啸。但此时的王维并不孤独，因为自有明月来相照，所有的心事在月色下一一被洗净，不留块垒在胸中。

要论独坐的最高境界，我认为非柳宗元的《江雪》莫属。"千山鸟飞绝，万径人踪灭。孤舟蓑笠翁，独钓寒江雪。"漫天风雪中，诗人独坐江边垂钓。在绝、灭、孤、独的情境中，那是一个至静至深的世界。

古人独坐，或是郁郁不得志之后的疏散怀抱，或是归隐田园之后的自我慰藉，又或是基于"半日读书，半日静坐"的文人修养。对于今人而言，身处忙碌且浮躁的现代社会，更需要寻一方静地来独坐。这就像是一个给心灵充电的过程，让耗散在外的能量回归，再次元气满满；也像是让波动的水面重新安静下来的过程，在定静中让内心澄明，不至于在纷繁的俗世中迷失，并能辨清，此生真正追寻的不过是内在的宁静与平和。

所以，对于读书人而言，闭门即是深山。关上一扇门，打开的是另一扇通向内心真实世界的门。

法国思想家蒙田曾说："世界上最伟大的事，是一个人懂得如何做自己的主人。"无论是平抚心灵，还是默默用功，一个懂得适时抽身回到自己世界的人，自带专注、自立的美感。

独坐，置身一处，也是置心一处。心不散乱，才能看见人生中最曼妙的风景。

小 草

□ 张世勤

她只有性别，没有姓名。无名无姓的人在史书中很常见，于我的读史习惯，并非关注完大事件之后拔腿就走，而尤为喜欢历史大事件中的小人物，往往他们的故事，更令人唏嘘动容。

公元前138年，张骞从长安动身的那一刻，远在千里之外的她尽管全然不知，但她和他的命运纠结已经开始了。司马迁为什么不肯记录下她的名字，不得而知。为了叙述方便，我先临时给她取一个，比方说小草。毕竟她生活在一片大草原上，那么她理所应当是其中的一棵小草。

汉武帝时的汉王朝已经很强大，但此时的匈奴也很强大，只有穿越被匈奴控制的西域诸个小国，联络最西端的大月氏，进行两面夹击，策略正确，只是实施起来难度之大，可想而知。这不，张骞一行刚进入河西走廊，就被匈奴的骑兵抓了个正着。啥也别说了，押往王庭吧。

这时候，小草出场了。这算不得美人计，军臣单于的意思不过是，我也不杀你，但你还是忘记你那所谓的外交使命，就安下心在这儿过日子吧。

身为俘虏，张骞没有太多的选项。对小草来说，她拥有的选项可能比做俘虏的张骞更少。两个命不由己的人只能走到一起。

青青草原，大漠荒沙。张骞不得不按下使命，生儿育女。这一晃就是10年，看管他的人认为他早已被同化，了无异心，便懒得过多理他。这却为他的逃跑创造了条件。

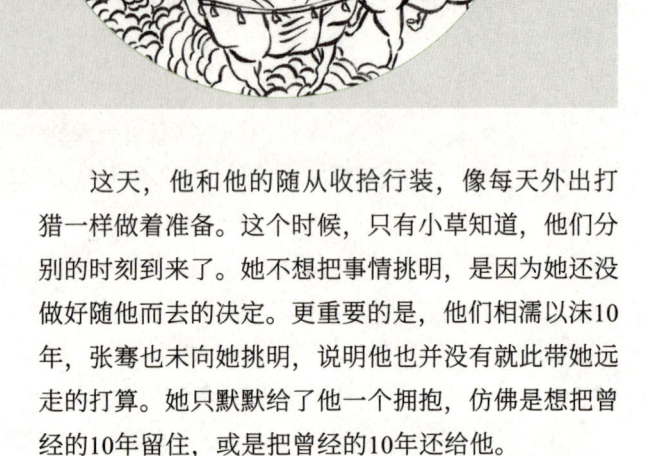

这天，他和他的随从收拾行装，像每天外出打猎一样做着准备。这个时候，只有小草知道，他们分别的时刻到来了。她不想把事情挑明，是因为她还没做好随他而去的决定。更重要的是，他们相濡以沫10年，张骞也未向她挑明，说明他也并没有就此带她远走的打算。她只默默给了他一个拥抱，仿佛是想把曾经的10年留住，或是把曾经的10年还给他。

好不容易逃出来，按说，他们应该往东跑才是。没有！他们恰恰选择了向西。也就是说，10年过去了，张骞揣在怀里的使命火把，依然在熊熊燃烧，将心空照得锃亮。使命在，干劲就在。不管戈壁，不管飞沙，不管风雪，他们过车师，越焉耆，溯塔里木河，穿疏勒，翻葱岭，至大宛，然后继续一路向西，掠康居，走大夏，终抵大月氏。可历经千难万险的抵达，却并不代表着成功，因为10多年过去，好不容易安顿下来的大月氏，此时已经放弃了抗击匈奴的打算。

落寞回返的张骞使团，放弃北道，改从南道，沿昆仑山一线向东，为的是避开匈奴的势力。但没想到，曾经独立的羌人地区早已沦为匈奴的附庸。他们再次成为匈奴人的俘虏。

这个结果是小草万万没想到的。他们之间的缘分注定已经结束了，当初分手时的那一抱，对她来说已经是决绝。

但历史就是这么诡谲，女人和张骞又见面了，又生活到了一起，仍然是青青草原，大漠荒沙。但很快,军臣单于的死和匈奴内部王位争夺的乱,又给张骞的出逃腾出了空间。

这一次,女人没有再选择用一个简单的拥抱草草了事,而是直接打起包裹,一言不发,坚定地跟他们同行。他们一路往东,回到长安,这个东方男人终让她见识到了一个与西域完全不一样的天地。

也许,到达长安后,她才多少知道了张骞出使西域这件事的伟大。如果她真有要求的话,我相信她的要求或许并不高,她可能只想要一个名字。对在一个伟大的事件中,付出了13年青春、心血和爱情的女人来说,仅仅要一个名字,应该不算过分。但史书的门槛说低也低,说高也高,她作为一棵小草,真的是没那么容易一步就能迈过的。对历史来说,有时谁做了什么,这人叫什么名字,其实都已经不重要。

不过,说到此,我以为我赋她小草之名,也是极为不合适的。依她而论,她可以叫草原,可以叫风沙,可以叫大漠,而唯独不能叫小草。

我以为她是高大的,甚至长得挺美!

愚人食盐

□赵盛基

《百喻经》中记载了一个愚人食盐的故事。

从前,印度有这么一个人,生性愚钝,游手好闲,人们背后都叫他愚人。有一天,愚人闲逛到朋友家,正赶上午饭时间,朋友留他吃饭,他也不客气,坐下就吃。可是,他并不把自己当外人,刚吃了一口就嚷嚷道:"这菜怎么做的呀?寡淡无味,真难吃。"朋友赶紧拿来盐罐,取一勺放进了菜里,搅拌均匀。那人尝了一口,品品滋味后说:"呀!好多了。原来美味是在盐里啊!"于是,他一边吃一边不停地往菜里放盐,还不住嘴地说:"嗯!好吃,好吃。"直至吃了个干干净净。

晚上回到家,母亲已经做好了晚饭。母亲把饭菜端上桌,可是愚人并不感兴趣,一口都不吃,而是大声地问母亲:"有盐吗?咱家有盐吗?快拿来。"母亲不知何故,赶紧拿出盐来给他,他便有滋有味地一口一口吃起盐来。母亲看傻了,感到奇怪,就问:

"儿子啊,你怎么光吃盐不吃菜呢?哪有像你这样吃饭的?盐不能空口吃啊!"他不但不听母亲的话,反而美滋滋地说:"难道你不知道天下的美味都在盐里吗?我是在吃美味啊!"说话间,母亲拿出来的盐就被他吃光了。他咂咂嘴,还感到意犹未尽。

结果可想而知,不多一会儿,他口渴难耐,七窍生烟,连味觉都丧失了。

俗话说:"好厨师一把盐。"说的是好的厨师懂得盐与食材如何搭配,搭配恰当,才能做出咸淡适宜、可口的美味佳肴。由此可见,盐的确是制作美味必不可少的佳品。需要谨记的是,适当,才是美味;不当,会败坏美味;单独把盐当成美食,那就是天方夜谭、愚不可及了。

天下事都是如此,凡事有度才能随心所愿,过犹不及必事与愿违。

你没问谁是我的仇人啊

□张 勇

《左传》中记载了这样一段真实的历史故事。春秋时期,晋文公重耳想派一个得力的人去镇守西河,他征求大夫咎犯的意见。咎犯毫不犹豫地推荐了虞子羔。晋文公颇为惊讶地说:"虞子羔不是你的仇人吗?"咎犯说:"您不是问我谁能够镇守西河吗?并没有问谁是我的仇人啊!"晋文公十分感动,觉得咎犯的举动非常难得。虞子羔也感动不已,他对咎犯说:"谢谢您对我的宽容,向君王推举我!"咎犯说:"用不着谢呀!我举荐你是公义,怨恨你是私情,我总不能以私情而害公义!"

咎犯与虞子羔的仇是私仇,而为国举贤却要出于公心。为了国家的利益,理应将私仇放在一边。道理谁都晓得,但要做到,实在不是一件容易的事。当时的晋国应该是有这样一种好的传统。襄公三年,晋国的国君问祁奚,待他告老后,谁能够接替他的职位,祁奚推举众所周知的他的仇人解狐,果然解狐很好地承担了这个职位。后来解狐死了,国君又问祁奚,现在谁可以胜任。他又推举自己的儿子祁午坐了这个位子,祁午的工作能力也得到了很多人的认可,这段被千古流传的佳话就是"举贤不避仇,举贤不避亲"。

《世说新语》中记载,东晋时期的郗超,本与谢玄的关系不好。北方的前秦首领苻坚正率大军南下,形势严峻,朝廷打算起用谢玄,然而官员们纷纷反对,这时郗超却力挺谢玄。他说自己曾与谢玄共事,谢玄很会用人。即使是小事,他也总是人尽其才,安排得非常妥帖。事实证明了郗超的正确。淝水之战中东晋大胜,创造了以少胜多、以弱胜强的有名战例。

唐太宗论举贤有言:"君子用人如器,各取所长。古之致治者,岂借才于异代乎?正患己不能知,安可诬一世之人。"为政之要,唯在得人。自太宗以后,人们在对"贞观之治"形成原因的分析中,无一例外地认为唐太宗的用人政策堪称高明。太宗的用人之道,直接影响着后来的继任者。尤其难能可贵的是,明明举荐了仇人,还不想让他知道。

武则天当权的时候,狄仁杰与娄师德都是宰相,但两人关系并不好,狄仁杰在较长时间里一直排斥娄师德。有一天,武则天问狄仁杰:"朕重用先生,先生知道原因吗?"狄仁杰回答说:"臣是靠文章、道德取得官位的,并非碌碌无为、因人成事之辈。"武则天沉思了一会儿说:"其实我并不了解你,你被重用,是娄师德出的力啊!"于是让人把装奏折的箧子拿来,从中取出十几份举荐的奏章交给狄仁杰,原来这些都是娄师德写的。狄仁杰看过后,当即承认过错,出宫以后,狄仁杰对人说:"真没想到娄公能这么宽容我,而且他从来没有一点自得的神情啊!"

推举和自己有嫌隙或者自己的敌人,说明胸襟开阔。被推举的人不因公徇私,即便是举荐自己的人的事,也不"走私",才更能看出双方都是公而废私。

北宋时期,山东一带多有兵变,这些人啸聚山林,聚众为匪。有些州县的长官见乱匪势强,不但不去镇压,反而开门延纳,以礼相送。后来朝廷派范仲淹、富弼等人严查此事。富弼是范仲淹的学生,早年得到范仲淹的大力举荐，有师生之谊。富弼对范仲淹说："我看这些州县长官拿着朝廷的俸禄，竟然姑息养奸，形同通匪，都应定死罪，不然今后就没人再去剿匪了。"范仲淹则说："你不知道啊，土匪势强，远在山林，难以围剿，地方政府兵力不足，贸然围剿，只能是劳师伤财，让老百姓白白受苦罢了。他们按兵不动，以图缓剿，这大概是保护百姓的权宜之计啊！"富弼不同意范仲淹的看法，脸红脖子粗地与自己的恩师争执起来。有人劝富弼："你也太过分了，难道忘了范先生对你的大恩大德吗？"可是，富弼回答："我和范先生交往，是君子之交。先生举荐我，并不是因为我的观点始终和他一致，而是因为我遇到事情敢于发表自己的看法。我怎能因为要报答他而放弃自己的主张呢？"范仲淹事后说："富弼遇事有主见，不随便附和别人，我欣赏他，就是因为这呀。"

以善理过

□ 于文岗

王烈，东汉时期的风云人物。青年时在陈寔门下学习，以道德楷模著称乡里。

有个偷牛的被抓住，向牛主人认罪："判刑杀头都心甘情愿，只求别让王烈知道。"当然王烈最终还是知道了，还特意派人看望他，赠以布匹。有人问这是为何。他说："盗惧吾闻其过，是有耻恶之心。既怀耻恶，必能改善，故以此激之。"后有老汉遗剑于路，一路人见而守之，至暮，老汉还，寻得剑，觉得奇怪问其姓名，原来就是那个被王烈善待的偷牛人。那时，牛是重要的生产资料。偷牛被抓，是件大事儿，理当严惩。可王烈不仅不打不杀，还赠送布匹。当然，王烈不是滥施善行，而是得知此人有"耻恶之心"，便施以善的强刺激，勉励其悔过向善。

外国也有类似做法。著名的"纽约面包偷窃案"，说的就是一位老太太偷窃面包，为了喂养几天没吃到任何东西的三个孙子。得知原委后，旁听席上的市长及众人为其代缴罚金，这也是在以"善"理过。而且，从老太太的过错中，治理者发现"管治也有错"，进而找出"善"的治道。故事大都熟知，此不赘述。

以上两位"犯事者"，前个因过错者知羞耻，后个因犯错源于饥饿，均被善待。由此看来，惩处过错不只有严酷的责罚，也可以有温情的对待。当然，这种善理是有条件的。只是现实中以"善"理过毕竟不多，从人们的过错中找出"善"治之方者更是凤毛麟角。

人都有向善的心愿。《菜根谭》中有言："攻人之恶毋太严，要思其堪受；教人以善毋过高，当使其可从"，意思是说责备别人过错不可过于严厉，要顾及对方能否承受；教人为善不要期望过高，要考虑别人能否做到。故而惩处知错悔过者的小错小过小节，要特别注意在法律的框架下，善理过错，务求善果。即从"与人为善"的愿望出发，处理人们所犯过错，要给悔过机会而切忌一棍子打死，最终达到既"惩前毖后，治病救人"，又减少结仇积怨、利于社会和谐的结果。

前述故事中，众人都做到了"责毋太严"与"教毋过高"，且有所发挥。常讲"善的循环"和把"善的雪球滚大"的故事，无不是善教善政的种瓜得瓜，这正是老子"其政闷闷，其民淳淳"之境界。

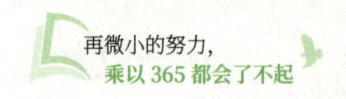

爷爷的花园

□ 韩茹雪

爷爷有一座花园，我从来没见过。他说自己会在每个晴天的午后，一个人到那里转转，再一个人走回去。

花园属于老家当地医院，爷爷将近90岁，患有高血压，最近几年平均下来，每年他都要在那里住两次院，每次大概10天。

他可不愿意仅仅为了干巴巴地多活几天而牺牲一根烟赠予的好心情，加之没有肺部相关的紧迫问题，这点自由他便一直收着。

说起这些，我和爷爷正在去医院看望奶奶的路上。奶奶和爷爷同岁，那是她2022年第三次住院、第二次手术，胃穿孔。看望奶奶的前一天，她刚从急救室出来。这几次手术，爷爷都会去看她。以前每次去看奶奶，她都嘱咐："早点回家，一会儿天黑了。"那次不一样，她罕见地拽着爷爷的手，"再坐会儿吧，别走那么急。"相伴几十年，话早说尽了，沉默良久后，奶奶问，"你俩今天中午吃了什么？"

我和爷爷都以为那次会发生什么，但谁也没开口，半个月之后，奶奶出院了，这被大家庭视为2022年的最后一次胜利。在奶奶住院的日子里，爷爷心里记挂，但他总怕麻烦别人。

有次爷爷住院，一天吃完早饭，他觉得身体好些了，一个人从医院走回了家，那大概需要半小时。奶奶走到客厅，看到沙发上的爷爷，吓了一跳。

现在调了过儿，爷爷在家、奶奶在医院，我就每天打车带爷爷去看奶奶。相处的日子长了，自然知道何种发问是真诚的，"我要去医院，一起吗？"

爷爷听完，起初试探性地抬起眼睛，他的眼睛早已不再黑白分明，有种年岁过老的浑浊，"会不会麻烦你？"

我再次肯定，"我肯定是要去的，一起吧。"

他一口应允。问的次数多了，几乎每次都是下午4点左右，后来再问的时候，他总是早早穿好整齐的外套和鞋子，在家等着我，但从来不主动开口。

那次看完奶奶，回去的路上我和爷爷聊天，说能成为爷孙俩是缘分一场，和意外相比，年岁也算不得什么，谁先走都不要紧的，都不怕，我们都不会忘记对方的。

这听起来有些过于流畅和不可思议，但只有两个人的时候，我们真的这样聊天。和爷爷聊过很多话，也听他说过很多话，从我很小的时候、还听不懂太多话的年纪开始。

关于小时候的记忆中，爷爷总是能找到花园。我出生在1993年，计划生育政策在上，作为"超生"的娃，出生前的艰难自不必说，出生后很长一段时间，这都是整个大家庭的秘密。

叔叔家有个比我大两岁的堂姐，怕她年纪小出去乱说，起初几乎不让她知道这个"秘密"。父母上班的时候，奶奶多带堂姐，而我则是从婴儿时开始，就由爷爷负责白天照看，后来自然变成爷爷照顾我的时间多。

我能想到的最早的记忆，就是和爷爷一起的日子。只要晴天，他就会在午觉后带我出门走一走，那便是记忆中最初的爷爷的花园。

小路边、沟渠旁，春夏秋一年三季有花，我每次都要采几枝。互联网的出现是十年后的事情了，当时不知道很多花的名字，就自己给它们取。欣喜因这命名而加倍，参与感更强了嘛，物外之趣大概如此。

小孩子能模糊感受到"秘密"的存在。四五岁的时候，有次恰好我在家接到爸爸单位同事打来的电话，问我是谁，我给自己编了名字，说住在姨妈家。后来这件事被妈妈在很多场合讲过，以示自家孩子的聪明，但我不记得之前有没有人这样教过我。

还有一件事，也是很小的时候。那次是爷爷单位的人要来家里，听说后，我赶忙在人家进门前偷偷离开。后来妈妈听邻居说那时看见我一直在跑，过了很久，客人走光，家人找不到我，叫着名字才在一个储藏室后面发现我。那里很黑，小时候我最怕黑，不知道是大的恐惧掩盖了小的，还是从此开始懂得真正的恐惧。细节我早已记不清，只模糊记得跑了很久，屋子很黑。

大概也是这个"秘密"，让我总觉得一切可贵却又不可把握，总想留住什么。小时候看到喜欢的对象，恨不得一个包装外再套一个包装，一张简介旁再写一个简介，想着丢失了A还有B，只要有痕迹就不算真的丢了。很久之后，那些东西在一次次的搬家中早都不见。准确来说，不知道被放在哪里，或者说，我没有再翻开过。在时间的无尽流逝中，痕迹会被一遍遍剪除，留下的是本质。于我，童年就是那一簇簇给它们起名字的花。

那时候，走到有树荫的地方，爷爷会抽支烟，最早是他自己做的卷烟，后来是一种叫"哈德门"的很便宜的烟，两块多一包，后面又是别的，细节随时间流转，包括爷爷几十年经历的岁月变迁。

青年时，他去当兵，起初想做飞行员。招考环节有一项是把人放到一个机器上旋转，测会不会晕，他眩晕、呕吐，飞行梦碎了。不过，爷爷至今留着一张黑白照片，是他在飞机舷梯上拍的。爷爷在80岁之后，又搬了一次家——为了方便家人照顾，爷爷奶奶住到叔叔家的一处房子里，从前的照片都留在老屋。

爷爷念旧，跟家里人提过一两次，说老照片可惜了。但这显然不被视为一个老人最必要的问题，长久的照顾是成倍消耗耐心的，甚至到了最后，爷爷自己都觉得没必要拿了。翻开这几年的照片，都是彩色的，背景各有名胜。整齐的相册里，有爷爷小心收藏的三五张黑白小照片，也许是哪次回老屋拿来的，如今放在尺寸并不合适的相册里，晃晃悠悠。

往事像花朵一样存在于他的岁月中，后来被记载为宏大的事件，当时无人知晓其姓名、其是非。每每聊到过去，我想他一定在心里点了根烟，不然怎么吐得出那般遥远？

上个月，爷爷因肺部感染再次住院，住的是他熟悉的老年科室，没几天他就憋不住了，想抽烟。但通往原先花园的路没了，他指给我看，一根铁链锁在两扇玻璃门中间。爷爷只好戴着口罩在室内走廊散步，聊作锻炼。

他在衰老的路上走了太久，久到不得不承认衰老已经降临。意识到这一点，我仿佛看见他又坐在花园里，回望时间的流逝，也回望其间自己的身影。看见是有限的，回望是无限的。在混乱与安宁的交错往复中，在越来越少的痕迹与细节中，命运的本色尽显。

半个月后，爷爷出院，正值北方严寒，春节近在眼前。家人带了厚厚的外衣，直接在就诊大厅门口接他，上车、回家，没有经过任何花园。

选择

□李元胜

我选择微弱的
看不见火星的爱
我选择回忆，而不是眺望
像一座谨慎的博物馆
只把你的一切一切
在新的一天重新擦拭、收藏
我选择躲避
一个人翻看冰雪之书
我的曾被春天的蜂群蜇痛的手指啊
我选择顺从
不是向命运
而是向因为回忆而繁茂的心灵
它在喃喃自语
像风中的树叶簌簌作响

颜回的智慧

□ 张绪山

据《史记·孔子世家》中记载，为了推行治国理想，孔子带领众弟子周游列国。后来，他们受困于陈国与蔡国之间的荒野之中，困顿与疾病交加，十分狼狈。孔子知道弟子们心中有怨气，便想考验一下他们，并借此了解他们对自己学说的看法。孔子问：我们不是犀牛也不是老虎，却要在旷野上疲于奔命，难道我们的学说不对吗？为何竟要沦落到如此地步？（"诗云：'匪兕匪虎，率彼旷野。'吾道非邪？吾何为于此？"）

从逻辑的角度，回答这个问题，有两个入口：一是孔子的学说本身，一是外在的社会。而弟子们的回答无非有三：一是孔子的学说不完美，孔子的学术不适于那个社会，故不需要孔子的学说；二是孔子的学说是完美的，那个社会是邪恶的，孔子的学说不见容于那个邪恶的社会；三是孔子的学说不完美，那个社会是邪恶的，二者不相容。孔子及其弟子认为自身所处的时代为"礼崩乐坏"，列国社会纲常失序，混乱不堪，需要孔子的主张来挽救各国败坏的社会，所以第一个选项可以直接排除，弟子们的回答只能从后两个回答中选出。

在孔子的弟子中，子路以刚勇正直、鲁莽粗犷著称，有时不顾及孔子的脸面，对孔子见南子都敢甩脸报以颜色，是个直率而思考力不强的人。由于孔子所问（吾道非邪？吾何为于此？）是针对自己的学说，子路的回答也很直接，说："大概是我们还没有达到仁吧！所以别人不信任我们。大概是我们还没有达到知吧！所以别人不实行我们的学说。"（子路曰："意者吾未仁邪？人之不我信也。意者吾未知邪？人之不我行也。"）子路的这个回答，将症结归于孔子的学说，自然令孔子不快："这算什么缘由！仲由，我打比方给你听，假如仁者就必定受到信任，那怎么还会有伯夷、叔齐？假如知者就必定能行得通，那怎么还会有王子比干？"（孔子曰："有是乎！由，譬使仁者而必信，安有伯夷、叔齐？使知者而必行，安有王子比干？"）在孔子看来，是那个社会有病，而不是自己的学说与主张存在问题。但问题是，一种学说不能被社会接受，不能适应社会，如何算得上完善？但人之本性是喜欢听赞美之词而厌恶批评，即使聪慧如孔子也不例外，他不会认为自己的学说有问题。

子贡的回答比子路的高明，他首先肯定老师的学说，说："老师的学说无比弘大，所以天下没有国家容得下您。老师是否可以稍微降低一点标准呢？"（"夫子之道至大也，故天下莫能容夫子。夫子盖少贬焉？"）夸赞老师的学说自然让孔子开心，但要他把学说通融一下以适应那个卑下的社会，这显然也不合孔子的脾胃。孔子说："赐，优秀的农夫善于播种耕耘却不能保证获得好收成，优秀的工匠擅长工艺技巧却不能迎合所有人的要求。君子能够修明自己的学说，用法度来规范国家，用道统来治理臣民，但不能保证被世道所容，如今你不修明奉行的学说，却去追求被世人收容。赐，你的志向太局促了！"（孔子曰："赐，良农能稼而不能为穑，良工能巧而不能为顺。君子能修其道，纲而纪之，统而理之，而不能为容。今尔不修尔道而求为容。赐，而志不远矣！"）孔子以"良农能稼"与"良工能巧"来比喻自己的学说，显示出对自己的学说的自信。但一个有心治理社会的人，不考虑自己的学说能否被社会接受即社会实用性，而仅仅追求学说上的所谓"圆满"，这至少是缺乏政治智慧的表现。但孔子对自己的学说信心满满，不愿降低标准去适应社会，所以对子贡的回答也不满意。

颜回是孔子最喜欢的弟子，悟性极高，他的回答果然高于同侪。颜回说："老师的学说极为弘大，所以天下没有国家能够容纳。即使如此，老师推广而实行它，不被容纳怕什么？正是不被容纳，然后才显现出君子本色！老师的学说不修明，这是我们的耻辱。老师的学说已经努力修明而不被采用，这是当权者的耻辱。不被容纳怕什么？不被容纳然后才显现出君子本色。"（"夫子之道至大，故天下莫能容。虽然，夫子推而行之，不容何病，不容然后见君子！夫道之不修也，是吾丑也。夫道既已大修而不用，是有国者之丑也。不容何病，不容然后见君子！"）颜回的回答实在高妙：在赞美孔子学说的同时，将各国的社会现状痛快淋漓地贬斥了一番，不露声色地道出孔子学说的伟大，让孔子终于等到了自己希望的回答，动情地说："有道理啊，颜家的孩子！假使你饶有家财，我给你当管家。"（孔子欣然而笑曰："有是哉，颜氏之子！使尔多财，吾为尔宰。"）这哪里是老师对弟子说话的样子？！很显然，喜出望外之下，孔子有点激动，几乎忘记自己极力主张的尊卑长幼的秩序了。

颜回的回答，没有像子路的回答直接怀疑孔子的学说，而与子贡一模一样，都是夸赞老师的学说，但他没有像子贡一样，要求孔子稍微降低一点标准以求得诸侯接纳，而是接着夸赞说，老师的学说不被接纳，正说明是君子之道；如果老师的学说不修明，是我们的耻辱，不见容于君主们，是他们的耻辱。老师的学说不被接纳，才显现出君子本色。这样的回答，怎能不让孔子心花怒放，交口称赞"贤哉回也"呢？

签 名

□姚秦川

马里奥·略萨是秘鲁著名的作家和诗人。有一年，他搭乘前往西班牙的航班，一位年轻人在经过他身旁时惊喜地叫出声来。显然，年轻人认出了眼前的乘客是大名鼎鼎的作家，随后请他签名。

年轻人拿出包里的《百年孤独》交给略萨，激动地说："您的《百年孤独》是我这辈子读过的最棒的小说。这次能遇到您，实在太令人高兴了。"略萨在那本《百年孤独》上签下自己的名字，把书合上，还给年轻人，并感谢了那位读者的热情。

坐在略萨身边的一名男乘客将一切看在眼里。他微笑着问略萨："显然对方将您当成了《百年孤独》的作者加西亚·马尔克斯，您为何不当场指出来呢？"略萨很有风度地一笑，幽默地回答道："为什么要指出来呢？难道还有比受邀给他人的书签名更令人开心的事情吗？"

我想，一个人对文学的热情，需要呵护；越是优秀的作家，越懂得这一点。

会 来

□ 吴丽华

"喂——你会不会来呀？"小伙伴们踮起脚尖，双手拢成喇叭状，向对面的身影喊道。

大声叫喊"会来——"的还是这群人，嘻嘻哈哈，拖着嗓音怪叫着。

会来扭转身体，并不恼，还傻愣着对大伙笑。大家越是叫得欢，他越是笑，脸都红了。

他也想加入他们的游戏，却只能发出"啊——啊——"的声音。他害羞地垂下了头。那双肥大的球鞋蹭倒一片又一片小草，他看着浓绿的汁液从草间流出，心里有一种莫名的兴奋和快感。他多想把心里的话也这么畅快地说出来呀。

不知过了多久，他猛然发现，聚在身上的那道金光不见了。会来的心里一阵慌乱，就像丢掉了一件心爱的衣裳。他四下瞧了瞧，树木、草地、牛背、小河，都脱掉了金衣裳，而那些小伙伴，早就骑上牛背远去了。

会来又笑起来，对着正专心啃草的牛傻傻地笑起来。他心里说，牛啊，我们可以回家喽！嘴上说不出来，但那意思就跟他手上的鞭子一样，明摆着。

然而牛不乐意。它使劲把头埋在草丛中，大口大口地啃着。会来只好将牛绳挽在手上，又背上了肩膀，像拉纤一样拽着牛鼻子走出草地。

村庄枕着一条小河，躺在碧树的怀抱中。炊烟袅袅，会来的目光随着炊烟向上升，鼻息间的烟火气慢慢变成饭菜香。

吃饭的时候，会来家传出尖厉的叫喊声、怒狮般的嘶吼声，还有"啪啪啪"的捶打声……

七岁的他，那么茫然地蜷缩在屋外的一角，双手抱着膝盖，呆呆地看着地上的灰土。他甚至不知道自己为什么挨打。是牛没有吃饱，是不小心摔坏了一只花边碗，还是肚子太饿吃相不好看？或者，他们根本就嫌弃他，觉得他多余？

我走到他面前，他一抬头望见我，那傻傻的笑容又回到脸上，还带着一道道的泥沟。亏他还笑得出来！难怪别人都说他是个傻子，不跟他玩呢。我有些难过。

就在那一年，我挂蚊帐的竹竿上多了一个绛红色的皮书包，是父亲托人从汉口买来的。我要上学了。每天早晚，我都要把它取下来，里外摸一遍。

有一天我取下书包，手居然摸到一道大口子。我吓了一跳，心像被蜜蜂蜇了似的生疼，眼泪吧嗒吧嗒地掉在书包上。窗外传来响动声，我飞奔出门，只看到会来笨拙的背影。

我怀疑就是他破坏了我的新书包，只想着怎么报复他。我不敢找他打架，因为他粗胳膊粗腿，看起来力气就很大。而且他的头发那么短，脑袋也溜圆——我看到很多男生打架都喜欢用头顶对方，或者揪住女孩的长辫不放。那样，瘦小的我可要吃亏了。

终于，在一个寂静的下午，我来到他们家后院。我发现，墙砖松动，还掉了几块。我试着爬进去，看到了结着颗颗青果的梨树。一时间，我恨恨地想，我要摘掉这些果子，让他们吃不到甜爽的香梨。

梨树高大，我只能够到低矮枝丫上的几颗。就在我脱掉鞋准备上树时，一声狗吠，后门噼里啪啦地响起来。我想都没想，趿上布鞋拔腿就往院墙边跑。及至墙脚，我回头一看，惊呆了。

一只半人高的大狼狗，一边狂叫，一边上蹿下跳，眼看就要扑上来了。一道铁链紧紧地拴在它的脖子上，另一头挽在会来的手腕上。我看到他的身体死死地贴在地上，手腕处渗出鲜血，手仿佛都要断了！

我慌忙翻身上墙，一只鞋被狼狗一口咬住。地上，三三两两的青果子一路散开，不知道是什么时候从我的包里蹦出来的。我身体瘫软，刚着地，那只鞋就"啪"的一声落在身边。我倚着墙根向上望，只看到一片惨白的云朵。

这件事之后，我再也不想理他了，连看都不想看他一眼。再听到他挨打的声音，我也不觉得伤心难过。哪怕他救了我，我也不感激他。我知道，他就抱着他刚出生的小弟弟站在不远处朝我这边看，我装作不知道，埋头写作业，或者大声读书。

一学期后，有人说在学校里见过会来。他那胖乎乎的皮球脸，傻里傻气的憨笑，还有那双紧贴窗子的黑"熊爪"，无不让人生厌。

再后来，发生了一件奇怪的事情。在上下学的路上，总有一个疯子抢学生的铅笔和本子。有人认出，那个人就是会来。

许多人去他家告状。他的家人在一个隐蔽的角落里找到一个装满纸笔的小盒子，铅笔都秃了，本子也被涂得乱七八糟。

我听到了鞭子的抽打声。一股冷风穿堂而过，让我不由得打了个哆嗦。我好像又看到了他拽住铁链时憋得乌紫的脸，挤得只剩一条缝的眼睛，还有那双眼里生出的光。我忽然间明白了，他也想读书写字！

我拿上纸笔，递给缩在墙角的他。他竟然又傻乎乎地咧开嘴冲我笑，好像刚刚被打的人根本不是他，但我分明看到他裸露的皮肤上新旧交错的伤痕。

记得那是个星期五，我蹦蹦跳跳地回家去，手上还捏着一把收集来的短铅笔，打算送给会来。刚到家，奶奶就告诉我，会来家出事了，他两岁的弟弟掉进河里淹死了。他妈哭晕了好几次，醒来一个劲儿要往河里跳。

"那，会来呢？"我一心惦记着他。"这孩子，不知道跑到哪儿去了。一天到晚只想着在外面乱飘，把他们家好不容易盼来的命根子都丢了哟！"奶奶的话像石头一样砸在我心上。

那些天我总梦见会来，梦中的他不再对我笑。

等有人在草垛中发现会来时，他已经完全傻了，面无血色，目光呆滞。他看到我，就像看到空气，我心里生出一股巨大的悲哀。

最后一次见到他，是他生命里最美丽的时刻。

我看到他安静地躺在竹排上，身上穿着一件粉红色的细纱裙。洁白的袜子、朱红缎面的方口鞋包裹着他的脚。他的头发梳得整整齐齐，头顶揪起一个小辫子，还扎了一个漂亮的蝴蝶结。

我看到一个婶子给他描过眉毛，又画嘴巴。会来，为什么会是这般模样？

此时，我才知道：会来，本就是一个女孩子。

会来有三个姐姐，她妈妈怀她时，算命的告诉她，这一胎准是男孩儿。失落的家人从此寄予更大的希望，给她取名"会来"。

是的，该来的一切都会来！

多年以后，我站在金色的夕阳下，踮起脚尖，双手拢成喇叭状对着天空喊："喂——你会不会来呀？"

"会来！"清脆的回答，像一条青鱼跃出水面，画出一道美丽的弧线，像极了她短暂的一生。

月光之盏

□ 王志国

没有风，一切归于寂静
那个披着寒光赶路的人
他身后的道路是白银的匹练
他内心的迟疑，是暗处无法照亮的阴影
是的，我们都是月光忠实的子民
被清冷的光照耀
受月光之盏里倾泻的白银浸润
我们在月光下行走、生活、繁衍后代
我们是一粒粒被照亮的卑微尘埃
既不悲伤，也无忧愁
我们总是习惯于在这样的照耀里
把生活的阴影
从内心移到身后

聪明的两面

□ 刘江滨

如果有人说你聪明，你是不是很高兴？聪明，耳聪目明是也，反应快，脑瓜灵，自然是个褒义词。必须承认，人有聪明和愚笨之分，智商有高低之别。上学时，聪明的孩子，老师一教就会，而笨孩子，教了十遍也不开窍。所以，到考试时，差距就显出来了。

《世说新语》中记载，主簿杨修有一次随丞相曹操路过曹娥碑，见背面写着八个字："黄绢幼妇，外孙齑臼。"曹操问杨修："知道啥意思不？"杨修说："知道。"曹操说："你先别说出来，待我想一想。"走了三十里，曹操想出来了，两人分别写了下来。杨修解释道，黄绢乃色丝，是绝字，幼妇乃少女，是妙字，外孙乃女儿之子，是好字，齑臼乃受辛，是辞字，合起来就是"绝妙好辞"。与曹操所解完全相同。曹操感叹说，我走了三十里才想出来，我的才不及你啊。曹操乃雄才大略之人，但从聪明程度来说，比杨修差了三十里。

《世说新语》中还记载，一次天降大雪，谢安问身边的侄子谢朗、侄女谢道韫，这白雪纷纷用什么形容好呢？谢朗云："撒盐空中差可拟。"谢道韫云："未若柳絮因风起。"谢安大笑予以首肯。从此，谢道韫声名大噪，人称"柳絮才"。显然，形容雪花，"柳絮"比"撒盐"高明多了，谢道韫可谓冰雪聪明。

谁都喜欢聪明。爹妈给个好脑瓜自是求之不得，考学、工作及为人处世，哪个不需要聪明加持？事半功倍啊。人们也愿意和聪明人打交道，一个眼色，一个手势，都能心领神会，达成默契；如果遇到笨人，能把人急死，甚至坏了大事。

然而，且慢！有人说你聪明的时候，你得警惕，这不见得是夸你呢！因为聪明不全然是褒义词，有时也有些贬义色彩呢。且不说言语时的意味深长或眼神闪烁，至于"小聪明"或"太聪明"，就像炎夏放馊了的豆腐，已完全变了味。聪明，成了显摆、算计、小心眼、耍手腕的代名词。"聪明反被聪明误"，说的就是这个。

杨修是聪明，但聪明过了头，绝了顶，也就绝了命。那次，他听说当夜的口令为"鸡肋"，立即开始收拾行装。别人不解，他解释说，鸡肋鸡肋，食之无味，弃之可惜，丞相进不能胜，恐人耻笑，明日必令退兵。曹操闻之大怒，妄揣我意，动摇军心，推出去，斩了！其实，杨修还真是猜到了曹操的心思，一个"鸡肋"，别人懵懂无知，他心有灵犀，太聪明了。但是，杨修是典型的"聪明反被聪明误"，如果他洞悉曹操所思，只是悄悄收拾行装，不着行迹，看破不说破，脑袋就不会搬家。

《红楼梦》里，要说聪明，恐无人能敌王熙凤。她虽没啥文化，却精明强干，口齿伶俐，八面玲珑，上下通吃，在贾府可谓呼风唤雨、风头无二。然而，"机关算尽太聪明，反算了卿卿性命"，书中第五回的《聪明累》这支曲子，说的就是她——算来算去，下场凄惨，丢了小命。

人聪明是好事，却最易犯四种错误：一是显摆，虚荣心作祟，手有珠玉安肯秘之匣中？人一旦比别人聪明，难免招摇，邀人点赞、伸大拇哥。如此，柳絮才会变作柳絮身，轻飘浮夸；二是骄傲，恃才傲物，鼻孔朝天，牛气哄哄，不把别人放在眼里，如此，便会自我孤立，招人嫉恨；三是算计，聪明人悟性好，反应快，一事当前易为自己打算，小算盘噼啪啦，却往往步入窄胡同，甚至死胡同，失掉了大局；四是偷懒，聪明人事事看得明白，看得清楚，便会想着法儿省事，走捷径，不肯下笨功夫，结局往往如龟兔赛跑中的兔子。

所以，在这个世界上，被诟病的常常是聪明人，许多时候获赞的反而是笨人。比如，最有名的例证便是《愚公移山》。聪明的智叟，被世代嘲弄，而埋头苦干的笨人"愚公"成为彪炳千秋的精神偶像。鲁迅有一篇《聪明人和傻子和奴才》，也赞扬了傻子的直率抗争，批判了聪明人的圆滑虚伪。在鲁迅笔下，聪明人成了被针砭的对象。

聪明过了头实为愚蠢，"耍聪明"更是拙劣的表演。真正的大聪明是高级的"智慧"。聪明往往是外露，而智慧则内蕴其中，甚至"大智若愚"，冒点傻气。聪明是上天赐予，而智慧却是千锤百炼乃成。聪明是"术"，智慧是"道"。聪明只是河流，而智能却是容纳百川的大海。

我有两个亲戚：一个聪明伶俐，能说会道；一个憨厚老实，木讷嘴笨。当年全民经商的时候，两人同时下海闯荡。数年后，两人的结局令人大跌眼镜：那个憨的反倒腰缠万贯，成了当地有名的富人；那个精的却两手空空，缠身的不是财富而是疾病。个中缘由，想必读者大都猜得到。

上天赐予你聪明的脑袋，你却用来装糊涂，聪明一时，糊涂一世。

聪明是一枚硬币，一面写着褒义词，一面写着贬义词——用哪面，取决于你的智慧。

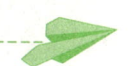

一块石头的旅程

□ 大 解

有一块百斤重的石头，特别向往远方，于是来到河流的中心，随着波浪向前滚动。多年以后，当它到达河流的下游时，已被严重磨损，成了一颗麻雀蛋大小的石子。

又过了许多年，它被磨成一粒沙子，最后变成了一粒尘埃。有一天，我在飞机上看见它正在一万多米的高空飞翔。这时，它几乎已经失去了体积和重量，不需翅膀便可遨游天空，仿佛是风的一部分。

后来，我在显微镜下又见过它一次，当时它正在回忆自己的一生。它想起了自己从山体上轰然崩塌，然后在河床里滚动了无数年，被不断地磨损，一点点分解，直至还原为尘埃。它对自己的一生非常满意。

看到这里，我用放大镜把这粒微尘放大为一块岩石，并做成照片，挂在墙上。它就像一座尚未风化的悬崖，充满张力，似乎随时都可能崩塌，但又是那么沉稳、坚硬，除了它自身，仿佛没有什么力量能够将它摧毁。

饭菜里的智慧

□ 张富国

常人的眼里，一碗饭，需配着几道菜肴围聚，外加汤羹。那局势，恰如朝堂之上，君临大臣一般。用餐时，每道菜，手擎饭碗，则要轮番夹来，一一佐饭而下。饭菜饭菜，再盛大的宴席，再好的菜肴，若无一饭垫底，恐怕也算白吃。

于是，地位不同，饭菜性格也大相径庭：饭食本分，饱人肚腹，养人身体，没有别的要求；菜食就花哨得多，格外讲究色、香、味、形俱全，甚至忘记佐食之本，喧宾夺主。在有些人的眼里，菜食的珍粗贵贱，更是食者身份地位的象征：富人食珍味奇，贫者菜根果腹，菜肴总被势利一番。显然，饭菜的主次角色定位，人是真正的导演。

是的，人生是个大舞台，主角、配角相约出场，哪会一成不变？现在人们用餐，传统似乎崩塌，以吃菜为主，主食成了佐菜之食。山珍海味、玉盘珍馐，看名一款款软语细报，飘然而至。食客觥筹交错，醉眼迷离时，或随意塞两三个水饺、挑一两筷面条，或以果品代主食，或主食未上、席已散场，大有舍饭逐菜、舍食逐味之势，还管什么舍本逐末？！

聪慧之人摆布饭菜，能考虑到形象、演技、能力、性格的差异，角色自然各安其位。像"凡菜必可蒸"的蒸菜，从初夏吃到霜降的，便是红薯叶蒸菜。红薯是饥馑时的救命粮，叶子也一样，肥厚的叶片，翠嫩的芽尖饱含乳液，滋养着一代又一代人。择下叶柄，淘净晾晒，干到七八成时，摁到面盆里，均匀地和上面粉，摊在箅子上蒸。蒸汽饱和了水香和菜香，淋点备好的香油，撒上黑芝麻盐，用锋利的小刀，把面饼状的蒸菜切下一块，蘸点醋，咬一口，连指尖都残留着香味。再配一碗鸡蛋茶，这道午餐吃得风生水起。

四川的"盖面菜"则不同：甘当配角，又能适时地充当主角，才会赢得自己的生存空间。川菜中的"甜烧白"和"咸烧白"，合起来叫"盖面菜"。甜烧白又名"夹沙肉"，切一片稍厚的连刀猪肉，一分为二，夹入红豆沙，皮朝下，如此铺满碗底，顶上盖一层加了红糖的糯米饭，上笼屉蒸。蒸熟翻碗，晶莹透亮的肥肉片里，紫红色的豆沙依稀可见。"咸烧白"咸甜味，待五花肉煮至八成熟时，把肉皮烙成黑红色。切片，浸过酱油、醋、红糖，码在碗里，均匀地铺上炒好的芽菜，蒸到软烂，快速翻碗。肉嫩条细，咸鲜回甜，以醇香闻名于世。只有做好蓄势待发的准备，主角、配角才能随时转换，脱颖而出，"盖面菜"成了川人智商和情商的考题。

当然，演足了配角的戏份，也可以像主角一样出彩。配角找好定位，补台而不抢戏，照样以经典示人。母亲做汤面用的下锅菜，其实不过几棵小葱、几根蒜苗，或者一小撮韭菜，切碎了，铁勺放点油，持长把伸进灶膛，油烧热，抽端出来，放进葱花、蒜苗碎或韭菜粒，用筷子一搅，再伸进灶膛里，反复一两次。铁勺里，只有核桃大小的一点菜，倒进汤面锅里，搅匀，成了下锅菜。这少得可怜的下锅菜，是溲熟的。这"溲"，精细而金贵，搅和得汤面的馥香扑鼻而来。这下锅菜，以一己之长，服膺汤面主角，不得不服。

饭菜里，饭食胸襟宽，气势足，有大局；菜食敛锋芒，淡名利，会补台，这样，大戏才能唱下去，唱出名堂。做酸菜饭的辅料酸菜中，榨菜最成熟。入冬后，扒去老叶，将鲜嫩翠绿的叶子拢起来洗净，一绺一绺放到开水里煮，手掐菜梗，软时起锅。放凉，码在陶瓷钵子里，掺浆水漫过菜叶，盖上盖子，不几天，青叶变黄，酸味泛起，煮饭时抓一把切碎，炒香码在锅底，倒上氽过的米粒或剩饭，文火烧，焖熟。开锅翻炒，晶莹的米粒裹上绿黄的酸菜，酸香四溢，十分馋人。

饭菜无常，和美为上，主角可以引吭高歌，配角亦能浅吟低唱。驾驭得主角，演活了配角，就能变戏法似的出人头地。现在想来，家常饭菜里，充满智慧：在他人的戏里做好配角，攒积底蕴，方能成为自己人生的主角。

人生如戏，哪儿有什么主次，全靠自己的投入！

祸从口出

□ 郭法章

读《太平广记》，其中有《永康人》一篇，作者涉笔成趣，读来耐人寻味。

三国时期，有浙江永康人进山遇到一只千年老龟，追而缚之。这时乌龟突然口吐人言："今天出门前没看皇历，竟然被你捉住，真是倒霉透了！"永康人觉得好生奇怪，便打算把乌龟运下山去献给吴王孙权。

一天晚上，运送乌龟的船只停靠在一个叫越里的地方，永康人把船系于一棵大桑树上。夜半时分，老桑树首先打破沉默："乌龟兄，你怎么弄成这个样子了？"

"我被人抓住了，那人准备煮了我做肉汤。"乌龟深深地叹息一声，随后却又言之凿凿地自夸道，"不过我一点儿也不害怕，即使砍光了南山上所有的树木当柴烧，也煮不死我！"

老桑看乌龟有些自命不凡，遂提醒道："听说有一个叫诸葛元逊的人见多识广，他肯定有办法呢！"

老桑的提醒着实让乌龟吃了一惊！乌龟赶忙阻止住泄露天机的老桑："桑兄不要饶舌多嘴了，隔墙有耳，不然灾祸将降临到你我头上！"

第二天，永康人把乌龟运至京城，孙权下令煮龟，用了成百上千车的柴火，煮了几天几夜，乌龟却在大锅里谈笑自若。这时永康人突然想起那天晚上老桑树和乌龟的对话，便对吴王说，听说诸葛元逊见多识广，他肯定有办法！诸葛元逊是诸葛亮的侄子，才思敏捷，滑稽多智，其聪慧程度丝毫不逊于叔父诸葛亮。诸葛元逊献计于吴王："大王，像这种千年老龟必须用千年老桑树烧火才能煮熟。"

孙权派人到越里，砍掉了那棵千年老桑树当柴火，老龟很快便被煮烂了。现在越里古镇已成著名旅游景点，那个地方是否广种桑树不得而知。不过后来人们在烹煮乌龟时的确要添一把桑树枝。当然现在已经很少有人用桑树作柴了，大概都是用高压锅之类的厨具吧。

本来桑树与老龟八竿子打不着，最后却稀里糊涂地为老龟作了陪葬。桑树冤吗？其实说冤也不冤，谁让你口无遮拦，满嘴跑火车呢？"言多必失，祸从口出"，看来古训非虚，足以为后人戒矣！

一钱·一棋

□寒庐氏

清代沈起凤《谐铎》中记有一则故事：某秀才偶过延寿街，见一年轻人买书时掉落一枚钱，便抬脚踩住。年轻人走后，他弯腰拾起，据为己有。这一切，被旁边一长者尽收眼底。长者上前问其姓名后"冷笑而去"。秀才后来进了誊录馆，谋到江苏常熟县尉一职。"束装赴任，投刺谒上台。时潜庵汤公，巡抚江苏，十谒不得一见。巡捕传汤公命，令某不必赴任，名已挂弹章矣。"理由是"贪"。此人辩解，答复是："汝不记昔年书肆中事耶？为秀才时，尚且一钱如命；今侥幸作地方官，能不探囊胠箧，为纱帽下之劫贼乎？请即解组去，毋使一路哭也！"昔日冷眼相看的长者正是江苏巡抚汤潜庵。

一钱落职。或曰，这是某秀才运气不佳，更多的人也许认为这是小节，无关弘旨，汤潜庵太过吹毛求疵。

非也。这既体现汤潜庵一贯的清廉，还凸显其宅心仁厚，尤其是对百姓的爱护，可谓善莫大焉。诚然，若秀才未遇清廉、奉公、狷介的汤公，确实可能会春风得意地走马上任，然而，仕途之上欲壑难填也自不待言，诚如汤公传话时所说的，手中没权时"尚且一钱如命"，倘手握权柄，必定贪欲汹汹，如今果断阻断秀才的"大好前程"，便防范了他"探囊胠箧"成为"纱帽下之劫贼"，也就避免了其可能因贪下狱乃至人头落地的结局。这不是对他的保护吗？再则，果为"纱帽下之劫贼"，那黎民百姓还不"一路哭也"。所以，阻断一个贪官的仕途，也避免了百姓成为饕餮者口中的鱼肉，可谓救百姓于鲸口。

至于说"一钱落职"太过峻刻冷酷，也非所论。

一钱虽小，然而小节不小。

古人说："不拘小节，终累大德。""不矜细行，终累大德。"外国有民谣更形象，说："丢了一枚钉子，坏了一只蹄铁；坏了一只蹄铁，折了一匹战马；折了一匹战马，伤了一位骑士；伤了一位骑士，输了一场战斗；输了一场战斗，亡了一个帝国。""丢了一枚钉子"，确是琐屑小事，然而，演进之下，后果是"亡了一个帝国"。"一枚钉子"，其小乎？"一个帝国"又其大乎？

汤潜庵以某秀才的"一钱之贪"，便果断阻截其仕途，就是为防范"一钱之贪"演进为"一生巨贪"。"一钱落职"，固所宜也。

其实，"一钱落职"前，已有更加痛快淋漓的"一钱斩吏"。南宋罗大经《鹤林玉露》中载：张乖崖当崇阳令时，看见某库工从库房出来时鬓傍巾下藏有一钱，诘问后得知钱是偷出来的，就令棍棒惩罚。某库工还气昂昂地辩说："一文钱，何足道，你怎么能棒打我？就算能棒打，也不能杀我。"张乖崖提笔判道:"一日一钱,千日千钱,绳锯木断,水滴石穿!"终究还是把那库工斩了。崇阳人至今还在称扬,说"乖崖此举,非为一钱而设,其意深矣,其事伟矣"。

一钱没命。或曰,库工碰上了酷吏,死得冤。

非也。张乖崖斩杀库工,自是看到"一日一钱,千日千钱,绳锯木断,水滴石穿"之害,要杀一儆百,以儆效尤。崇阳百姓之所以称誉不绝,也是因为那里自五代以来贪墨严重,张乖崖此举,为的是扭转贪风,所以"意深""事伟"。

像汤潜庵、张乖崖这样的清廉、耿介之士,所在多有,或者说,他们也都是在追慕前贤视小节若珍宝的品格。唐代丁用晦《芝田录》中记有吕元膺的一则逸事,说他任洛阳留守时,某次与一欲做其幕僚的门客弈棋。吕元膺抽身批阅紧急公文时,门客以为对方无暇顾及,便"私易一子",顿使棋局大变,门客反败为胜。然而,门客棋局虽胜,人生之棋局从此而败。吕元膺从这枚棋子看穿其操守不正、行为不端,便果断令其"他适",那门客也已有所知晓,还想"以束帛赆之"而留下来,自然无济于事。这件事,吕元膺十分看重,十多年后竟至于作为临终遗言告诫儿侄:"吾为东都留守,有一棋者云云,吾以他事俾去。易一着棋子,亦未足介意,但心迹可畏。亟言之,即虑其忧慨;终不言,又恐汝辈灭裂于知闻。"

"一棋落职"的门客,显然也是"利小者必害于大"。

偷拿一枚钱、偷易一枚棋,确是"小节",然而,"丢了一枚钉子"般的"细行",终究要拖累、玷污"大德",小者落职,大者落头,更大者亡国。

一钱见人品,一棋见结局。还有谁会认为小节无关弘旨?

端直方正、疾贪如仇的吕、张、汤三公之所以十分看重和介意"一钱""一棋",且果断出重手,就是因为他们深知"不虑于微,始成大患;不防于小,终亏大德""千丈之堤,以蝼蚁之穴溃;百尺之室,以突隙之烟焚"。

汉代崇俭戒奢的思想家王符说:"慎微防萌,以断其邪。"吕、张、汤三公固其然也。确实,"慎微防萌",在于果断地"断"。今之秉职者自当竭诚效法,庶使某门客、某库工、某秀才们终无谋职晋阶、贪黩牟利之机。

亨利的金种子

口[美]亨利·比特纳 编译/乔凯凯

"亨利得到了一颗金种子!"小镇上的人都这样说。这不是谣言,尽管大家可能描述得不太准确。亨利确实得到了一颗种子,但它不是黄金的。这并不是说这颗种子不够宝贵,相反,它可能比金种子更加难得。它是一颗神奇的种子,据说只要种下一颗,就能结出丰硕的果实,足够小镇上所有的人吃好几年。

亨利花高价做了一个精美的胡桃木盒子,小心翼翼地把金种子放进去,并将盒子锁在一个隐秘又牢固的地方。除了亨利,没有人知道它在什么地方,包括亨利的妻子。亨利得意地说:"我敢保证,没有人能找到它,即使找到,也绝对没有人能打开它。"

亨利说得没错,后来有很多人试图找到被藏起来的金种子,甚至想要把它偷走,但是没有一个人成功。这颗种子像是没有被亨利找到过一样,消失不见了。

诗人之死

□冯 磊

一

《南史·谢灵运传》中，引述谢灵运的原话："天下才共一石，曹子建独得八斗，我得一斗，自古及今共分一斗。"句子的核心，不是曹子建独占八斗，也不是天下人共分一斗，是"我得一斗"。

谢灵运说这段话时，是在1600年前。他的这段话，让我想起了"池塘生春草，园柳变鸣禽"的诗句。这两句诗在我本科考试时，曾经遇到过。在考场上，我的脑海里浮现一幅画面：谢灵运站在城门楼上，端着一杯酒指点江山。他身后风云滚滚、时空变幻，谢氏庄园中杨柳依依，充满诗意。

很多文人不适合做官。文人性格敏感，往往恃才放旷，做事随意、无拘无束。结果，不仅误了自己，也害了别人。谢灵运的家世很好。他曾大兴劳役，自始宁南山伐木开道，把路修到临海去。始宁南山，是谢灵运的私产。跟着忙里忙外的，有几百人。当时的临海太守王琇以为是山贼前来偷袭了，惊慌失措。

这件事的做派，和宋徽宗玩花石纲有一拼。赵佶最终身死国灭，谢灵运最后也以叛逆罪被处以绞刑。他性格中的不羁，注定了一个文人的悲怆结局。据说他曾擅自处死门生，搞得自己被免职。当时，"老谢"已经34岁了。到了这个岁数，还凭借个人的好恶结束他人的生命，真不能说靠谱。

人性是很复杂的，比如贪婪、好色、敛财，都不是靠自控和道德约束可以解决问题的。比如李白，始终自我感觉良好，诗篇中到处都是宏大气象和远大抱负，但是在现实中几乎无法立足。

做官需要处理琐屑的事务，需要团队合作，需要亲力亲为。这就像写字，很多人读了几遍《兰亭序》，自以为做书法家就是这么简单。就是像张旭手持蟹螯，拿毛笔胡乱涂抹一下，没事跑到水边抒发一下情怀就可以了。这都是典型的外行。写文章和处理政事，以及书法练习，都需要专业训练。

二

谢灵运的往事，让我想到王尔德。

王尔德的父亲是名医，母亲是文人，家中常年宾客云集，"往来无白丁"。在这种环境中成长起来的王尔德，才华横溢、视野开阔，也心高气傲。据说，此公早年曾去美国旅行。过海关时，遭遇工作人员例行盘查。工作人员问："有没有东西需要保险？"王尔德回答说："除了天才，我一无所有。"

读到此不觉哑然失笑，"除了天才，一无所有"，和行李是否购买保险有多少关联？那海关的工作人员，可能真的不知道"天才"为何物。面对这位风度翩翩的男子，工作人员直觉像是遇到了怪物，目瞪口呆。

王尔德晚景凄凉，狼狈不堪。

三

诗人薛道衡的作品中，"暗牖悬蛛网，空梁落燕泥"一联，最为脍炙人口。他初仕北齐，齐亡入周，做过陵、邛二州刺史。隋取代北周后，他受到隋文帝杨坚的器重。总之，在遇到隋炀帝之前很得志。

炀帝即位后，薛道衡的日子不好过了。他从襄州总管任上被调去岭南。一年以后，薛道衡给皇帝写奏章要求退休。隋炀帝并不接受这个请求，据说他准备让薛道衡担任秘书监,算是重用。回到京城后,薛道衡给新帝献上了一篇《高祖文皇帝颂》,惹得隋炀帝心生不快。当时,有人私下里规劝薛道衡,希望他杜绝宾客,以此避祸。对此,老薛不以为然,继续议论朝政,最终被炀帝找了个借口杀了,连累得老婆孩子都被充军发配。

那一年,薛道衡七十岁,"天下冤之"。

以上,还不够戏剧化。《隋唐嘉话》中有一段文字写得很有意思:"炀帝善属文,而不欲人出其右。司隶薛道衡由是得罪,后因事诛之,曰:更能作'空梁落燕泥'否!"

因为才华而横遭不测,薛道衡和谢灵运都不是特例。唐代诗人刘希夷,曾经有"年年岁岁花相似,岁岁年年人不同"的句子。据说,他的舅舅宋之问读了此句后大为赞叹,以为绝妙。"舅宋之问苦爱后一联,知其未传于人,恳求之,许而竟不与。之问怒其诳己,使奴以土囊压杀于别舍。"

如果说薛道衡之死是因为自己不谨慎、不通透,谢灵运之死是因为瞎折腾,那么刘希夷之死则是典型的"怀璧其罪"和"躺枪"了。

永恒的联结

□ 慕 明

我在哥斯达黎加旅行时,得到一个启示。

在雨林深处,我跟随当地向导,寻找野生动物的踪迹。同行的游客来自世界各地,但没有谁能像向导那样,仅凭枝叶的轻颤就辨认出盘在树上的绿色巨蟒,一眼看到数十米外树冠上的树懒,通过瓶盖大的沙洞口发现塔兰图拉毒蛛。我们这些受过良好教育的观者,习惯了动物园和博物馆,在面对古老的自然时却仿佛失明。

有人问向导:"你受了什么训练才能如此敏锐?"肤色棕黑的他笑着露出洁白的牙齿,说:"这些都是人们从小就有的能力。我们的祖先在这样的森林里生活了千百万年,如果看不见,不是饿死就是被杀死。你们只不过是失去了本来拥有的能力。"

21世纪初是个科技迅猛发展的时代,但观察力、判断力、耐力,这些让森林古猿进化成人的能力,不管出于何种原因,已一点点离我们而去。

对自然环境的适应能力让我们迈上了从猿到史前人类的道路,人与自己所创造的环境间的互动则描绘了最近一万年的世界图景。人们抱有一种朴素的信念:科技、文化与社会的各方面都必然随着时间的推进而进步。大部分教科书都以时间轴来标示文明进程,只有极少数摆脱思维惯性的人,意识到线性模型的天真。他们从某个角度感知到未来的形状,并以身心实践信念,但在同时代人眼里,超前的真实往往被当作虚无的想象。

如今我们知道,神话之所以经久不衰,是因为它们精准捕捉到了人的永恒处境。在世界的绝大部分仍被笼罩在未知中时,我们的祖先相信人与人、人与物、生物与非生物之间并没有不可跨越的界线,天地间的一切是一个共同体,所有部分都可以互相沟通,甚至互相转化。他们重视、维护这种联结,并从中得到最初的智慧、力量和慰藉。

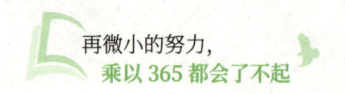

吴刚与西西弗斯

□张宗子

西西弗斯的神话和吴刚伐桂的传说太相似，虽然毫无根据，我还是相信冥冥之中，远在先民创造它们之前，潜意识里已经有了共同的来源。古希腊神话保存得如此完整，令人羡慕，相形之下，吴刚的故事太简略：他学仙为何犯错，犯了何错，惩罚他的是谁，我们都不知道。

依照常理，罚他砍树的该是他的师父吧。

循环不止地推一块注定滚回原地的巨石上山，和砍一棵伤口随砍随合的桂树，惩罚的性质完全一样。用无意义的重复劳作来折磨人，这在哲学上极为荒谬，但在实际生活中并不鲜见，甚至可以说相当常见。被惩罚的人对于命运的无能为力，注定了他们即使反抗，也只能通过对待惩罚的态度来体现。

西西弗斯神话的这部分，是加缪补上的。加缪说，西西弗斯神话"之所以是悲剧的，是因为它的主人公是有意识的"。而许多人"终日完成的是同样的工作，其命运之荒谬，丝毫不下于西西弗斯的命运"，但他们意识不到这种荒谬。西西弗斯的不同，在于他"完全清楚自身所处的悲惨境地"，造成他痛苦的这种清醒认识"同时造就了他的胜利"，因为在清醒认识后所产生的蔑视，使西西弗斯得以超越命运。

至于吴刚，他的故事没有结尾，他至今仍在月宫里砍树。吴刚年轻，力气大概是使不完的；他学仙已有小成，不会死，所以也不怕熬时间；最关键的是，罚他的是他的师父，不会总让他砍下去。道需要传承，学业哪能一直荒废呢？

很想为吴刚续一个不让西西弗斯专美于前的结尾，但思不由人，只能望月兴叹。又想回到西西弗斯那边去，隐隐觉得故事还将有变。西西弗斯既已勇敢地面对自己的命运，推石上坡不再一味是苦，而且他这样从容不屈，很能在世上博得英名。诸神有鉴于此，哪里肯轻易成就他？于是乎，釜底抽薪，干脆免去他的刑罚，叫他做不成英雄。做不做得成英雄是另一回事，西西弗斯将因此获得解脱是肯定的。

这样说是有原因的。普罗米修斯，因盗火被缚于高加索山崖上的那一位，不少人以为他仍旧在不屈不挠地为人类受难，却不知他早已和宙斯大神做好了交易，脱去锁链，寻个极乐地，安度晚年去了。

吴刚这边呢？他觉得解脱是随时的事，虽然还在砍树，但不认真，有一下没一下地，脸上也逐渐不见了痛苦的神色。隔壁嫦娥院里的兔子说他纯粹是闹着玩。这下子，做师父的脸上挂不住了：教徒无方，还图什么大罗金仙？一生气，发下话来，不连砍百日，休想休息。这就是结局。一百天，按天上七日世上千年的公式换算，差不多需要一万五千年。对于我们"生年不满百"的人类，这就是"永远"了吧。

不要紧盯着圆满，
也要看顾好生命中的缺憾

"心想事成"与"目的颤抖"

□ 胡建新

"心想事成",是一句人们经常使用的祝福语。能让向往的事情如期而成乃至皆得所愿,无疑是十分美好的情景。然而,有人较真说:心想之事,既可以是好事,也可以是坏事;好事可以成真,坏事也可以成真,故而不宜笼统地用"心想事成"来祝福别人或自己。此话似有钻"牛角尖"之嫌,但仔细琢磨推敲,确实很有道理。

这其实印证了学界称为"目的颤抖"的一种常见现象——穿针引线时,如果盯得针孔越紧,手就抖得越厉害,就越是穿不进线;端一碗盛得满满的菜汤走路时,越是怕汤外溢就越是端不稳碗,汤就越会从碗里溢出来——假如总是担心某个不好的结果降临到自己身上,那么这种担心很可能会变成现实。

"目的颤抖",亦称"穿针心理"。其阐述的道理是,每个人在做某件自以为十分重要、非常难做的事情时,心里想的、手上做的几乎会不由自主地凝聚在这件事的反向目标上,结果就恰恰把这件事做砸了。此类现象在日常生活中屡见不鲜。譬如,脱稿发言时,你越怕说错话,偏偏就说错了话;上台表演时,你越担心出现差错,偏偏就发生了差错;向心仪的人示爱时,你越害怕人家拒绝,人家偏偏就拒绝了你……当你对一件事特别在意、格外把它放在心上的时候,往往会牵动整个神经,搅动整个心绪,于是事物的反面效应被集中,被放大,负面结果被贯串,被拉近,事情就会向着你不希望出现甚至最担心出现的结果发展。

"目的颤抖"的核心意义在于,越是担心发生的事情,就越有可能发生。它同时告诉我们,一个人用什么样的态度去面对生活,生活就会反馈给你什么样的结果。如果你不断地给自己消极的心理暗示,总认为结果不会好,那么这种心理暗示很可能会贯串和影响整个做事过程。生活经验表明,一个人脑子里想什么,就会去努力寻找什么,从而在不知不觉中得到自己所期待出现或者害怕出现的结果。倘若总是担心、害怕不好的事情出现,就会在整个过程中焦虑不安、恐慌不已,进而扰乱自己的思绪,分散自己的精力,最终导致不好的结果。反之,如果始终保持积极乐观的心态,一心想着好的结果,那么在行动过程中就会聚精会神地朝着好的方向去努力,就会更有信心和动力把事情做好,其结果往往也就变得更好。

要避免"目的颤抖"现象,关键在于培养沉着镇定的心理素质,摒弃消极灰暗的自我暗示。无论做什么事,都要调整好自己的心态,给自己以积极的心理暗示和正向的自我激励,切莫总是想到最坏的结果。要按照正确的方向、方式、方法去做事,不要丧失信心,不要浮躁难耐,不要受不良因素和事情进展不太顺利的影响,一旦出现不好的苗头,就立即予以阻止和补救,将"坏事"消灭在萌芽状态。要知道,既然越是害怕的事情越会发生,那么也可以反过来思考——越是期待的事情也越会降临。假如成功和失败的概率各为50%,那你不妨把100%的心思和力气都放在成功的50%那里,这样成功或许会100%来到你的面前。反之亦然。

除此之外，还应重点做好三个方面：首先，要善于预测事物的发展趋势。有些人从事某项工作时，总是害怕出错却又不知道会出什么错、为什么会出错，这是最为可怕的。对此，需要给可能出现的差错及其结果以贯串始终的预测、预警和预防。其次，要勇于锤炼精湛娴熟的业务技能。熟能生巧，艺高人胆大，当你对所做的工作具备炉火纯青、游刃有余的技艺和才能时，一切担心和害怕将不复存在。再次，要乐于淡化功成名就的目标预期。切忌事情还没做就一心想着成功或失败的结果，不妨把结果尤其是失败的结果看得淡一些，凡事只要尽力就好。

传达坏消息的人

□［英］凯瑟琳·曼尼克斯　译／彭小华

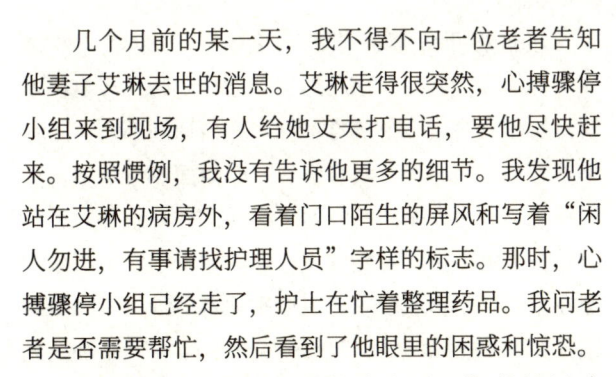

几个月前的某一天，我不得不向一位老者告知他妻子艾琳去世的消息。艾琳走得很突然，心搏骤停小组来到现场，有人给她丈夫打电话，要他尽快赶来。按照惯例，我没有告诉他更多的细节。我发现他站在艾琳的病房外，看着门口陌生的屏风和写着"闲人勿进，有事请找护理人员"字样的标志。那时，心搏骤停小组已经走了，护士在忙着整理药品。我问老者是否需要帮忙，然后看到了他眼里的困惑和惊恐。

我问道："您是艾琳的丈夫吗？"他转过头来，想说"是"，但嘴里发不出声音。

我跟这位老者说："来，我跟您解释一下。"我把他带到护士长办公室，和他进行了一番谈话。我不记得谈话的细节了，但我清楚地感知到这个男人对自己孤零零地留在世上的无助和悲伤。他看上去很虚弱、迷茫，我担心如果没有人在背后支持他，他可能很难从丧妻之痛中走出来。与往常结束这类悲伤的谈话一样，我向老者保证，如果以后他还有其他问题，我会很高兴再次同他交谈。虽然我总是这么说，并且发自内心地这么想，但从来没有家属回来找我了解更多的信息。想到这儿，我做了一个冲动的举动：我把自己的名字和电话号码写在一张纸上，递给这位面容憔悴的丈夫。我以前从来没有这样做过。他把那张纸片揉成一团揣进口袋，一副无动于衷的样子，似乎表明我的做法无济于事。

三个月后，我来到另一家医院的外科病房担任住院医师。有一天，我接到之前病房的护士打来的电话。她问我是否还记得那位叫艾琳的患者，说艾琳的丈夫打来电话，坚持要与我联系。护士给了我一个号码，我打通了他的电话。

"噢，医生，谢谢你给我回电话。听到你的声音真好……"艾琳的丈夫一时语塞。我等着他往下说，心想他是不是想起了什么问题，希望我有足够的知识为他解答。

"事情是……"这位老者又停顿了一下，"你很善良，说我可以给你打电话……我不知道还能告诉谁……但是……事情是这样的，我昨天终于把艾琳的牙刷扔了。今天她的牙刷已经不在浴室里，我真的觉得她再也不会回来了……"听得出来，他情绪激动，声音有些刺耳。我还记得，艾琳去世的那天上午，他站在病房里，脸上满是困惑。

这件事让我对自己的工作有了更深入的理解。丧亲对话只是一个开始，是一个过程的开端，而这个过程需要人们用一生的时间，以一种新的方式去接受。

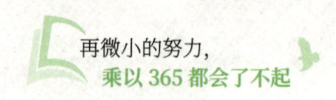

最后的日子

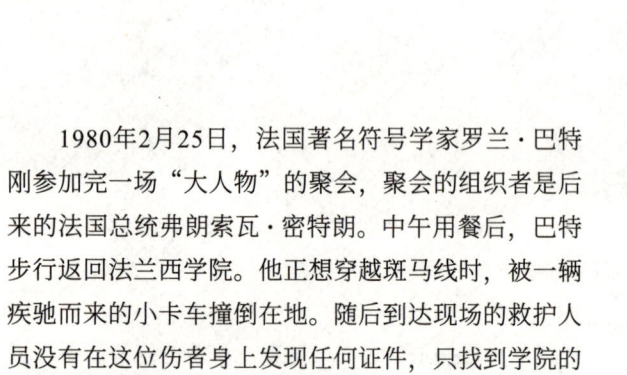

□ 思 郁

1980年2月25日，法国著名符号学家罗兰·巴特刚参加完一场"大人物"的聚会，聚会的组织者是后来的法国总统弗朗索瓦·密特朗。中午用餐后，巴特步行返回法兰西学院。他正想穿越斑马线时，被一辆疾驰而来的小卡车撞倒在地。随后到达现场的救护人员没有在这位伤者身上发现任何证件，只找到学院的工作卡。警察随后到学院询问时，有人通知了著名哲学家米歇尔·福柯，福柯前去确认伤者就是巴特。

正如埃尔韦·阿尔加拉龙多在《罗兰·巴特最后的日子》一书中写的那句评语："车祸本身平庸得令人沮丧。"开始，巴特的身体状况并没有引起朋友的恐慌，他的意识很清醒，还一直责备自己太不小心。伤情也不是很严重，虽然需要住院疗养，但不会有什么大碍。但一周后从医院传来的消息不那么乐观：他已经不能说话了。等亲友再去医院探望时，他已处于死亡的边缘。他用微弱的手势示意旁人帮他拔掉管子，以便毫无痛苦地离去。符号学家克里斯蒂娃回忆当时的情景："他的眼睛闪动着疲惫和忧郁，脸色无光，他向我做了一个要求放弃和永别的动作，意思是说，不要挽留我，已经没有什么用了……好像活着令他厌倦，死亡反而是一种解脱。"

从1977年到1980年，这是埃尔韦写作上述作品时选定的"最后的日子"。之所以从此时开始，是因为1977年对巴特而言具有非同一般的意义。1977年上半年，他被福柯推选进入法兰西学院——法国学术界的最高殿堂。世人皆知这是莫大的荣耀。法兰西学院虽然不是大学，但是院士的讲学能吸引大量听众，具有很强的影响力，而且选取的院士是终身制。米歇尔·福柯于1970年被推选为哲学思想史院士时是44岁，而巴特被推选为文学与符号学院士时已经61岁了。据说，巴特最终胜出，还是得益于福柯关键性的那一票。

巴特属于大器晚成的学者。他出版第一本书《写作的零度》时，已经38岁。他出道晚，却笔耕不辍，著作等身。人们感觉他面对任何话题都能言之有物。著名学者苏珊·桑塔格说，即便面对一个烟盒，巴特也会产生一个想法，两个想法，许多想法，然后一篇文章就成了。在她看来，这不在于学问的深浅，而在于思想是否敏锐。巴特似乎就有这种天赋，能够迅速而敏锐地察觉到问题所在，并且用一种很尖锐的方式表达自己的观点。他是一位天生的随笔作家，能够随时随地思考并记录下来，渲染成文。但问题是，一位只写过片段的随笔作家，有资格进入法兰西学院吗？

巴特随后在法兰西学院的讲座受到很多人的欢迎，这在某种程度上消解了人们对他的质疑——巴特的课堂上总是坐满了人，以至学院不得不把他的课调整到周末，即便如此仍座无虚席，学院不得已还在隔壁教室放置了音响。1977年还发生了一件大事——巴特的《恋人絮语》大卖，据说售出了10万册，他成了畅销书作家。与此同时，他的朋友们围绕着这本书为他组织了一场声势浩大的学术研讨会。无论是在广大读者心中，还是在严肃的学术界，他的声望都达到了顶点。但是伴随着这种荣誉，各种苦恼也接踵而至。

1977年10月25日，母亲因病去世给了他沉重的一击。我们可以通过《哀痛日记》了解这对母子的关系。巴特的父亲是一名海军军官，早在巴特1岁时，就在一场战斗中牺牲了。从此，儿子与母亲再也没分开过。罗兰·巴特在摄影札记中提到了他的家庭。他说，很长时间以来，他的家庭只有他的母亲，除此之外一无所有。在《哀痛日记》中，我们可以很清晰地看出巴特与母亲之间的亲密程度。母亲去世后，他就开始谈论死亡，谈论伤痛，谈论时间的消逝。在巴特的日记中，母亲的形象随着时间的流逝愈加清晰，疼痛更加醒目。

在1977年10月30日的日记中，巴特写道："我不想谈什么，担心别人说我是在搞文学创作，尽管实际上文学起源于这些真实。"死亡所带来的并不仅仅是一个躯体的离世和消逝，它所留下的还有在活人脑海中的记忆和伤痛。这种记忆上的伤痛并不一定会随着时间的流逝慢慢抚平。哀痛只会暂时消失，悲伤却一直存在，因为，"我所失去的不是一个人（母亲），而是一种实质；也不是一种实质，而是一种优秀品质（灵魂）：虽非不可或缺，却是无可替代。没有母亲，我可以生活（我们每个人迟早都要过没有母亲的日子），不过，我剩下的生活，一直到死，都一定会坏得无法用言语形容"。

在1978年4月12日的日记中，巴特写道："写作是为了回忆吗？不是为了自我回忆，而是与忘却的痛苦作斗争。因为忘却是绝对的，很快就没有任何痕迹了。不论在何处，也不论是何人。"在1978年6月5日的日记中，他又写道："对我来说，在我生命的这一刻（母亲去世了），我是通过书籍被人认识的。我模模糊糊地觉得，由于她不在了，我应该重新被人认识……我认为有必要围绕母亲写一本书。"他为母亲写了一本书，这本书就是后来完成的摄影札记——《明室》。

如果不读巴特的日记，很难理解这是他为纪念母亲写的一本讨论摄影的书。但在翻看老照片的时候，母亲的形象一次次出现。在巴特看来，通过摄影，我们平静地进入死亡。死亡之后，摄影留下的是我们保持生与死之间的界限的一种凭证。

在《哀痛日记》中，他清晰地记录了自己的这种心路历程，他觉得在母亲死后，这种痛苦摧毁了他。就在此时，他决定创作一部小说。在纽约时，桑塔格曾经问他即将写的小说是什么。巴特给不出确切的答案，他说，也许，这部小说会像他以往的文章一样，由一系列片段似的文本构成。

这个问题的困惑之处在于，如果这部小说延续了巴特以往的写作风格，他如何能延续普鲁斯特式的辉煌？他在法兰西学院开设课程讲述普鲁斯特，他渴望寻找到成为普鲁斯特的秘密，但是这种找寻最终也没有让他写成一部普鲁斯特式的小说。他最后的苦恼在于，他不甘心做一位随笔作家，他的天赋受到了质疑。

从1977年到1980年，这是巴特最辉煌的时期，也是他最痛苦的时期。他的辉煌一度掩盖了他的痛苦、他的孤独。很多人都注意到他对死亡的态度是"动物性"的放弃。当死亡来临时，放手就好。从此，他没有了恐惧、哀痛，再也不会孤独。

自由之美

□ [英] J.A.贝克 译 / 李斯本

那只雄性游隼，拥有万里无云的天空、宽广的河谷、山岭、河口和整片海洋；它拥有32千米天堂般梦幻的捕猎大地，100万只鸟儿任其选择，还有3000米温暖有风的高空任其翱翔。

游隼眼中的大地，仿佛船只驶入港湾时，水手眼中的海岸。航行时的尾流在船身后逐渐消散，用于观察天际的地平线从两侧向后漂流。就像一位水手，游隼生活在一个川流不息、了无牵挂的世界，一个到处都是尾流和倾斜的甲板、沉没的陆地和吞噬一切的海平面的世界。我们这些抛锚、停泊的世俗之人，永远想象不出那双眼睛里的自由。

不是那块料

□ 严共明

年轻时练过篮球的父亲一直希望我也能系统地锻炼身体，因此在我读小学时逼着我练游泳，说这样就淹不死了。当时家里没余钱，甚至交不起游泳班的学费，父亲发现游泳教练喜欢照相，就投其所好，应承给他免费冲洗胶卷，抵消我的学费，就这样死乞白赖地把我塞进西城体校的游泳队。但坚持了五年以后，只换来教练对我的一句评价："这孩子不是游泳的料，算了吧。"

言语之间，教练的手指展开，化为一把巨大的笊篱，从泳道里那一串游过去再游回来的队伍的末尾，把我捞了上来。父亲虽不愿面对，但我窃喜，从此再也不用喝别人的洗脚水了，也不用担心被教练用哨音催、用水滋了。

虽然窃喜，但我又不能完全认同游泳教练的话，这世上谁能比我更了解自己是哪块料呢？在游泳池里，我也许不是参加游泳比赛的料，甚至只是参照物，是背景板，但这并不妨碍我喜欢游泳啊！

还记得当年在泳池畔练习自由泳划水时，教练总是嫌我肩膀紧，说我的动作像在挥球拍。离开泳池后，他的这番话突然启发了我，也许我天生是块打球的料呢！

恰好父亲有个小学同学就进过北京市乒乓球队，后来还成了"少年之家"的乒乓球教练。于是在我升入初中后，父亲就拉我去教练家拜师门，让我可以每天放学以后去"少年之家"跟着一群二三年级的小屁孩一起练球。

练了几天下来，我尴尬地发现，这帮小屁孩挥球拍的水平，比我当年自由泳的划水动作高多了。经过两年的训练，我渐渐意识到，那位切我21：0的对手，甚至在西城区的比赛中都得不到奖牌。至于我，在游泳池里没能实现的，也不可能靠打乒乓球来证明。即便再努力，我也顶多是块"陪练"的料。

在那之后，我还在学校的田径队短暂地练过长跑。但我心里格外清楚，比起那些在跑道上险些将我套圈的"非人类"，我这辈子绝不是做职业跑手的料，没必要总是陪跑，还是老老实实读书吧。

但这世上又有几个孩子是读书的料呢？我始终只喜欢读自己感兴趣的书，史地类、传记类、纪实文学类之外，也就还能读些伤痕文学、讽刺小说。其他的书，就算再热门、再有名，拿到我手里也只会催眠。从小到大教过我的老师中，有不少曾经摇头叹气，都说这孩子爱耍小聪明，不是那种踏踏实实读书的料。不是踏实读书的料又何妨，总之我考上了第一志愿的大学。这说明什么呢？也许说明我是考试的料吧？

或者也不是。幼儿园升小学时，我是不足年龄的。老师见父亲心诚，便破格面试我，让我写阿拉伯数字，从1写到10，我照办了。然后老师把纸翻了过去，让我在另一面倒着写一遍，我就犯难了。

"是按顺序倒着写呢，还是同时要把数字大头朝下写一遍呢？"

我在心里盘算了一下，把10写成01不难，把9写成6不难，之后把6写成9也好办，把8写成8更容易，只是把7写成L就比较难，最难的是5、4和2……

还好，还没等写到5，瞪大了眼睛的老师就让我停笔了——估计是老师实在看不下去了。

那我到底适合做什么呢？

大学毕业时，我最想做的是导游，但后来发现，我根本不懂得怎么迎合别人，也压根儿不懂职场上的尔虞我诈。旅行社的面试官更直接，干脆劝我："你不是做这行的料，考虑考虑其他工作吧。"

后来父亲希望我能进他所熟悉的出版行业。但彼时追求经济独立的我，眼睛总瞄着天花板，根本瞧不上出版社略显微薄的薪资。于是阴差阳错地，我就去当了一名语言培训老师。我至今还清楚地记得，几年之后大学同学聚会时被人颇惊讶地质问："什么？你去当老师了？真难以想象！"

是啊！一个大四还留着长发、穿着喇叭裤、天天混迹于打口带音像店的，怎么可能是当老师的料呢？让他教书，即便认真起来，恐怕也是"毁"人不倦。

这样的一个我，到了职场上，却阴差阳错地碰到了好项目、好领导、好同事，变成了幸运儿。荒唐的是，这世间又似乎没有一种"做幸运儿的料"。

所以，活了半辈子的我，到底是块什么料呢？

我身边有很多朋友，也包括以前的老同学，都是爱子女而为之长远规划的。每当他们聊到子女教育，便会勾起我对自己童年、青年乃至成年后种种挫折的回忆。

"我家那个，简直了！"

"你还说你的，你儿子算乖的！我女儿那才是刀枪不入，也不知道是随了我和她爸谁。"

"唉，我儿子反正不是读书的料，以后他只要不惹祸，爱干吗干吗吧！"

各位，这孩子到底是块什么料，恐怕不跌倒十次八次，是无法判断的。做父母的，固然不愿自家娃成了别人家孩子的背景板、陪跑者，但须常常记得"比上不足，比下有余"，这并不是只针对孩童或青年而言的，人这一辈子都有无休止的较量。婴儿来到世间，本都是圆圆的、粉粉的，没有棱角，更不明方向，不知轻重缓急。这一生，他们要在跌倒后爬起，再跌倒再爬起的过程中自己摸索着走下去。无论怎样，总会在手掌、膝盖或是额头上，留下些伤痕，留下些"真不是这块料"的证明。

"比上识不足，比下知有余。"收获了"识与知"，有点自知之明，才不枉各种较量。若是由此懂得感恩与努力，即便不是他人眼中的"那块料"，也总会找到属于自己的位置和价值。

子午线

□ [波兰] 奥尔加·托卡尔丘克　译／于　是

名叫英耶别约克的女人正沿着本初子午线旅行。她是冰岛人，从英格兰的设得兰群岛出发。她抱怨说，没办法按照笔直的路线走。这是必然的，因为她只能依靠公路、航线和火车轨道。但她一意孤行，决不更改计划，尽其所能地沿着本初子午线继续南下，哪怕稍有曲折。

她讲得绘声绘色，激情澎湃，令我无法鼓起勇气打断她，问她为什么要这样旅行。不过，就算我问了，回答也通常会是："为什么不呢？"

听她讲的时候，我的脑海里出现这样一幅画面：一滴水从地球的弧面缓缓流下。

但我今天发现这个主意很令人不安。说到底，子午线并不真实地存在。

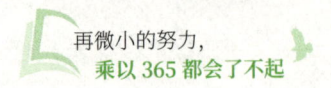

甘蔗哲学

□ 庞惊涛

我问水果摊的老板："是从什么时候开始流行像这样吃甘蔗的？"

老板一边拿锋利的刮皮刀为甘蔗去皮，一边回应说："有四五年了吧？"

在他身边，有一台小巧精致的板材制作的甘蔗切割机。老板去完一整根甘蔗的皮之后，麻利地放到切割机上，把甘蔗肉切成一小块一小块，那甘蔗肉便顺着一个槽道，落向早就套好的塑料袋里。遇到甘蔗小节头，老板又熟练地换了一个切口，让它们落到切割机的废料斗里。顾客提着塑料袋，便可以边走边自在甜蜜地吃，而不是啃甘蔗了。

一切就是如此简单。

老板说："发明这个甘蔗切割机的人真是了不得。"

我并未附和，因为早在两三年前第一次这样吃甘蔗时，我就对这种进化现象未置可否。技术进步改变生活，这是当然，但技术进步的同时，有一些快乐、有一些仪式乃至于一些记忆和文化，都一齐被剥夺了，或者说，在无形中被消解了。

"你看，过去吃甘蔗，多费嘴、多费牙齿啊。"老板继续感叹着，"还有选择困难症，究竟是从头吃到尾，还是从尾吃到头，有时候可真令人犯难。"

老板的话一下把我两三年前那个不置可否的缘由找到了，甚至说，它帮助我打通了我并不太喜欢这种进化现象的某个隐秘的关节：甘蔗切割机的发明，某种程度上剥夺了我们选择如何吃甘蔗的权利，程序化的进化背后，不仅从头到尾还是从尾到头的选择没有了，同时，用我们自己的牙齿、唇舌和甘蔗皮斗争这个过程的愉悦感也一起消失了。对后者而言，它更意味着一种生活场景和记忆被进化完全替代。

这还不是问题的关键。

钱锺书先生《赠郑海夫（朝宗）》长诗里，有一句"譬如蔗有根，迟食颐愈朵"，意思是说，我们的友情就像吃甘蔗，吃到根部的时候，才让我们更愉悦、更快乐。

这句诗里，不仅隐含他对吃甘蔗的爱好，还有由此爱好而生发的哲学态度。他在这句诗里化用了《世说新语·排调》中关于顾恺之吃甘蔗的典故，以此来说明他们的友情像从尾到头吃甘蔗而渐入佳境："顾长康啖甘蔗，先食尾，人问所以，云：'渐至佳境。'"这个典故，他化用在《围城》里，便从甘蔗变成了葡萄，不过其中的哲思却是相通的："天下只有两种人，譬如一串葡萄到手，一种人挑最好的先吃，另一种人把最好的留到最后吃。照例第一种人应该乐观，因为他每吃一颗都是吃剩葡萄里面最好的；第二种人应该悲观，因为他每吃一颗都是吃剩葡萄里面最坏的。不过事实却适得其反，缘故是第二种人还有希望，第一种人只有回忆。"由此，足见他对吃甘蔗选择是从头到尾还是从尾到头的态度。

我试图对老板说选择被剥夺的无奈，更进一步跟他探讨这个进化或者说消解现象背后的哲学问题。但我不清楚跟这样日日艰辛劳作里得来三五利润的劳动者探讨哲学思想是不是显得很做作，很不友好。话题刚一打开，我就很快转移了："甘甜的部分和寡淡的部分被混杂在一起，搞得我们无从分别，远不如我们确知自己究竟是先吃甜还是先吃淡来得踏实。"

但老板似乎还是把回忆、希望、哲学这些话头记住了，他跟我阐述他的逻辑："像开盲盒，遇甜吃甜，遇淡吃淡，不也是一种人生态度？再说了，你不能老是拿回忆说事，有些回忆是没价值的。少年时，牙口好，撕甘蔗皮不是什么难事，现在，就这年龄，未必奈何得了它们这厚厚的皮。再说希望，你吃着这甜甜的甘蔗，不就是希望嘛！"

老板的这番话让我大感意外："你是高人啊，在这卖水果可惜了。"我由衷地说。

"什么高人不高人的，我在这里，每天刮几十根甘蔗，就这样刮了又切了几年，从没想过什么回忆、什么希望、什么哲理，可只有你，才和我探讨这么高深的问题。要说高人，你才是。"

我不确定我是否还会为这种进化现象而困扰，而回忆和希望或许会从其他进化现象里生长出来，只是，关于吃甘蔗的哲学问题，它实在是太过深刻，太见仁见智了，我确定我没有能力再和任何一个人探讨了。

我准备离开水果摊的时候，老板砍了一段甘蔗根，刮尽根部的须，却并不去皮，然后递给我，说："愿你的未来渐入佳境。"

我向他拱一拱手，边走边啃了起来。

批　评

□舒　蠹

英国诗人济慈的长诗《恩狄芒》发表以后，有人称其为"下流诗人"。有评论说，该作品用"最粗野的语言"表达了"最不合宜的想法"，并且提醒他，"做一个饥肠辘辘的药剂师比当一名饥肠辘辘的诗人更好、更明智"。

济慈曾在药房里当过学徒。听闻此言，他气得几乎吐血，后来得了肺病，死在罗马，年仅26岁。关于他的死，雪莱在文章中说，"可怜的济慈陷入了可怕的状态。他的长期痛苦导致了肺部血管破裂"。拜伦则在《唐璜》中一针见血地写道："可叹济慈让一篇批评送了命……"

批评这个领域，历来泥沙俱下，高尚和恶劣的人一同在槽边做事。济慈不懂得挨骂的好处。大家都夸，名利双收；大家都骂，也是名利双收的。前提是，你的脸皮要足够厚。

一味夸奖或一味批评都不可怕，可怕的是打着"批评"的幌子进行攻击和报复的把戏。这里面有深深的恶意在作怪。某些批评者就是商人，他们的声音可以忽略不计。还有些批评者品格低劣。被他们骂，等于被表扬和被歌颂。恶人的诽谤，可以理解为对善良人的褒奖。

这点事，济慈至死也没有想明白，不太懂得世道人心。

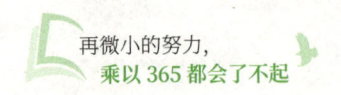

姜小白之悔

□ 米 舒

姜小白，或许不少读者未闻其名，道其官名，则声名显赫，众皆知之。春秋五霸之首，齐桓公也。

小白之祖上，即灭商建周的姜子牙，他系姜子牙第十二代孙。其父齐僖公有三子，长子诸儿，次子纠，三子即小白。齐僖公卒，长子诸儿即位，即齐襄公。因其荒淫无道，齐国大乱，二弟纠避难于鲁国，三弟小白藏身于莒国。齐襄公后被堂兄弟公孙无知所杀，后来公孙无知又被杀，齐国一时无君主。于是，公子纠在管仲的帮助下返齐，小白也在鲍叔牙的相助下赶回齐国，两人中途相遇，管仲一箭射中小白的带钩，小白佯装倒地而死。公子纠得意扬扬地赶回齐国，不料小白日夜兼程，捷足先登成为国君，史称齐桓公。

齐桓公甚恨管仲，但鲍叔牙一再力荐：齐国欲图大业，非管仲不可。齐桓公遂拜管仲为相。君臣一心，励精图治，整顿朝政，尊王攘夷，终于让众国君主共推齐桓公为盟主。

齐桓公位列春秋五霸之首，骄妄不可一世，开始重用言听计从的媚臣。幸得他敬为"仲父"的管仲尚健在，齐国才未出大事。

齐桓公当时宠幸竖刁、易牙、开方三个近侍。

竖刁出身于齐国没落贵族。为进宫伺候齐桓公，干脆自宫当了太监，成为中国第一个自我阉割者。竖刁为人乖巧，又擅长揣摩君主的好恶，他知齐桓公平生两大嗜好，一是美女，二是美食。他极尽阿谀逢迎之能事，很快成了齐桓公须臾不离的"男宠"。

由竖刁推荐的易牙，原是一名厨师，做得一手好菜。齐桓公一次随口说："寡人尝遍天下美味，唯独未食人肉，倒为憾事。"易牙为博齐桓公欢心，把自己4岁的儿子杀了，做了一小金鼎肉汤献给齐桓公，齐桓公品尝后大加赞美，问："此系何肉？"易牙哭曰："乃吾子之肉。"齐桓公心中虽不舒服，但由此认为他爱君王胜过其亲骨肉，易牙由此得宠。

开方原是卫国君主卫懿公的儿子，他弃卫投齐，对齐桓公十分恭敬，做事勤勉。齐国离卫国只有几天路程，但开方为表忠诚，十五年不离齐桓公左右，连父母去世，开方也未回国奔丧。

桓公四十一年（前645年），管仲病重，齐桓公问何人可以为相，并推荐三位近臣让管仲选择，管仲反问："一个连自己身体、自己骨肉、自己父母都不爱的人，怎么会忠君？"

管仲卒，齐桓公拜鲍叔牙为相，鲍叔牙为人耿直，提出须将竖刁三人逐出朝廷，齐桓公只得照做。不久，齐桓公便觉得自己活得很不自在，没有可口美食，没有谄媚笑脸，没有曲意奉承，让他食不甘味、夜不酣寝、口无谑语。他的宠妾长卫姬也不断向他进言，恳求他召回三个能让齐桓公乐不可支的近侍。齐桓公终于不顾鲍叔牙的极力反对，把竖刁、易牙、开方又召回朝廷，气得鲍叔牙抑郁而终，朝政大权从此落入三人手中。

公元前643年，齐桓公病重，卧床不起。竖刁、易牙假冒齐桓公之名义，不许任何人见国君；并在齐桓公的寝室周围筑起了一座高墙，内外隔绝，只留一个狗洞，每天早晚派一个小太监去打探齐桓公是死是活。

病中的齐桓公突然发现周围没有一个人，大为惊疑。这时宫女晏娥从狗洞钻入，齐桓公问她有饭有水否。对曰："无。"齐桓公这才明白自己陷入困境，从晏娥口中获知，"塞宫门，筑高墙，不通人"系三个媚臣所为。

姜小白不由得想起管仲对三人的评价：竖刁以自宫来取悦君主，不合常理；易牙杀掉自己的亲生骨肉来讨好君主，不合人情；开方背弃自己的亲人来谄媚君主，不合孝义。齐桓公想到这里，连肠子都悔青了，叹曰："我将何面目以见仲父（管仲）乎？"遂蒙衣掩脸，活活被饿死。竖刁、易牙、开方各奉新主互相争权，齐桓公的尸体放了六七十天，尸虫乱爬，直至齐国新国君产生，才将其尸收殓。

黎明墙

□[美]汤米·考德威尔 译/乔 菁

每一个清晨都是这样开始的：我醒过来，考虑着怎样解开上方这座岩壁之谜。我们窝在狭小的吊帐里煮咖啡，充满敬畏地端坐着，感受照亮我们的第一缕阳光——我们所在之处位于酋长岩之上，地处加利福尼亚州的优胜美地山谷，一直以来，这儿都被叫作"黎明墙"。

我停下来，盯着自己的九根健全手指的指尖——它们布满割伤和擦伤，不过还撑得住。

从来没人相信，在黎明墙，有人可以通过自由攀登的方式登顶——仅仅依靠身体往上爬，是真正的爬，而不是依靠器械辅助，把自己吊上去。对我来说，自由攀登黎明墙代表着纯粹，是表达自我、表达我对攀岩和生活的热爱的最宏大的一种方式。

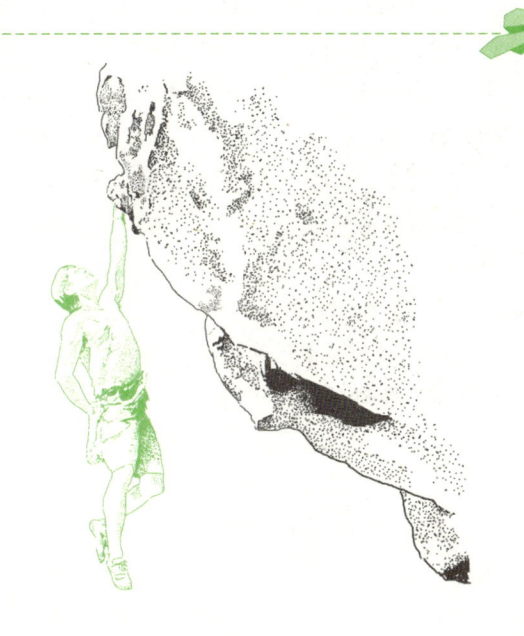

在攀登的间隙，我会回想这七年，追溯这段执着旅程的开端；回想在数不清的日子里，我如何把沉重的装备和水拖上这面岩壁，又如何把自己的脚塞进紧紧的攀岩鞋里——有时候紧到让脚指甲脱落；回想我如何反反复复抓住同一处像刀片般锋利的岩石，直到指尖流血、肌肉发抖。

实际上，这段旅程耗时远远不止七年。经历种种艰难之后，我终于意识到，多年来对攀登动作的训练，让我的身体变得更强，也让我树立了强大的信念——强大的信念也许比强健的身体更关键。

暴风转缓，渐渐平息下来。我转过头，星汉之下，金色、白色相间的花岗岩如海面一般闪烁着光彩。一种孩童般的惊奇感第一百万次涌现在我心中。

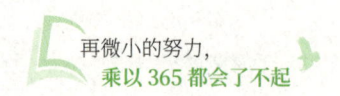

角 落

□ 王安忆

关于这街角，最早的记忆是布店。沿了街面的弯度，开有两个门面。这已经到了繁华马路的尾上，渐入清静，多是住户人家。所以，这布店卖的多是普通布料，裁好的衣片、裤片、口袋布、鞋面布。看上去有些冷清，其实生意是足够做的。月末的一天，照例关门，门口挂了牌，上面写着"盘点"两个字，以此可见，是有进账的。

冬天，女店员手里抱着热水袋，在柜台里边，踱来踱去。太阳照进去一个角，有一种空旷的明亮。勤快的，上了些岁数的老店员，啪啪啪翻着布匹，裹紧了再插回布架上，那声音是清脆的。隔壁弄堂的人，女人，有他们多个老熟人，常过来剪布料。有时并不剪布料，也进来与他们闲话几句。谁家保姆，天天带孩子来，小孩子就在柜台上的布匹上爬来爬去。还有的时候，弄里人吵架也能吵到这里，让店里人来公断。那时候人真是少，临街的店堂里吵，都少有人看白戏。店员们此时便收起脸上淡泊的表情，流露出些热心，两面劝说。大多数时间，是站在柜台里面，通过敞着的门，看街上过往的人和车。

说来也挺奇怪，其实，只隔了一条马路，就很喧闹了。店面集中，车辆也集中，都称得上"甚嚣尘上"。而且，有一家大绸布店，可比这里的货齐全，也时新。可是，那儿有那儿的生意，这儿有这儿的生意，相安无事。仔细想来，倒也是，各有各的客源。那边是供外边人专程来买的，这边呢，是住家，日常用度的零碎需要。四周这些居民，点点滴滴的买卖，供养着它的生计。那闹市里的喧嚷，并不曾漫过来。它的清寂呢，也不曾冲淡那边的热火劲儿。那无轨电车，从闹市中穿行而来，也没带过来一点儿尘染，自会悄然下来。这就是城市的生态地理，各种声气，像河水在河床里，哪怕盘互交错，终还是各循各的脉理。

这布店，大约占据了这街角最长的一段历史。在记忆中，它有一种静止的表情，这也可从某方面证明它的长久不变。那里边的布料，似乎多是寒素的颜色，白底上蓝色的条和圈，人造棉的质地，轻、薄和飘。厚重的呢料，不多，粗大的二三圈，立在货柜的下层，少有人动。动的，多是一些本白、棉质，做配料的布。这也加强了它的清寂。这倒是与街角的气氛很相符。那三道围墙上的花影，店堂上面住家的红漆木窗框，水泥的弄口，顶上塑着竣工的年份：一九三六。店面前的方砖，粗看不觉得有什么，细看便觉出精密与细致。方形的水泥砖，在街角拐弯处，渐成一个扇面。虽然没什么花饰，可是平展、合缝、均匀。两面街，都有行道树，投下树叶的影。都是素净的颜色，以线描为轮廓，像那种朴素的黑白电影，平面的光，人和物都清癯、明朗。

店员在店内活动着，外边的街景在季节中转换。冬季是空旷的，因为树上的枝叶萧条了。春季自然要繁闹得多，甚至，也有些缤纷的色彩。店里进的布匹，花色也多了。有一种线呢，多是质朴老实的女孩春夏之交穿着。粉红与粉黄，相配的格子，甚至更强烈，大红与黑相配的格子，有些乡气的妩媚，不大入这里的调。可是，颜色跳起来了。夏天，光与影是比较激烈了。再接着，秋天，又开阔了，倒不是树叶的问题，而是空气，清澄与爽利，天便高远起来。虽然是混凝土的世界，却也触碰得着些自然。

布店，是街角一段可纪念的日期，它仿佛代表着一种生活：安稳，实际，细水长流。之后，情形就大变了。先开始，街角两边相继推墙开店。一片片的店开出来，卖什么的都有。奇怪的是，这里并没有因此而变得繁华，只是杂乱。隔条街的闹市，似乎暗中有一道分水岭，就是漫不过来，这里终是梢上的阑珊气象。所有的店铺，都处在关和开的交替之中，经营的内容不停转换，就在这此起彼落之间，那间布店隐退了，而人们似乎也早将它忘记。店铺，在频繁的更替开关之中，亦进行着纵横捭阖。店面在扩张，豪华、摩登，甚至有了霓虹灯……

终于有一日，有人来凿这街角的水泥墙面了。等装修完，人们看明白了，这里要开一家咖啡馆。方才发觉，这街口什么店都有，就是没有咖啡馆呢！

这家咖啡馆，周围是忙碌的生计，此起彼伏的争与退。它的门也装饰起来了，墨绿的宽边，中间的玻璃，围着黑色金属的曼陀罗花叶，把手是一个金灿灿的铜球，里面挂一个牌子，写着英文单词：CLOSED（关闭）。于是，人们便等着有一天，这牌子翻过来，上面的单词变成OPEN（开放）。

又有多少车流人流过去，一日，下午四五点钟，路人看见，临窗的桌前，左右挽起的幕帷之下，面对面坐了一双男女，面前放了高脚玻璃杯，杯边卡了一粒樱桃，杯里是不知名的色泽清冽的液体，两个人颔首默坐。不知什么时候，正剧拉开了帷幕。

有多大的荷叶就裹多大的粽

□冯　杰

我姥姥说过一句家常话："有多大的荷叶就去裹多大的粽。"

想想，意思真好，这才是实用的格言。自少年时代开始，我就记着姥姥的这句话。我将它延伸：这是一种对待世界的心态、心境。它教人从容，不慌忙，不夸张，不逼仄。有了回旋的空间，人生就不会有捉襟见肘之窘。世界那么大，一个人肯定不能无穷无尽地追求，在启程之前，你必须有一张裹得住事物的"荷叶"，手执，心执。

辉煌庞大的东西我常常让给那些"大的荷叶"，我不去裹。我只喜欢小的、弱的、碎的，别人踢到边缘的，低声部的。我只干别人不做的事。

一家著名的杂志社搞作家信息调查，发给我一张表格，上面有问答题，像一张伪装的试卷，其中一项是让人填"你一生最喜欢的一句格言"。我看到别人填的是李白、奥斯特洛夫斯基、丘吉尔、唐太宗等人的话。

那些格言铿锵悦耳，多有惊天动地的气势。

我填上姥姥的这句话："有多大的荷叶就去裹多大的粽。"

对我而言，这是一句足够裹住人生的实用格言。

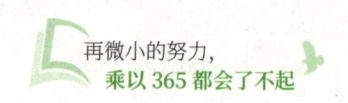

我的生活不合我的身

□ 张新颖

20世纪美国著名作家雷蒙德·卡佛曾说："所有我写的小说都与我自己的生活有关。"而他自己的生活，温和的说法是："我的生活不合我的身。"

卡佛写过一篇极短的小说《约瑟夫的房子》，讲的是一个戒了酒的老男人魏斯，租下一套房子，打电话请求已分开的妻子一起来住："埃德娜，从这儿的前窗，你就能看见海，能闻见空气里的咸味。"那年夏天，这对经历了很多事的夫妻又在一起消磨他们安静的日子。有一天，房主约瑟夫说，他女儿要来住这套房子。魏斯走进屋，把帽子和手套扔在地毯上，然后一屁股坐在一把大椅子上。"约瑟夫的椅子，我突然想到。而且是约瑟夫的地毯。"

卡佛的小说写的大多是这样的人。卡佛说："在美国生活里最绝望也最庞大的下层土壤中，我生活了很长一段时间。"

1938年，卡佛出生在俄勒冈州西北部的小城克拉茨卡尼。父亲是个锯木工人兼酒鬼，母亲做饭馆招待和零售推销员。卡佛高中毕业后就到锯木厂工作，20岁就有了一个四口之家，却居无定所。之后的20多年里，卡佛带着家人从一座城市辗转到另一座城市，做一个又一个临时工：加油工、清洁工、看门人、替人摘郁金香、在医院当守夜人兼擦地板，等等。

卡佛一生只写短篇小说和诗歌，还写过一些散文，是因为他不得不写那些能够"一坐下来就写，快速地写，并能写完的短东西"。

这样不安定的状态并没有使卡佛放弃写作，但长期以来，写作没有给他的生活带来一点点改善。他没有停止写作，也没有停止酗酒。他常常写到酗酒，写到酗酒给生活带来的一团糟，写到试图从酗酒中挣扎出来的努力。1974年，他不得不因为酗酒辞掉好不容易得到的工作。1976年，他又不得不把房子卖掉，以付清因酗酒产生的住院费。

1980年，他终于有了稳定的大学教职。1981年，他的小说《当我们谈论爱情时，我们在谈论什么》出版，后来被奉为极简主义文学的典范。1983年，他获得美国文学艺术院颁发的"施特劳斯津贴"，从此专职写作。

1988年，卡佛去世，安稳写作的日子他只享受了5年。他的遗稿中有一篇《柴火》，似乎写得"积极了一些"。故事里的梅耶在戒酒所待了28天，给妻子写了一封很长的信，"没准是他这辈子写的最重要的一封信"，希望有一天妻子会原谅自己。房主有一卡车的木头要锯成柴火，梅耶提出自己来干这活。木头全部被锯完的那天，梅耶打算离开。晚上他打开窗，看着窗外的月光和白雪覆盖的山巅，看着黑暗中的那堆锯末，车库门洞里那些码好的木头。他听了一会儿河水的声音，房主曾经告诉他，那是全国流速最快的一条河。他让窗户敞着，能听到河水冲出山谷流进大海的声音。

剪余片的归宿

□ 张小北

拍摄电影时的素材不会都被剪进电影正片里，正片之外的素材叫"剪余片"。绝大部分电影的剪余片在电影制作完成后就销毁了，很少有电影会长期保存剪余片。胶片时代保存素材的成本很高昂，数字时代保存素材的成本虽然下降了，但硬盘无故障存储数据的时间也有限制。所以电影一般只会保留最后的成片。素材和正片的时长比例叫"片比"。比如你拍了100小时的素材，最后正片2个小时，那么片比就是50∶1。

现在电影拍摄因为广泛使用数字摄影机，所以片比一般都很高。但在胶片时代，为了节省制作成本，片比就会控制得很严格。20世纪80年代，中国电影因为受限于经济条件，通过细致的彩排走位和精确地控制拍摄条数，有时片比能做到1.2∶1。但这个太极端了，不具有普遍性。中国电影在胶片时代的片比通常在5∶1到8∶1。

姜文拍摄《阳光灿烂的日子》时，片比有100∶1左右，在当年是非常奢侈的。电影素材，包括剪余片，版权都属于电影公司。所以即使导演对最终剪辑版本有不同意见，个人也是无法自行处理剩余素材的。通过剪余片再剪辑一个版本的行为非常少见，在DVD和蓝光出现之后，偶尔会有电影公司推出经典电影的"导演剪辑版"或"加长版"。但这些版本大部分也不是利用剪余片完成的，而是在之前的剪辑过程中，因为导演和制片公司在剪辑方案上有不同意见，最后被舍弃的较长版本。

之所以会出现这种情况，是因为较长的版本在影院上映时会有排片困难，所以制片公司往往倾向于较短的版本，而导演出于叙事完整性或坚持自己风格的诉求，会倾向于较长的版本。所以大部分导演合同里会对"最终剪辑权"提前有一个约定，当其对剪辑版本有不同意见时，以最终约定方的意见为准。这个权力一般掌握在制片公司手中，只有相当少的导演拥有最终剪辑权。在《阿凡达》的剪辑过程中，制片公司就曾对片长提出过意见，但卡梅隆非常霸气地回应："你们电影公司建这栋楼花了5亿美元，这些钱都是我（拍《泰坦尼克号》获得的票房）挣来的！所以关于片长的事情我说了算！"不过世界上只有一个詹姆斯·卡梅隆……

因为电影剪余片很少会长期保留，所以很多影史上的经典电影如果拷贝丢失或损毁，最后修复时的版本也是不完整的。一般电影资料馆都会尽力收集影史上经典电影的一切素材，但往往也只能收集最终上映版的拷贝，很少会有剪余片素材。

未经考证的一种说法是，自电影发明以来，全世界拍摄制作的电影可能有300多万部，其中绝大多数不要说素材了，连正片都很少留存下来。这就是电影这门艺术的宿命。电影是一种挑战时间并试图战胜遗忘的艺术。电影的归宿往往都是被时光湮灭，被观众遗忘。但只要曾经有过那束光，电影就会一直存在下去。

苦脸与甜脸

□ 庞余亮

大部分时间里，母亲都很严肃。母亲的这张严肃的脸是有名字的，父亲把它叫作"苦脸"。

母亲也有"甜脸"的辰光——在家里的母鸡老芦生完蛋，特地走到母亲的身边，然后咯咯咯叫着表功时。

还有，有喜鹊飞到家中的榆树上叽叽喳喳叫的早晨。母亲会抬起头来找喜鹊。

母亲坐在桌子边补裤子，一只细长腿的红褐色小蜘蛛从屋顶滑翔而下，然后落到母亲花白的头发上。母亲发现后，会很温柔地把它引到手上，再由手引到土墙上，看着小蜘蛛再次爬到屋顶上去。

那时母亲的脸也是"甜脸"。

母亲是不允许他碰小蜘蛛的，因为这蜘蛛叫作喜喜蛛。六指奶奶说，喜喜蛛落到人的头上，这叫"喜从天降"。

将喜喜蛛放生之后，再次坐到桌边的母亲，脸上会多出一丝隐而不发的欢喜，甘蔗嫩芽般的笑意悄悄地从母亲的嘴角边蹿出来。

母亲的"苦脸"消失了。

母亲的"甜脸"会让整个屋子亮堂起来，他喜欢母亲的"甜脸"。

因为母亲的"甜脸"，榆树上的喜鹊是他的好朋友。为了他的喜鹊朋友，他从来不带有弹弓的小伙伴到自己家玩。

躲在屋顶上的喜喜蛛也是他的好朋友。它喜欢吃蚊子，他会把拍死的蚊子作为零食放在它家附近的土墙缝里。喜喜蛛爱吃花脚蚊子，有时也会尝一点点饭粒。

喜喜蛛吃他送的"零食"时，他得警惕躲藏在暗处的壁虎。那些飞檐走壁的壁虎看到了喜喜蛛，就像黄鼠狼看到了母鸡老芦。

为喜喜蛛防守壁虎的时候，他既像夜里为老芦赶走黄鼠狼的母亲，也像那个在景阳冈上打虎的武松。

有一次，壁虎没打着，它自断的尾巴掉落在地上。

恰好母亲走进来，断掉的壁虎尾巴还在她面前蹦跶，而贪吃的老芦以为是只活虫子，迅速赶来。在一阵慌乱中，母亲轰走了老芦，也狠狠地警告他：如果把老芦毒死了，他会"有命没毛"。

他没有品尝过"有命没毛"的滋味，但他知道，那是母亲心中最厉害的酷刑。他不怕"有命没毛"，反而害怕母亲知道他为什么要去打壁虎，更害怕母亲知道他为了让家里的喜喜蛛数量增多，而不断捉喜喜蛛回家的事。

八条腿的蜘蛛有很多种，但他只喜欢喜喜蛛这样的好朋友。褐红的长腿系着透明的蛛丝在母亲的头顶上荡秋千，然后像最出色的跳伞运动员一样，准确地落在母亲的头发上。有时候，会降落在母亲的耳朵上。有时候，还会调皮地降落在母亲的鼻尖上。

他喜欢这个八条腿的好朋友，他更喜欢母亲的"甜脸"。

谁能想到呢？父亲出事了。赤脚巡田的父亲倒在了水稻田里，好在被放牛的老穷叔发现，正往医院送呢。

消息是六指奶奶跑过来告诉母亲的。母亲脸色陡变，狂奔起来。他想跟着母亲一起去，母亲喝住了他，让他守家。家里有老芦，猪圈里有"猪八戒"。

家里热闹起来，拥过来很多看热闹的人，家里却只有一个满脸滚烫、低头不说话的他。后来，热闹的潮水又迅速退去。从他们的议论声中，他知道父亲出了什么事：赤足巡田的父亲被毒蛇咬了。如果不是老穷叔及时发现，父亲就没命了。

后来，黄昏就来了。

那是一个特别漫长的黄昏，他学着母亲的样子煮了猪食，然后给猪圈里的"猪八戒"送去。

比黄昏更长的是一个人的夜晚。

他不敢睡觉，也不敢哭，一个人坐在屋子里，又害怕院子里跑来惦记老芦的黄鼠狼。一条毒蛇能埋伏在稻田里等着父亲，黄鼠狼也能在院子里等着他。

再后来，柴油灯里的油耗尽了。

他只好蜷伏在黑暗中等待天亮。陷入黑暗的他开始了漫长的流泪，脑海中不停地出现一个头缠白色孝布的哭孩子。他恶狠狠地赶走这个哭孩子，但哭孩子还是执拗地站在他眼前，根本不怕挨揍。后来，他索性不理睬哭孩子了。但泪水还是一颗颗漫下来，一直漫到他的脚背上，然后像一条冰凉的小蛇一样游动到地面上。

他不敢再赤脚踩在地上，赶紧缩起双脚，蹲坐在小板凳上，继续流泪。

有一个冰凉的小东西落在他的耳朵上了。

他知道那是喜喜蛛。

他的这个八条腿的朋友，什么话也没说，但又什么话都说了。

被毒蛇咬伤的父亲是天亮之后回来的。院子里又热闹起来，大家安慰父亲大难不死，必有后福。

父亲被毒蛇咬伤的地方是右脚面，他的右脚和右小腿肿胀着。医生在父亲被毒蛇咬伤的地方用刀划了一个"十"字，血水不断地向外涌。

他不敢看父亲脚上的伤口。那伤口的样子进入他的视线后，他会全身禁不住颤抖。

看到他颤抖的样子，父亲说他真是个胆小鬼。父亲的话又让他哭了起来。🌱

甜和疼的层次

□ 二 冬

我们都知道"生命中最美好的事物就是生命本身"这个命题，所以才会感动或感慨于当下。但我发现很多人说到"活在当下"时，并没有理解当下是什么。

大多数人都以为，"当下"就是当下的美、此刻的快乐，所以"活在当下"，就成了"珍惜此刻的享乐"。但美和好、欢愉和快乐，都只是当下的一个方面，丑和苦、疼和求不得，也是"当下"。

所以在我看来，当我们感动或感慨于当下的时候，这个"当下"，其实并非当下的感受和情绪，而是对自身于当下存在着的觉知和观照。这个时候会发现，甜和疼一样都是有层次的，欢愉、绝望，都是滋养。

一个人在凝注时，有极大的安定和真实，是很敞亮的，是一种治愈。

只不过大多数时候，我们都只能被那种由特定环境带来的镜子反射的光所照亮，很少有人能在乏味的、拥挤的、阴郁的环境里，也能保持觉知和观照的能力。🌱

西格蒙得·弗洛伊德的一天

□亓昕

这是1905年5月7日。伟大的心理学家、精神分析学派创始人西格蒙得·弗洛伊德50岁的第一天。

7：00，准时起床。

他是一个靠时钟过活的人，因此，时间似乎总是站在他这边。这会儿，昨天生日宴会的余味依然存留在他的嘴边，那张只说震撼世界的话的嘴，很少像现在这样松弛而又微翘——因为昨天追随者们赠送的生日礼物实在太令人震撼了，以至于此刻回想起来，他依然感到心房在颤动。

那是一枚大纪念章，纪念章的一面刻着他的侧面像，另一面则是俄狄浦斯破解斯芬克司谜题的情景。上刻一行引自索福克勒斯《俄狄浦斯王》中的古希腊铭文："他解开了著名的谜题，是个了不起的伟人。"

据他的追随者回忆，当大家念出铭文的时候，弗洛伊德的脸色"变得苍白而激动……就像碰到一个亡魂"。事实上，他也真的碰上了亡魂，因为在他的大学时代，他时常站在校园里仰望伫立在那里的著名校友的雕像，遐想自己的雕像有朝一日也能被竖立于此，而他在内心中想象的刻在上面的铭文，和追随者们为他选择的正是同一句。

他的传记作者彼得·盖伊评论道："现在，至少有一些人肯定他这个潜意识探索者是个巨人了。"

而此刻，他意识到自己的激动，稍微放缓了一下身体的节奏。那枚勋章般的纪念章被放在书架的正中，它被一排排、一堆堆的希腊雕像环绕着，像在隐喻着某种空前的胜利。他的这座位于维也纳第9区贝格街19号的寓所，是一个经过精心经营与谨慎布置的小世界。这里的一切，都是在被挑选和排除之后，构建出了一个属于弗洛伊德的，安稳舒适且自洽的文化脉络。

再仔细看，这个家里的一切陈设都是经过漫长的文化考验、阶层衡量、身份认同的，甚至它们也是幸福生活存在的证据。比如，亲朋好友的照片、旅游地的纪念品、学院派的版画和雕塑。那么，这个显而易见的收藏家，他的收藏动机到底是什么呢？有人收藏是为了钱，有人收藏是为了美，有人收藏仅仅是为了收藏，弗洛伊德属于最后这一种。

他几乎是一个强迫性收藏者，他本人似乎也意识到了这点。他收藏那些雕像，是出于它们的历史联想及其承载的情感。这个家具与摆设拥挤繁复的家，也能让人看到一直以来主张禁欲的弗洛伊德，实际上还是相当热衷于感官享乐的。这使得这个才50岁就显露伟人气质的学者，呈现出接地气的一面。

7：30，吃完早饭，弗洛伊德开始整束自己的妆容。

"妆容"这个词对他来说并不夸张。坊间关于他精心打造自己气势的传言是真的，他的髭须与尖尖的颔胡，每天都必须经过理发师的修剪。他考究的衣着与威严的仪表本身就具有一种震慑作用，这使得他尽管身高只有1.73米，却总显得鹤立鸡群。不过他留给后世的照片总是显得有些阴郁肃穆，这并不是他本人个性的写照，而仅仅是因为他不喜欢拍照。

他站在镜子前，凝视着自己的双眼。这种凝视并非自恋式的，而是探究式的。那双眼睛是棕色的，散发着透射性的光芒，就像从某个深处打量着别人。而当它们打量自己的主人时，同样带着追索的意味。

他最近遇到的一个烦恼是精神分析圈里的人际纷争，想到这个，他微皱了下眉。而他此刻还不曾料到，50岁以后的很多年里，他用在解决人际冲突上的时间不见得比花在研究自己的理论上的时间少。

8:00，他开始工作了，也就是接见病人。

这项工作会延续到12点。打少年时代起，弗洛伊德就超乎寻常地勤奋。他连续6年在班里名列第一。高中毕业时，他不但通晓希腊语、拉丁语、德语和希伯来语，还学习了法语和英语，并且自学了西班牙语和意大利语的基本知识。他的家人和老师都希望，也认为他能成名，他也确信自己注定会在知识领域做出重要贡献。从弗洛伊德很小的时候开始，全家人的生活就以他的学业为中心。他不和其他家庭成员一块儿进晚餐，当妹妹安娜练琴的声音打扰到他时，父母干脆搬走了钢琴。

13:00，弗洛伊德家的午餐准时开始。

现在，他的家人则以他的事业为中心。总之，他似乎是自己生活永恒的中心。每天13点，弗洛伊德家的午餐准时开始。钟声一响，一家人就会聚集到饭厅的餐桌边。妻子玛莎就坐在与他相对的位置，他们看向彼此的目光依然充满温存。

玛莎是典型的伟人背后的女性，她一生都在婚姻中殚精竭虑，务求丈夫可以把全部时间和精力用于研究和写作。他们在一起生活了53年，生有6个孩子。在漫长的婚姻生活中，两个人从未拌过一次嘴。他曾明言，不希望子承父业，但是小女儿安娜最后还是成了精神分析家。女儿的违逆，他是欢迎的。他是一位慈爱温和的父亲，甚至是欢快的。对家庭与家族以外的晚辈，他依然如此。他还是一位低调的慈善家，经常资助需要帮助的人。当他这样做的时候，通常会有点儿尴尬地递上一个装着钱的信封，说："希望我这么做不会令你感到被冒犯……"

午餐后，他出门散步，以促进血液循环。

50岁的弗洛伊德依然强壮，但或许是50岁这个年纪对一个男人来说太不寻常了，他不时会被自己老朽的灰暗念头困扰。他甚至多次预言，自己会在60岁出头死掉，按照这个预设，时间确实也够紧迫的。不过，像他这样的人，对时间与存在，甚至性命都感到某种时时逼近般的穷尽，也是可以理解的。

散步的时候，他通常会寄走书稿，或者买雪茄。他是个强迫性雪茄成瘾者，每天能吸20支雪茄。在37岁到42岁，他发现自己心律不齐时曾试图戒烟，但失败了。67岁那年，他的口腔发生癌变。在这之后的16年，直到去世，他先后进行了33次手术，下巴大部分被切除，无法工作，甚至无法吞咽……尽管所有人都知道，是吸烟产生的刺激导致病症反复发作，但他就是无法放弃这个习惯。直到83岁临终前，他依然在抽烟。

15:00—21:00，弗洛伊德继续接见病人，并适当休息。

晚餐后，他一般会和小姨子敏娜打一会儿牌，要不就是跟妻子和女儿一起散步，散步的终点是一家咖啡厅。他们会在那里读报，夏天时还会吃一份冰激凌。通常到家是在22点30分前后，他开始写作、读书、编辑文稿。

1:00，这个研究梦境的人，开始沉入梦乡。

小小的湖

□ 许立志

细小的晨曦被微风吹送着
我看过风景看过雪
独不见一个早晨的明亮
小叶榕有瀑布般的根须
拂过路边行人困倦的脸
谛听这些声音，这些光线
我的内心是宁静的
它赓续了朝代间缄默的溪水
爱与孤独，树脉上流动的思想
土地上碎落的方言
我弓腰，拾起几枚
在阳光下反复诵读，咀嚼
抵达每个乡村，每个生命的卑微
展望新的日子，我满怀期待
湛蓝的喜悦在心里荡开
静卧成一面，小小的湖

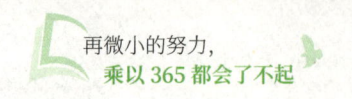

我的老板是 AI

□ 何承波

100年前，英国经济学家凯恩斯如此想象我们今天的生活：技术的进步，提高了劳动效率，因此，2030年的人类，每周只需工作15个小时，如何过好闲暇时间，将是他们面临的最大挑战。他把这种现象定义为"技术性失业"。

审视当下，凯恩斯所设想的未来还没有完全到来，但另一种技术性失业正在成为现实：2022年8月，脸书（Facebook）母公司宣布使用算法解雇了60名合同工。没错，在淘汰我们之前，AI（人工智能）率先成了我们的"老板"。

算法炒了我

几年前，美国人卡罗尔·克莱默接受了一份新工作——一家软件公司的高级副总裁，主管财务，报酬也不错：每小时200美元。但她很快发现，到手的工资其实很低。

原来，公司使用了一款监控软件，用来捕捉员工"积极劳动"的时间。系统监测到了几分钟，就发几分钟的工资。更让克莱默感到糟糕的是，她的很多劳动并没有被算在内。有些"离线工作"，比如，她在稿纸上演算财务数据的时间，以及一个正常脑力劳动者都会有的思考时间，甚至起身去打印的时间都不算。

这家公司要求员工必须同意安装一款跟踪软件，这样，系统就可以记录员工点击鼠标、操控键盘的次数，软件还会每十分钟就进行一次截屏，并通过电脑摄像头抓取照片，以判断员工的工作状态。系统会根据软件所捕捉的数据，对员工进行工作考核、业绩结算。受这套系统的控制，员工们不得不一边开会、培训，一边摇晃手中的鼠标。

过去，依赖主观判断的人力资源管理工作，如今成了一项热门的分析业务。这就是"用户行动监测"行业。

"用户行动监测"的本质在于，将员工变成可监控的数据流，以帮助雇主实现算法管理。数据是算法的基础，而数据采集，则通过实时监控实现。

互联网零工经济，正是算法管理最成熟的试验场，外卖骑手管理就是一个绝佳的案例。

基于手机软件，有关外卖骑手的数据源源不断地生成，比如位置、路线、骑行时间、配送娴熟程度、接单量，以及最重要的客户反馈（差评与好评），被一一纳入平台，这些大数据喂养出更智能的派单系统。好评率、接单量、送餐速度，则是决定骑手能否受算法偏爱的指标；严厉的等级奖励体系下，平台不断激励骑手，要送得更快、更多，要得到更多的好评——越如此，骑手越容易受算法眷顾。反过来，当高效和快速的数据越来越多，算法自身也会进化，当算法判定骑手可以更快的时候，它会在无形中推动新一轮的加速。

如今，"用户行动监测"技术应用非常广泛，特别是在美国。比如，波士顿的一家分析公司向20家公司提供了装有麦克风、位置传感器和加速度计的员工身份徽章，以研究员工的互动如何影响绩效。借助这套系统，美国银行的管理人员发现，食堂里有人坐4人桌，有人坐12人桌，而那些乐于坐大桌的员工，一周的工作效率高出36%。因此坐小桌的员工成了裁员时的首选目标。

把裁员的判断交给算法，是算法管理趋势下的典型做法。很多互联网高科技企业，甚至直接把裁员大权委托给算法，实现了监督、管理和裁员的全套数据化流程。

算法管理的本质，是一个黑箱。它并不透明，而且标准复杂、苛刻，其中很容易混入偏见、片面评估甚至误判，这进一步加剧了员工与雇主之间的不平等。

绩效专家奥利维亚·詹姆斯认为，严密的监控，会引发反抗或逃跑反应。她解释说："当你的大脑处于危险模式时，你无法创造性地思考或发现问题。这本质上违背了企业提高生产力的目的。"

历史的衔尾蛇

算法管理，可能听起来很有未来感，但它也暗藏着来自过去的回声。

在资本主义视角下，人类的劳动能力是一种商品，对其进行监督、管理和评估，是一种必要行为。员工管理的每一次进化，都是技术带来的。

18世纪，时钟技术得到发展，并进入各个工作场所。时钟带来变革，工作时间得以抽象化，成为商品化的时间。

秒表出现后，泰勒主义的科学管理得以萌发。18世纪末，美国费城米德威钢铁公司的总工程师弗雷德里克·泰勒，是一个名副其实的工作狂人，他每次进入生产车间都手持秒表。为了提高生产效率，他针对工人提出诸多要求，如减少步行距离、消除不必要的动作，整肃那些慢工出细活的工人。其次，借助秒表，他拆分了劳动过程，将动作细节进行切割，并规定相应动作的完成时间，让工人的劳作过程得以量化和标准化。秒表的作用，是在监督者的视角下，建立了一种行为的解剖学模式。这使得生产效率得到质的飞跃，但随之而来的，是更为严酷的剥削。

福特公司则最早建立了算法管理的"原始模型"。1913年，福特公司引入先进的装配线，标志着现代工业的滥觞。但生产设备的优化，也意味着劳动强度的空前提高，这就加剧了工人的流失。福特公司提高了薪酬，但有一个条件：员工要采用健康的、有道德的生活方式。福特公司成立了社会学部门，配备30多名监督员，随时搜集员工的家庭与个人情况，跟踪其身体健康状态，以避免他们在装配线上工作时感到筋疲力尽。

当今社会的数字化进程，带来了人体的抽象化。在工作场所、公共场合乃至私密领域，人已经不再是一个实体，而是抽象为离散的流动状态，也就是数据化的我们——流向了公共服务部门、商业实体。我们以无法自我控制的方式，被分类、标记、分析，成为一个个干预目标。雇主可以收集员工的劳动情况、通信内容、工作场所内外的活动，乃至身体状况，如体重、胆固醇水平、饮食运动情况等方面的数据，以实施从内到外的算法管理。

福柯从圆形监狱发展出一个生物政治学的概念——"全景敞视主义"，即社会权力对身体实施的全方位管控、规训。福柯认为，这种权力对资本主义的发展是必要的，因为它为资产阶级提供了有效且廉价的手段，以处理其社会后果，如越来越多的乞丐、流浪者、强盗和无纪律的工人，并向普通民众灌输适当的工作习惯，如服从、尊重权威、时间管理和效率。

无论技术怎么演进，历史似乎总像一条衔尾蛇。今天，全景监狱以人工智能的方式，发挥着几乎与之相同的作用。

不经意间

□ [英] 蕾秋·乔伊斯　译 / 焦晓菊

生活中那些大事不会显山露水，它们在平静而平常的时刻出现，通过一个电话、一封信，在我们毫不在意的时候出现，无缘无故、毫无征兆地出现，那也是它们让我们不知所措的原因。而我们需要用一辈子，漫长的一辈子，来接受事物的不和谐性，接受无关紧要的一刻会与至关重要的一刻比肩而立，并成为同一件事情的一部分。

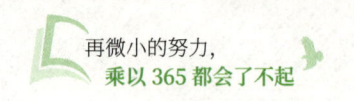

遇见与重生

□ 高明昌

母亲让我把一大碗肉骨头给狗拿去，我是有些开心的，让狗看到我，我就完成了高家长子带头护狗的任务，这是有意义的。我走进了菜园，走近了狗棚，狗见我来了，见了大碗，围着我转了几圈，还嗯嗯呜呜地叫着。我将碗里的骨头全倒进了狗的食盆，狗将嘴伸进了食盆，进食的声音急急促促。几分钟后，狗抬起了头，吐了吐舌头，转身走进狗棚，又转身，后腿着地，定睛看我。旁边的十来只鸡，从南边蜂拥过来，三四只大公鸡，瞥了一眼狗后，就将嘴伸进了大碗里，后面的鸡们围上来，在大碗的周围围成一个圈，嘴像无数的钩子，轮番啄向盆底。狗看着鸡们，鸡们却忘记了狗的存在，它们不怕狗的嘴巴，还有牙齿。

老家一直说，鸡狗不同窝。同窝了，它们就要唧唧喔喔，就要一个啄，一个咬，一个追，一个跑。母亲从小教导我，鸡狗只要碰到一起，人不看住的话，狗要吃鸡的。可现在呢？狗的饭食成了鸡的饭食。这种连人都担心的事情，鸡却一点也不害怕。有饭吃，是生命的保障，给自己生命保障的都是自己的主人，都需要示好，需要多看一眼，或者亲热一下，没有必要惊吓的。吃完了狗盆里的饭食后，一两只鸡慢步回到了原处，留下的鸡们不再叽喳，它们安静，全都望着狗。虽然时间短暂，但于我而言已经足够了，因为我看见了另一种动物现象，这现象在努力地提醒我，生活中你应该想点什么、做点什么。

其实，老家像这样的故事很多，只是因为不懂，我曾误会了许多。八九岁时，我经常在河浜边拔草来喂猪。一次，我看见了河里的三四条草鱼，有两尺长。它们看见了河岸长出来的青草，一个甩尾，张开大嘴，直冲青草，一口咬住了青草，将青草拉到水面上，然后用嘴巴触了触草叶，很快游走了。它们在干什么？为什么不吃青草？我还没有想明白，就看见水里游来了一群一虎口长的草鱼。这群鱼看见了青草，马上张嘴，啊呜一口吃下了青草，然后继续向前游去。我看着，先是觉得新奇，后来鼻子就酸了。大鱼不吃的青草，原来是让给小鱼儿吃的。大鱼原来是父母。回家后问父亲，这草鱼能做人的事情？父亲说，鱼的世界就是人的世界，一样的。父亲叮嘱我，以后看到这种场面，就别拔草了，要早点走开，轻手轻脚地走开。

这让我想到自己。小时候，我们几个小孩子跟着大人去镇上。到了镇上，嘟囔着让大人买棒冰吃，大部分大人都给孩子买了。我们从大人手里接过棒冰，剥开棒冰纸后，将棒冰伸向大人的嘴巴，让大人尝尝味道。但我看见，所有的大人都说自己牙酸，然后摆摆手，示意我们吃；有的大人象征性地舔一舔棒冰，装作自己受不住那个冷。这让我们无可违逆，因为我们亲见了事实，事实是不需要怀疑的，我们就吃得口顺心顺。

后来自己有时也说牙酸、怕冷，但都是在自己也做了大人以后。

前几年，老家造房子，老母亲暂住在叔叔家的小房子里。我一周两三次去看望老母亲。去时，买些老母亲喜欢吃的肉和鱼，还有虾。烧好虾以后，我每次都抓几只给来我们家玩的白猫吃。后来，我每次回家，不一会儿，那白猫就会来我们家，而且直奔我脚下。我问母亲，白猫是怎么知道我回来的，母亲说它闻着了人的气味。我那时想，人的气味蛮好的，可以无声而招白猫来。

有一天，开门出来，门口放柴火的地方躺着这只白猫，它全身都是泥浆，一条腿被什么东西撕烂了，露出了血肉模糊的皮肉。轻推猫身，猫没有任何反应。母亲说，可能没有救了。但我们基于猫在生命中遇到危险第一时间想到来我们家的果敢行为，暗下决心救活白猫。我们一边用清水擦洗猫的身体，一边将消炎药捣碎放在米饭里，放在猫的嘴边。到了晚上，看见猫吃了一点点。我们像是看到了生命的曙光，感觉自己劳而有功。我们开始买鱼买虾，数量少，质量好。一天，两天，过了一个星期，在灼心的等待中，猫发出了第一声呼喊，而且能拖动身体了。我们迅速将猫移到了里屋。一个月过去了，猫终于站了起来，迈开的第一步是一瘸一瘸的。又一个月过去了，猫不瘸了。猫在吃完最后一顿饭食后，离开了我们家，去了它自己的家。

半年后，新楼房造好了。有一次回家，饭后，我沿着围墙走路，突然看见了这只白猫，白猫也看见了我，它像一股风，奔跑到围墙边，对着围墙里的我，喵喵地喊个不停。我沿着墙边走，它也沿着墙边走。有时还把前脚搭在墙壁上，双眼看着我。母亲看见了，看看猫，看看我，得意地笑了。后来我每次回家，这猫不知道从哪里冒出来的，总是在我的脚边围着走，天黑了，也不走。

看着它，我五味杂陈。我认为，直至今天，我不如这只猫。生活中，我一定有过贵人相助、高人指点的时刻，但我的做法呢？我感恩于猫的教育，我后来的许多想法与做法，都是因为那只猫。我相信，亲历的教育会从根子上启迪你，甚至改变你。

如今，老家的狗老了，老家的河小了，那只猫也不见了，但老家依旧在。那些曾经的遇见都藏在心里了，时不时地泛起，也是因事而起，全是起比照作用。照此说来，过往的天赐宝物、万象万景，见与不见已经没有什么差别了。

看　客

□水如许

《梁溪漫志》中记载：有个调任都城的士人闲来无事，天天坐在所住旅店前的茶坊里看过往路人。店对面是一间染坊。某天，他发现有几个人三番五次地在店前晃荡，似乎是在打染坊的什么主意。正惊讶间，有人过来对他耳语："我们想得到染坊晾晒的缣帛，请官人别声张啊。"他说："干我何事，何苦多嘴。"那人拱手道谢后就走了。

那个士人想：那些缣帛高悬在通衢路口，大白天的，万目共睹，他们岂能得手！然后，他就坐在那里聚精会神地观看那些盗贼的一举一动。但见那几个人时不时地经过，一会儿出现在左边，一会儿出现在右边。后来，间隔时间越来越长，至傍晚，那几个人都不见了。而那些缣帛依然好好地挂在那里。士人心里暗笑：那几个说大话的家伙，纯属逗我玩呢。肚子饿得咕咕叫，他进自己的房间打算叫饭来吃。突然，他呆住了——自己房里的东西都不见了。

父亲把轮椅转向那个房间

□梅雨墨

这几日大哥来电话，说父亲经常念叨我，问我最近回不回去。

父亲已经93岁了，身体还不错。不过，自从母亲7年前过世，本来就不擅言谈的他变得更加寡言少语，就算我回到家里想和他多聊几句，他也是聊不了多久就对我说："你去休息一会儿吧，我也眯一会儿。"他不像母亲，母亲和我总有说不完的话，我们可以聊一整天。

父亲晚年得了糖尿病，一直要吃药。母亲把他的生活照顾得非常好，饮食上也让他注意，所以靠口服药就控制住了病情。但是，不知道从什么时候开始，父亲突然开始喜欢吃一种用塑料袋简易包装的饼干。这种老牌子的饼干很甜，酥脆可口，但显然，对糖尿病患者来说是不合适的。

早些年回家，我都会看见父亲"偷吃"这种饼干。每一次父亲从自己房间的枕头底下偷偷摸出一袋饼干，吃不了几口，就会被母亲发现。母亲从她的房间里急匆匆地出来，快步来到父亲的房间，声色俱厉地数落："老头子，你还真是改不了这个坏习惯呢。你也不是个小孩子，还偷吃饼干？"于是，父亲只好讪讪地把饼干放好，说："我就是嘴里有些泛苦，尝一口，也没吃多少。"

但是，正像母亲说的那样，父亲偷吃饼干成了坏习惯。他并没有因为母亲的数落就不再去吃，而是几乎每天都要摸出来吃一两块。母亲也总能很神奇地迅速发现，并严厉制止。于是，这种"猫捉老鼠"的游戏总在上演。老两口都是高级知识分子，却整天为这一点小事情发生不愉快，我觉得母亲有些小题大做了。

但很快，我便觉察出诸多不合理之处：比如，那一小袋饼干为何总是吃不完，为何一直存在于父亲的枕头底下？还有，父亲为何不是悄无声息地摸出饼干，再悄无声息地独自享用？那撕开袋子和吃饼干发出的脆响，每回我在家都能听到。因此，我得出这样一个结论，让照顾他们的阿姨去门口的小卖部买饼干，应该是母亲默许的；那偷吃时的"声势"，应该也是父亲故意为之的。那么，这到底是为什么呢？

直到有一天，我看见一个场景，顿时全明白了。

那是一个寒冷冬天的星期四，母亲突然病重，大哥看情况不好，立即给我打来电话。我们送母亲去医院的时候，一向沉默寡言的父亲突然开口对我说："你妈如果住院，就托人带话回家，好让阿姨送饭过去。"

这一走，母亲就再也没有回过家……忙乱中，我似乎忘记了父亲的存在。

处理母亲的丧事期间，我有一次回家拿东西，父亲看见我，急忙问："你妈怎么样了？住上院了吧？你怎么不托人回来，让阿姨给你妈做饭送去？"我无法回答，因为母亲已经过世，而我也不知道怎么对父亲说这件事情，所以只能含糊地说："不需要送饭，医院里什么都有。"然后就急匆匆地走了。

几天以后，母亲的丧事全部处理完毕，我才拖着疲惫的身躯回到家。

当我用钥匙打开大门后，发现父亲一个人静静地坐在轮椅上，斜侧身背对着我。夕阳照在他的身上，有一层金色的光晕笼罩着他，曾经在我的眼里非常高大的身躯如今却显得那么瘦小。他回头看了我一眼,并没有说一句话。我也说不出一句话来,只能瘫坐在他身后的沙发上发呆。

不知道坐了多久,突然,我听到一阵窸窸窣窣的声音,原来是父亲在撕他手中拿着的那袋饼干。他撕开塑料包装袋时发出了很大的声响,比我以前听到的任何一次都响亮、刺耳。父亲一边撕那袋饼干,一边不断地望向母亲房间的方向,直到他颤抖地抽出一块饼干,只咬了一口,那块饼干就碎了,散落在父亲身上。父亲却并没有理会,他又慢慢地掏出一块饼干,这次他没有去咬,而是紧紧地攥在手里,慢慢地揉搓着。我看着饼干屑从父亲的指缝里慢慢地掉落下来,仿佛看着那慢慢逝去的时光和生命。

饼干屑掉落一地。父亲把轮椅缓缓转了一个方向,这样,他就可以对着母亲的房间。他就一直深深地望向那里,一句话也不说。那小小的"游戏",是他们之间的默契。这一次,我知道,父亲注定要失望了,因为母亲再也不会从那个房间里冲出来,走到他的面前大声地数落他了。

我再也忍不住,泪流满面,但我不能发出一丁点儿声音……

"揽过"与"揽功"

□ 冯 唐

田单当了齐国的国相。某天,他途经淄水,看到一名老人因为渡河受了寒,上岸之后无法走路,就把自己的裘皮袍子脱下来给老人穿上。

田单做了一件好事,但他这么做,有人看着不开心。谁不开心?齐王。

齐襄王听闻田单"解裘救人",很讨厌他这种做法。齐襄王自言自语:"田单这样乐善好施,是不是想将我取而代之?"

齐襄王一说出这话来就意识到不对,他左右张望,生怕被人听到。他发现殿外有一名穿珠子的工匠。于是,齐襄王把他叫来问话:"我刚才说的话,你听见了没有?"

工匠很诚实地回答:"听见了。"

齐襄王没有因为自言自语被人听到,就立刻把这人杀了,竟然不耻下问:"你觉得该怎么办呢?"

穿珠子的人回答得非常好。他说:"您不如借机把田单的善举变成自己的功劳。您可以高调嘉奖田单,说田单替您分忧,您对他非常满意。"

穿珠子的人说:"田单做了这样的好事,您嘉奖他,那么田单做的好事就相当于您做的好事。"于是,齐襄王赐给田单"牛酒"——牛和好酒。

穿珠子的人觉得不够,他对齐襄王说:"您不能只给他牛和酒,您要在群臣上朝的日子,把田单请出来,当面予以表彰,然后在田单所做善事的基础上,把它变成一项法令,那么田单所做的一切就都是您的功劳了。"

计策很见成效,后来齐襄王派人查访,发现很多人都在议论,说田单之所以关爱百姓,是因为受了齐王的教导。

领导是战略的制定者,事情做得好,是员工的执行力强。作为领导,有时候需要推功揽过,有时候也可以把下属的功劳揽到自己身上。田单在茫然无知的情况下免去了一场杀身之祸;齐襄王则变不利为有利,变被动为主动,赢得了齐国百姓的爱戴。

我们在多大程度上了解自己的父母

□冯雪梅

父亲坐进儿子的教室里。接下来的几个月，他要和孙子辈的学生们一起，上儿子的古典学研读课程，讨论荷马的《奥德赛》。

这事儿让儿子有点担心：他不知道该如何当着父亲的面教导自己的学生。长期以来，他和父亲有着截然不同的生活方式，比如他在好几个地方都有住处，而父亲几十年来，一直居住在孩子们出生的地方，要花很长一段时间开车来校园听课。

父亲八十二岁了，他也曾是教授，还很骄傲地将自己在学校办公室的名牌带回家，放在书房里。不过，作为数学家，他认定的判断标准很单一：X就是X。这对研究古典学的儿子来说，似乎很难接受。

像所有人一样，儿子从小就期待父亲的认可，却总不能如愿。当他拿着数学题请教父亲时，父亲总是皱着眉，永远不理解为什么如此简单的题目，儿子竟然弄不明白。有多少孩子在自己的"精英"父母面前战战兢兢？估计从荷马时代起，英雄父亲就一直是儿子难解的谜题。《奥德赛》是英雄千辛万苦的还乡之旅，也是儿子寻找父亲的备受煎熬之行。

让父亲引以为傲又不无遗憾的是，他曾在高中时学过拉丁文，读过原版的《伊利亚特》。父亲一直记得给他们上课的德国老师，他的拉丁文却日渐生疏，以至于重新拿起《荷马史诗》时，已无法读懂。

于是，他来到儿子的课堂，再一次开始读《奥德赛》。它的前传是《伊利亚特》：一场由美女海伦引发的十年鏖战——特洛伊战争。足智多谋的奥德修斯以木马计攻破特洛伊城，远征的将领们纷纷归国，奥德修斯也带着自己的船队返乡，《奥德赛》的故事由此开始。

归途同样耗时十年。奥德修斯弄瞎了海神之子的眼睛，惹怒了海神，惊涛迷雾中，回乡之路也变得磨难重重。如果没有点儿波折和悬念，以歌谣的方式传播的史诗故事，断然不会吸引人，更不会流传长久。

父亲显然不太喜欢奥德修斯——一个让船队毁灭，一个队友都没有带回来，曾"只求一死"的人，怎么能算英雄？还对妻子不忠，他甚至都算不上一个合格的丈夫和父亲。课堂上，父亲从一开始就对主人公有些不屑，举手反对教授儿子的观点。

《奥德赛》里有这样的句子："只有少数儿子长成如他们的父亲，多数不及他们，极少数比父辈高强。这对儿子而言，是多大的压力？"

显然，奥德修斯的儿子不如其父那般足智多谋、声名远扬。他寻找缺席自己生活二十年的父亲，一点点拼凑起父亲的形象，也在寻找的过程中成长。对一个孩子来说，是父亲一直存在于想象中更容易，还是找到一个真实的父亲更容易？

课堂上，父子之间也在暗自较劲。儿子对父亲总是讲述自己多年前学习拉丁语的经历有些不以为然，更对父亲"X就是X"的判断标准不认同。就像当年，他渴望赢得赞赏，却总是看到父亲对着自己的数学作业皱眉头一样，儿子对父亲的情感里，多多少少有因严肃刻板而导致的压抑和不满。

奥德修斯或者父亲，真如别人说的那样吗？或者，从小守在父亲身边的儿子所认为的父亲，就一定是真实的吗？我们所熟知的那些人和事，就一定是他们真正的样子吗？

不一定。学生们描述的那个"可爱"老头，有着教授儿子不曾看到的一面：幽默、可爱、体贴。父亲有一句口头禅："你不知道有多堵。"他总抱怨交通拥堵，却不愿搭公共交通来上课。当他终于选择坐火车来时，儿子原本以为是恶劣天气逼得父亲投降，却不知道是他的学生改变了父亲。还有，他听过好多遍的父亲兄弟间的旧事，也有另一个版本。

原来，父亲并不是他一直"以为"的那样。他以为父亲是为了家庭而放弃写博士论文，因此在很长一段时间里无法升任教授。他以为父亲如此严肃固执，烦透了母亲家族的热闹随意——他们俩是多么不同的人啊，父亲一板一眼，母亲热情随和；父亲安静沉默，母亲开朗多言；父亲除了几个好友，好像总是和人保持距离，母亲能迅速和人打成一片。他不知道是父亲自己放弃了去读西点军校的机会，自己选择不写博士论文……《奥德赛》不仅仅是父子的故事，也是夫妻的故事，有着不为人知的秘密。奥德修斯一去不返，生死未卜，家里挤满了前来求婚的人，妻子不得不施计拖延。本就疑心重重的奥德修斯想试一试妻子的忠贞，没想到妻子也想确认眼前这个男子是不是自己的丈夫，于是用一个只有他们俩知道的秘密验证——让保姆去搬床。那是奥德修斯亲手制作的一张不可能搬动的床，由深深扎根地下的大树打造而成。

这些不为外人所知之事，将夫妻二人连在一起。"人与人之间会有牵绊，不是肉体的，是多年相处积攒下来的各种私宅笑话、回忆，以及只有当事人才知道的点点滴滴。"它们维系着婚姻，维系着家庭。"多年后，即使一切面目全非，只要两个人之间有这种牵绊，他们就还能紧紧相系。"

课堂上，父亲对着一群十八九岁的学生说："他母亲当年是最美的姑娘。不是标致，而是由内而外的美。"这就是爱的本质——眼见某个相识已久、关系亲近的人渐渐老去，变得面目全非，但你对此人的爱意及彼此间的亲密已成为习惯融入身体与灵魂。

人们不会认为《奥德赛》是一个父子情深的故事，但和父亲一起上的《奥德赛》研读课，在平静的叙述中，充满深情。在对《荷马史诗》的解读中，家族故事穿梭于奥德修斯的归程，因为这次课程，学生们得以了解古典学，感受史诗与现实的对接；儿子看到了不一样的父亲，重新认识了自己的家庭。

课程结束之后，儿子想和父亲来一场"《奥德赛》巡礼"，去地中海沿岸探寻那些史诗里的古迹。向来对于游轮旅行、观光、度假之类"不必要的奢侈品"嗤之以鼻的父亲，接受了这场"教育"之旅。他在游轮上同人聊荷马，哼唱老歌，却对途中触手可及的古迹兴趣寥寥，因为"史诗比遗迹来得更真实"。

"奥德赛之旅"不久，父亲摔倒了，导致中风。在家人面对要不要放弃治疗的选择时，儿子又一次想起父亲早就说过的那句话："直接把管子拔了，然后出去喝杯啤酒就行。"

丹尼尔·门德尔松就这样结束了《与父亲的奥德赛》。书的译后记中，译者讲述了书中父亲最喜欢的那首老歌《我可笑的瓦伦丁》的创作者罗杰斯与哈特的故事——他们两人之间也有着许许多多的牵绊。译者写道："如果《与父亲的奥德赛》让读者想要重新审视身边每一个复杂多面之人，我多希望那个热爱押韵与诗律、通过作品给无数人带去快乐与幸福的灵巧的词匠哈特，也能去爱一个不完美、复杂而多面的自己。"

史诗，从来都不只是对历史的记叙，更是对人性的阐释，让我们更好地了解他人和自己。

被修改的事物

□ 冀 北

我密切关注过细雨
进入茎叶的方式，它似乎从一株植物的内部
修改了它的色彩，我经常看到花朵说出的
全部供词：曼陀罗、墨兰、牡丹……
我敢肯定，一定有一些外部的力量
进入了事物隐秘的内心，这样的修改
是无声的，就像一个少年
被岁月的暗河修改成瀑布
又被时光的暖流，敦促成雨点
我也由此学会了
对每一个清晨和暮晚的修改
直到把世界变成一个人的梦

能否好好说再见

□ 焦晶娴

中学生麦迪难以相信，屏幕里用表情符号和她聊天的，竟是两年前去世的父亲。两年来，她和母亲搬了家，她换了新学校。母亲好不容易走出悲痛，和同事的新恋情进展顺利。突然出现的"父亲"打乱了这一切，他用"嘴唇""问号""男人"和"地球"的表情符号，拼凑出只有他和麦迪的母亲才知道的定情诗："何地何故，我吻了何人的唇。"

这是电视剧《万神殿》中对于未来智能科技的设想：剧中的"字符律动"公司研发出一种技术，能用激光把人脑层层剥离，并将人的意识做数据化处理后储存在硬件中，成为"电子灵魂"，被称为"UI"。

麦迪的父亲是最初的实验品——肉身死前意识被成功上传，但也因此被困在公司里无休止地工作，只有一部分意识逃了出来。几经周折拿到"父亲"的完整代码后，麦迪将他接入服务器。麦迪戴上VR（虚拟现实）眼镜和感应手套，打开父女俩最爱的游戏，再一次"摸"到了父亲。

在"UI"的世界里，"死亡"被重新定义。只有"意识"的备份数据全部被删除、成批的服务器机箱被切断电源，一个"UI"才算真正"死亡"。孤僻的麦迪因找回父爱而快乐，然而非人非机器的"父亲"则被空虚、孤独，以及无法自我认知的痛苦淹没。

影视剧中有很多类似的"重生"桥段——并非为死者，而是为生者的执念量身打造。令我好奇的是，如果真有类似的科技手段出现，人们最终会如何接受"离别"？

《万神殿》原型小说作者刘宇昆的态度并不乐观，在他的另一篇小说《爱的算法》中，女主角的女儿早亡，她无法接受领养，于是用人造皮肤、马达和智能程序造了一个假孩子，用来填补自己空虚的怀抱。假孩子骗过了图灵测试，但她怀疑自己的整个人生都是算法造就的，因而住进了医院。

现实生活中，离别常伴我们左右——升学、搬家、分手、亲友离世，为了放慢离别的脚步，我们习惯用物品留住回忆。有人会在分手后留着前任的杯子，有人在母亲离世后还盖着母亲生前盖的小被子。

到了数字时代，无孔不入的"电子印记"，让我们面对离别时更加力不从心。手机相册里和失联多年的同学的合照，从朋友圈共同好友那里瞥见的前男友近况，总能让人感慨"死去的记忆突然攻击我"。

逝去亲友留下的"电子碎片"，更是会随时把人拉进陈旧的伤痛中。前几天有一则新闻，一男子顶着凌乱的头发来派出所报案，边看监控边哭，因为他存有200多张亡妻照片的手机丢了，幸好警察帮他找了回来。还有一个小伙子用AI技术帮500多名客户修照片，让老照片"动"起来。有客户说："我6岁时爸爸就没了，想见他，却一回都没梦到过。"照片里的父亲只是眨眨眼、笑一笑，就足以慰藉他的心。

然而最终人们会发现，再精密的虚拟设计也只是"替身文学"，一首歌、一个吻在人脑内触发的情感，远比纳米晶体管之间的数据流复杂。"一厢情愿"无法取代"双向奔赴"，正如《万神殿》中麦迪的母亲对"丈夫"说："没了你的触摸、微笑和拥抱，就永远不是你。"

爱有保质期，因为它的物质载体无法不朽。刘慈欣在《三体》中写道："到了人类发展后期，保留文明比创造文明更难。"人脑会遗忘，电子数据会被覆盖。据统计，每年全世界大概有1.5亿个硬盘被丢弃或淘汰。

但有限性本身就是一种力量。死亡让历史轮转，人世兴衰更替，文明、传统和记忆因此变得珍贵。在墨西哥的亡灵节上，人们会通宵达旦地载歌载舞，在路上铺满黄色的万寿菊，庆祝生命周期的结束。诺贝尔文学奖获得者、墨西哥作家奥克塔维奥·帕斯说："死亡让生命显示出其最高意义。死亡是生的反面，也是生的补充。"

分离是我们的必修课，生命从与母体的分离中诞生，心理咨询界有句"行话"："分离才是一段关系的开始。"一位擅长疗愈分离创伤的咨询师说："当我们面临分离，很多过往没有的情感会涌现，随之而来的是对自己全新的认知。"

《万神殿》中，麦迪曾回忆父亲去世那天，她感觉身边的每辆车、每朵云都像是假的。第二天她回想起父亲为她遮挡过的风雨，"我终于看清了真实的世界"。

在《万神殿》结尾的一次战争中，虚拟世界里的"父亲"损耗殆尽，麦迪将再次失去父亲。但她变得比原来更坚强，拥有了保护家人的勇气。

如果无法完成告别，我们就会永远沉浸在依附关系里。剧中的一位"UI"在被销毁前，反对丈夫将她重新上传。她想留住自己的记忆，而不是一遍遍被覆盖。"你需要尊重她的离去，尊重你的悲伤。"一些仪式或许有助于完成告别，身边人建议他埋葬一副妻子的实体耳环。

米兰·昆德拉说："遇见只是一个开始，离开却是为遇见下一个开始。这是一个流行离开的世界，但是我们都不擅长告别。"现实生活常被突如其来的分离打乱，和最好的朋友上一次见面还是夏天，转眼又到新的春天。我们只能珍惜每一次见面，提前备上一肚子话和拖了许久没给的礼物，并在开门时紧紧拥抱对方。这时，思念变得愈加贵重。

父母辈恋爱时一星期写一封信，信里的两页情话，抵过如今微信上每天无关痛痒的"早安""晚安"。

人类喜欢稳固、追求不朽，常举着相机想要"记录一切"。在《网上遗产：被数字时代重新定义的死亡、记忆与爱》一书中，作者对于如何面对数字时代的死亡给出了一些建议，最后一点是"忘记不朽"。

芋叶的困惑

□ 粟 耘

屋侧有一方小水塘。

有一天，水塘中央长出了一片绿叶，鲜嫩无比，非常美丽。

最初，只是蜷缩成手指大小而已，后来，叶面舒展开了，居然宽阔标挺，惹人喜爱。

慢慢地，新长了一片，又长了一片，三片芋叶，大小不一，错落有致，实在为水塘增色不少。

由于它只是漫山遍野生长的不能食用的野芋，所以，我几次想拔掉它。

前两天，水塘的一角又长出了两片芋叶。

这两片芋叶却是丢下的芋头长出的。

看看这两种芋叶，只是在缺口处，一种断裂到叶心，一种在叶心处尚有些微相连罢了，实在没有什么两样。

我释然了。

留不留它，全是因为美观与否。可是，为什么与美感毫无关系的可不可食的实用问题，会蒙蔽我的心田呢？想想，不禁赧颜了。

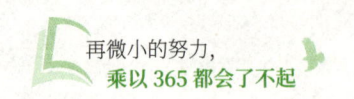

孔子的变通智慧

□ 邱俊霖

孔子是中国古代的思想家、教育家，作为儒家学派的创始人，孔子也被后世尊为"万世师表"。在人们的印象中，孔子或许是一位循循善诱的老师、修身养性的君子，但实际上，孔子更是懂得变通的人。

《论语·阳货篇》中记载了一则有趣的故事。春秋时期的鲁国大夫季平子的家族曾几代掌握鲁国的朝政，其权力在鲁国一度超过了国君。而当时季平子的家臣阳货却在季平子家拥有实际权力，在鲁国十分嚣张，无人敢惹。

孔子的理想是"克己复礼"，他很重视礼教，因此，对阳货这样的人是不待见的。但孔子有才能又有名望，所以阳货非常希望孔子能为自己所用，便三番五次地请孔子到自己府邸上做客，但孔子都找各种理由推托了。

后来阳货抓住了孔子"尊礼"的弱点，给他送了礼品。根据周礼的规定，上级给自己送礼是要回礼或者登门拜谢的。这让孔子非常为难，于是，孔子灵机一动，便趁着阳货出门的时候去他家拜访。

可是碰巧的是，孔子和阳货在半道上遇见了，阳货怒气冲冲地对孔子说："来，我有话要说。"孔子走过去，阳货说："自己身怀本领却任凭国家混乱，能叫作仁吗？"孔子说："不能。"阳货又说："想做大事却总是不去把握机遇，能叫作明智吗？"孔子说："不能。"阳货再说："时光一天天过去，岁月不等人啊。"孔子说："好吧，我准备做官。"

由此可见，孔子没有顶撞阳货，而是俯首倾听，甚至接受了阳货的建议。不过孔子之后并没有助纣为虐，帮着阳货弄权，而是敷衍过去之后又躲了起来，直到阳货失权逃离鲁国后，孔子才出来做官。由此可见，孔子是非常懂得变通的。

此外，《吕氏春秋》中还记载，春秋时期的鲁国有一道法律，就是如果鲁国人在外国见到同胞沦为奴隶，只要能够把这些人赎回来帮助他们恢复自由，就可以从国家获得补偿和奖励。孔子的学生子贡从外国赎回来一位同胞，但拒绝了国家的补偿，当时的人都夸赞子贡的人品很高尚。但是孔子说："赐（端木赐，即子贡）啊，你错了！向国家领取补偿奖励并不会损坏你的品行；但你不领取补偿金，以后鲁国人赎回同胞去向国家报账就会被说不高尚，于是就没有人再去赎回自己遇难的同胞了。"

而孔子的另一位学生子路救起了一名落水者，那人送了他一头牛表示感谢，子路收下了，孔子却高兴地说："鲁国从此一定会有很多勇于救落水者的人了！"

子贡用自己的钱做了一件好事，本该被树为道德典范，但他将原本大家都能达到的道德标准拔高到了多数人难以企及的高度，这就让很多原本愿意做好事的人望而却步了，对此，孔子是不赞同的。而子路接受了奖励，也就立了一个多数人都能接受的标杆，于是，愿意做好事的人从此就没有后顾之忧了。

孔子是个不折不扣的好老师，他教会了弟子们很多道理，更难能可贵的是，他可以随机应变，能根据实际情况去变通处事的方式，这种大的智慧更是值得人们学习。

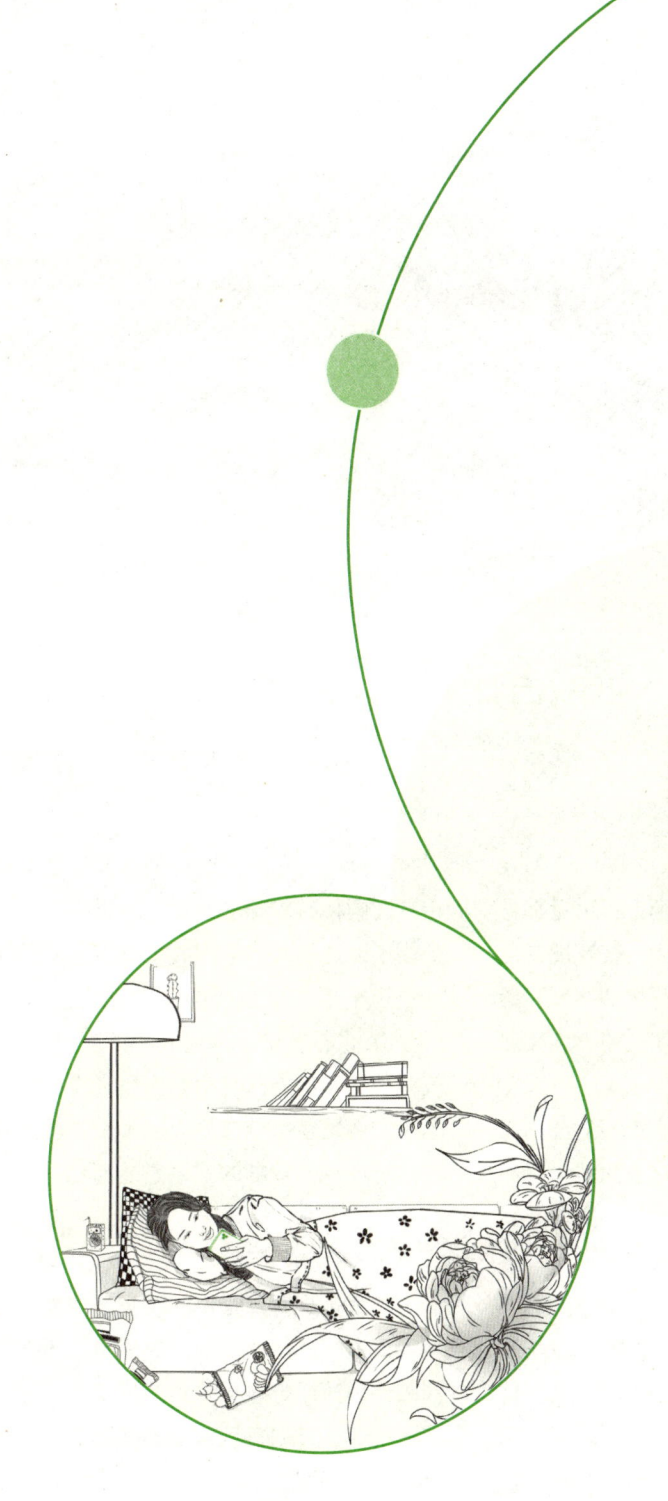

把人生中重要的事情做好,
不要总被喧嚣打扰

鲜活的日子

□ 付振双

某天,画家黄永玉对文学家沈从文说:"阳春三月,杏花开了,下点毛毛雨,白天晚上,远近都是杜鹃叫,哪儿都不想去了……我总想邀一些好朋友远远地来看杏花,听杜鹃叫。"他问表叔沈从文:"这样是不是有点小题大做?"沈从文躺在竹椅上,闭着眼睛回答:"懂得的就值得。"

在黄永玉心中,阳春三月,邀好友,看杏花,听杜鹃叫,都是美好的事情。只是,这些想法,可能会让人认为"幼稚",而自己又判断不了,因此要问一问表叔沈从文先生。而沈从文先生看得明白,说得简单。

其实,沈从文先生写得也透彻。他在《边城》中写道:"茶峒地方凭水依山筑城,近山的一面,城墙如一条长蛇,缘山爬去……深潭为白日所映照,河底小小白石子,有花纹的玛瑙石子,全看得明明白白。水中游鱼来去,全如浮在空气里。"寥寥数笔,茶峒的自然美、环境的明净澄澈就完美呈现了。他笔下的文字可谓"清水出芙蓉,天然去雕饰",是寓于简单观感中的诗意,大概和黄永玉有异曲同工之妙。

光是这样,倒也说不上高明,妙就妙在沈从文接着写:"一个对于诗歌图画稍有兴味的旅客,在这小河中,蜷伏于一只小船上,作三十天的旅行,必不至于感到厌烦,正因为处处有奇迹,自然的大胆处与精巧处,无一处不使人神往倾心。"想来,自然使人"神往倾心"之处随时可能有,只是需要那个"对于诗歌图画稍有兴味的旅客"。觉得那里值得,是因为他懂了,这是对"懂得的就值得"的正面回应。

丰子恺先生有幅画,画面上,月明星稀,一男子独立于梧桐树下,望向山下。他的身旁,百草丰茂;他的不远处,有两只白兔现身,偷偷地瞄着他。画的左侧题字:今夜故人来不来,教人立尽梧桐影。脚印踩成片,双脚的难堪是显而易见的,它们好像没有能放的地方。

不知道这名男子的故人懂不懂这些,要是不懂,那就多少有点错付的感觉,增加了好多惆怅,究竟不值得吧。一年多前,有位素未谋面的编辑老师回我邮件说:期待遇见鲜活的日子。从那天起,我一直在迷茫什么样的日子该算是鲜活的。这样想了好久,还是没有答案。于是,去读丰子恺先生的文字,品味生活的万般滋味;读汪曾祺先生的文字,感受人间的一缕烟火,可惜还是不能说服自己。甚至在读了一段时间《收获》连载的黄永玉先生的《无愁河的浪荡汉子》后,跟着张序子迷失在了生活中。

我焦虑,重点倒不是文字,而是鲜活的感觉。这样一直到买了丰子恺先生的另一本书——《缘缘堂随笔》,我才似有所悟。

日子向来鲜活,也就是说哪一天都不是供我们挥霍的。只是,有些日子,因了某些机缘,或是人或是事，被我们强加了些许美好或深刻的感悟。于是，那些被处理过的日子，因为这些感受，再加上一些文字的描摹，也就鲜活起来了。黄永玉先生的那个阳春三月，杏花开放，赶上毛毛雨，又是白天和晚上都有杜鹃的歌唱，还要邀好友，看杏花，听杜鹃啼叫……那么多因素放在一起，日子都跟着鲜活起来了，任是谁都会跟着羡慕吧！

要想日子鲜活，首先要静心。静不下心来，干得再好，也是机械化的，绝不是读书和写作这种与思想和文字的沟通。其次要"固执"。"固执"是一种基调，是坚持做某件事情，而往往是越投入越想继续，越想继续越能做好。最后要抚摸美好。有了难处，多往宽处想，努力解决问题；有了成绩，勿张狂，把欢乐由脸上移到心里，将之化为一股温暖，以温暖对待世事和旁人。

美哭了

□ 郑海啸

沈从文说："美，总不免有时叫人伤心。"他晚年有一次看到自己年轻时写的一幅字，说："我当年写得可真好啊！"说着说着，他就哭起来。

对此我很不理解。看到美，应该感到愉悦才对啊，为什么要哭呢？

学者陈志华教授第一次登上雅典卫城的时候，竟然是"泪流满面，咬紧嘴唇才没有哭出声来"，哭得比沈从文先生还凶。陈教授曾在罗马住了半年，即将离开罗马时，他的女性朋友鲁奇迪教授请他吃饭。吃完之后，鲁奇迪又像往常一样问："你觉得罗马美吗？你愿意再来吗？"陈教授又一次回答："罗马很美，我希望再来！"鲁奇迪高兴得紧紧搂住陈教授，狠狠亲了他几口，说："你真是个好人，我喜欢你！"说着就哭了，泪水沾到陈教授的脸上。罗马有一个美丽的传说，一个即将离开罗马的人，只要背对特雷维喷泉，向后抛一枚硬币到水池里，他就有机会再来罗马。陈教授掏出口袋里的全部硬币，抛了进去，屏住呼吸，听着硬币落水的声音，哭了。

还有一个著名的例子是关于海涅的。1848年5月，海涅去了卢浮宫，在《米洛斯的维纳斯》雕塑前摔倒，健康状况恶化，从此卧床不起，直至8年后去世。海涅自述当时的情形——我费了好大的劲才拖曳着脚步一直走到卢浮宫，当我跨进庄严的大厅，看到那位备受赞美的美神，我们亲爱的维纳斯站在台座之上，我差点儿晕倒在地。我在女神的脚下躺了很久，失声痛哭，哭得那样伤心，连石头也会对我起怜悯之心。甚至女神也同样地，可又无可奈何地俯视着我，仿佛想说："难道你没有看见，我没有胳膊，所以对你爱莫能助吗？"

美，看来真的会让人哭。这是为什么呢？

一是美的脆弱。《米洛斯的维纳斯》雕像没有胳膊也很美，但大部分美好的事物一经摧残就不美了。美好的情感一旦受伤，也往往像瓷器，再高超的修复技术也会留下裂痕。

二是审美主体的脆弱。"树犹如此，人何以堪""所遇无故物，焉得不速老"，都是很让人伤心的事。

由此我才有些明白，"人生因为有美，所以最后一定是悲剧"。

社交名单上的最后一名

□ 舒 予

大卫·吉尔莫是加拿大的一名影评人。在辅导儿子杰西学习拉丁语的一个下午，他忽然意识到，儿子是那么不在乎上学这件事："我注意到他没有记笔记，没有课本，什么都没有，面前只有一张皱巴巴的纸，上面有几行关于古罗马执政官的话需要翻译。"

当终于了解到儿子在学校是如何混日子之后，他也意识到，如果自己因为这些向儿子发火、引发冲突，或许会失去儿子。于是，大卫告诉杰西，如果他不想上学，可以不去，但有一个条件：杰西每周要和他一起看三部电影，影片由他来选。这是大卫希望杰西在辍学后继续接受的教育。

在父子俩的这个"电影俱乐部"里，大卫将他们要看的电影分成了几个单元：寻找影片中的"伟大瞬间"，可以是电影中的一个场景、一段对话或一段影像，它们能够让人在观看时情不自禁地身体前倾，心怦怦直跳；享受"心虚的愉悦"，学习如何欣赏庸俗电影；"被埋藏的宝藏电影"；发现"了不起的喜剧"……

电影的确在大卫和杰西相处的过程中承担起了教育的功能。它是大卫向杰西表达自己情感的一种方式。大卫曾经想要以低价买入邻居家的房子，这样可以离他的前妻、杰西的妈妈更近。因此，他让杰西找来混混朋友，在其他人来邻居家看房时做出一些干扰行为。邻居看穿了大卫的心思，十分愤怒，最终也没有让大卫如愿。杰西安慰大卫："希望和家人生活在一起并没有错。"

大卫知道自己的做法是错误的，同时他想让杰西从不同的角度看待这件事。他说："我就像电影《偷自行车的人》里的那个主角。我把必要性当成挡箭牌，假装那样做是正确的。"当他们看完电影，大卫偷偷地向四周张望，确认邻居不在屋子外面。"现在每当我走到门廊上，都会往四周看，生怕那个家伙会出现。这就是犯错误的代价，这是真正的代价。"

大卫用电影向杰西展示了人生的各种可能性，一部电影或许就会呈现一种人生选择，甚至会展现多种结局。当杰西宣布辞去餐馆的工作，打算离开家和朋友从事音乐创作时，身为父亲的大卫又开始担心起来。但他自我安慰道："好吧，他都十九岁了，顺其自然吧。至少他知道导演迈克尔·柯蒂兹为《卡萨布兰卡》拍过两个结局，以防悲伤的结局不受欢迎。这有助于他理解世界是怎么回事，至少不能说他还毫无准备就被我送了出去。"

这对父子的故事被写成一本名为《曾经少年》的书。这本书温情动人的地方，除了大卫别具一格的教育方式，还有他细腻、温柔的父亲形象。这是一个以父亲的视角讲述的故事，书中有很多关于父亲的心理描写，这些描写让人体会到一个父亲心思细腻的一面。

比如，将儿子从骗子手中救下来之后："好好地扶持了他、保护了他，恪尽职守。事实上，我为事态的发展而暗自高兴。过了某个年龄以后，你就没机会再为自己的孩子做那么多了，你的精力已经不再旺盛，没有能力再应付这些事了。"

看到儿子的背影时："他的内心是否充满阳光？我想知道。这个步伐轻快的大男孩，我了解他真实的内心吗？"

没想到儿子真的能坚持做洗盘子的工作时："正如人们经常对自己的子女所做的那样，我再次错看了他。你会认为自己比其他人更了解他，这么多年来上上下下楼梯，给他掖好被子，看他开心、难过、担忧——然而你其实并没有那么了解他。说到底，他总有些地方是你永远无法想象的。"

看着儿子走向他的朋友，准备一起远行时："我只想把他拖上五秒或二十秒，这样如果有什么坏事要发生的话，他就可以错过——几步路、几秒钟，就因为这么一点点时间，他可以逃过一劫。"

终于有一天，大卫意识到杰西或许不再需要电影俱乐部了，"某种程度上也不再需要我了"。他很失落："他不再是那个爸爸的乖儿子。你可能早就时不时地意识到这一天会到来，然而突然间，这一天真的来了。"

即便如此，父亲总是慷慨的："我情愿做他社交名单上的最后一名。能成为当他所有朋友都没空时才能和他一起吃饭的父亲，我也是开心的。"

着力即差

□ 晨 曦

北宋建中靖国元年（1101）七月二十八，一代文坛巨匠苏轼即将走完自己坎坷而精彩的一生，他将儿子叫到床头说："吾生无恶，死必不坠，至时慎无哭泣。"这句话就是告诉儿子，自己一生没做过坏事，死后不会下地狱，你们不要哭泣。弥留之际，苏轼的好友维林和尚在其耳边大喊："端明宜勿忘西方。"（苏轼担任过端明殿学士，所以也称苏端明。）苏轼信佛，维林和尚的意思是，"你要努力到佛家极乐世界去"。苏轼用微弱的声音回答："西方不无，个里着力不得。""着力不得"似乎表达了此刻一种力不从心的感觉。听到这句话，好友钱济明赶忙补了一句："固先生平生履践至此，更须着力。"钱济明说这话的目的很简单，就是给苏轼鼓鼓劲。苏轼听罢，说出了一生中的最后一句话："着力即差。"而后闭目西去。

"着力即差"的意思就是不要用力过猛，刻意追求结果。如今很多人做事过分看重结果，从读书、学习、健身、培养个人爱好，到工作、交友、结婚、教育子女都有明确的目的性，这就是所谓的以结果为导向。殊不知一味追求结果的结果，就是让过程变得辛苦而乏味。人生本就是一个过程，无法享受这一过程，结果又有何意义？

今天之所以还有这么多人对苏轼念念不忘，是因为这位历尽坎坷的东坡先生，凭他的豁达、通透活出了人生本该有的快乐和精彩，他是个真正活明白了的人。"着力即差"是弥留之际他老人家的自我总结还是人生体会？我觉得更像是他对后世子孙发自内心的一句忠告。

宽　容

□ 陆其国

20世纪英国享有世界声誉的作家福斯特，曾用"精神上的体操"一词，寓指宽容精神。体操是一种竞技体育项目，要参加竞技，少不了平时的刻苦训练，这是针对人的身体而言。那么对"精神上的体操"又该如何理解呢？

在福斯特看来，一个人的宽容精神，并非凭空产生，而是像练体操一样，也得经历训练的过程。福斯特在谈及什么样的精神气质对重建文明是必不可缺时说，也许大多数人觉得是爱，但其实更应该是宽容，宽容比爱更恰宜。爱多是一个人的向外付出；而宽容则是一个人的向内作用。他说："爱在个人和生活里具有伟力，它确实是一切事物中最伟大的事物，但在公众事务中爱是无能为力的。""事实上，我们只能够爱那些与我们有私交情谊的人。而私人交往一般是很有限的。事关公众事务，事关文明复兴，需要的倒是一种不那么充满戏剧性激昂冲动的情绪——宽容。宽容是一种颇为迟钝的美德。"

与爱比较，宽容虽然是一种"迟钝的美德"，但福斯特认为，它传导出的精神，更切合社会公众，是"我们要寻找的那种恰宜心态"。因为"在爱精殚力竭之后宽容仍可发挥作用"。他举例说，通常一个人从朋友家出来，然后挤进一群陌生人中间，排着队等待配给土豆，这时"我们的爱心一下子就精殚力竭了"，于是内心就顿失宽容，开始愤愤不平："干吗前面的家伙慢得要死？"挤地铁同样如此，不定就会抱怨："身边那家伙干吗这么胖？"或听到别人打电话的声音稍大也会不耐烦："干吗那家伙要大叫大嚷？"所以福斯特觉得到处都需要宽容精神，他为此呼吁：努力宽容他人吧。"以宽容为基石，文明的未来才可望建设。"又说："在不同的阶级，不同的种族，不同的国家之间都用得上宽容。""你得经常置身于他人的立场上。这是一种有益的精神上的体操。"

福斯特还提到了法国思想家、作家蒙田。福斯特欣赏蒙田的敏锐、睿智、风趣，钦羡他能埋首生活于安静的乡间自由写作。这里也要有宽容的精神作支撑——对俗世物欲的宽容心境，所谓物我两忘。用福斯特的话说，宽容的精神需要规避的，恰是"肝火旺盛、神经过敏、动辄发怒、积怨记仇"。蒙田在街上亲眼看到有狂怒的家长下狠手打自己的孩子，蒙田指出："发怒最易导致判断失误。当我们心头火起，心跳加剧，就把事情搁一搁，等心平气和下来后，对事物的看法就会不一样。冲动的时候，是情绪在指挥在说话，而不是我们自己。用情绪的眼光看错误，错误会被扩大，这跟雾里看物是一个道理。"人缺失宽容精神，会动辄冲动；而冲动是魔鬼，易陡增社会戾气……环顾身边，因缺失宽容酿成的社会悲剧，我们早已见怪不怪了。福斯特指出："宽容并非软弱，对他人忍耐也并不等于屈辱顺从……"宽容或许有它消极的一面，"但用于拯救这个拥挤不堪的现代世界是至为需要的"。应该说，宽容也是健康人格——最不可消耗怠尽的精神内容之一。

苍穹之上的眼睛

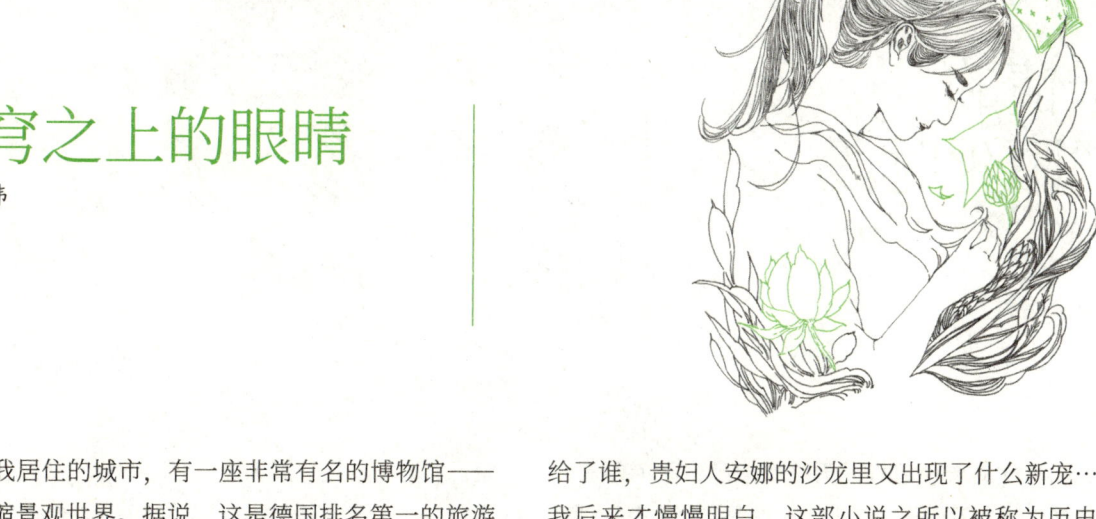

□ 程 玮

在我居住的城市，有一座非常有名的博物馆——汉堡微缩景观世界。据说，这是德国排名第一的旅游景点。它由格瑞特·布劳恩和弗瑞德里克·布劳恩共同创建。这对双胞胎兄弟在汉堡市易北河畔的仓库城里以严谨的工匠精神，以1∶87的比例复制了世界上的许多经典景观，目前还在不断扩展。有一次，一个朋友来到汉堡，刚下飞机就点名要去那里，我就陪她一起去了。

进门以后我才发现，这简直就是一个令人难以想象的世界，一个有条不紊地运转的微观世界：汉堡机场的飞机会起飞、着陆；汽车规规矩矩地在车道上行驶，车里的司机，甚至连车子的装饰都一丝不苟；一列列火车穿山越岭，进站出站，道岔自动调整；商场、游乐场和露天音乐会人头攒动……参观的人一再放缓脚步，以一种无比温柔、无比欢悦、无比赞赏的表情看着这个正常有序、幸福美丽的世界。

一个人能偶尔摆脱凡俗的世界，神游在苍穹之上，以一种新的角度注视世界，一定有一种非常奇妙的感觉。

记得第一次读《战争与和平》时，我最不喜欢的是，当情节进行到战斗激烈、很多人物生死莫测的时候，托尔斯泰突然话锋一转，以一章或几章的篇幅，长篇大论地谈起当时的欧洲局势，或开始讲哲学，探索推动历史前进的契机和动力。那时候的我每次看到这种地方，心里总是莫名地恼火，便赶紧翻过去，一心想知道安德烈公爵是否死了，娜塔莎最后嫁给了谁，贵妇人安娜的沙龙里又出现了什么新宠……我后来才慢慢明白，这部小说之所以被称为历史上最伟大的小说，不是因为它生动地描写了贵妇人的舞会，或者公爵与贵族小姐们的纠葛。它的伟大之处正在于，这种穿插其中的冷静清醒、自高处俯视人间的"上帝视角"。这种视角使小说摆脱了卿卿我我、恩恩怨怨，获得了一种史诗般广阔雄浑的气势。这种视角把战争与和平、前线与后方、国内与国外、军队与社会、贵族与贫民、上层与下层联结起来，全方位地反映出那个时代的真实风貌。而那些公爵达官、夫人小姐，都只是时代洪流里一颗颗小小的、身不由己的沙粒，时代的走向已经决定了他们的命运。他们期望、反抗、挣扎，但最后还是无可奈何地走向各自的归宿。这就像汉堡微观世界里的那些小人，他们穿什么服装，是站在火车站的月台上等火车，还是在广场上散步，或是坐在歌剧院听歌剧，他们在那个微观世界里的位置是由布劳恩兄弟决定的。布劳恩兄弟坐在系统监管室里，正以上帝般的目光密切关注着他们创造的那个微观世界。一有差错，他们立刻赶到现场修理和调整，使微观世界迅速恢复常态。

在孤独星球上生活的人类，对世界的未知、对灾难的恐惧、对自身命运的不确定，使他们把希望寄托在苍穹之上——一个更高的层次上。他们相信，有一双清明的眼睛正注视着这个微小的世界，恶行将受到惩罚，善举会得到褒奖。这是全人类共同的心灵寄托。

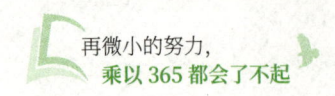

亲情的"陌生时段"

□ 姚文冬

八月底的一个清晨，天略微凉了，眼前飘着一层薄雾。因为起得早，脑子还有点混沌，颇有一种不知置身何处的梦幻感——才六点，我已驱车几十里回到老家。走进院中，画面有些"陌生"。从湿漉漉的菜畦里，父亲抬起头来，脸上也挂着"陌生"——他没料到我会在此时回家，张了张嘴，竟没发出声音。母亲从堂屋出来，除了一贯的慈祥，表情里也多了一层"陌生"。

直到我把时令鲜货放在门口，父亲才说了句："这么早?!"母亲也随之开口，还是那句老话："在家吃饭吗?"

就像我乍走进这个梦幻的清晨有些不适——我极少在这个时段回家；父母也不适——他们，应该好多年没在清晨见过他们的儿子了。我们共同置身于一个"陌生时段"。

这些年，有过多少像这样的亲情缺席的"陌生时段"呢?

中年之后，我养成了回老家看望父母的习惯。父母也习惯了我的习惯。渐渐地，便形成了一种心照不宣的规律——我回家总是在下午，日落之前；从不吃晚饭；放下东西，说几句话，便完成任务似的返城。在这个时段，父母呈现的是等待状态——父亲要么在院中侍弄那片菜地，要么在屋里摆弄扑克牌；母亲则盘膝坐着，像是在专门等我。只要我一进门，母亲一准会说："刚才还跟你爸说呢，今天你肯定回来。"仿佛她未卜先知——尽管我回家的次数并不固定，有时一连几日天天去，有时一周一次，长时会隔半月、二十天，但总在这个时间段。便有了一种错觉，以为在这个时段的所见，便是父母的生活常态。

他们是因为我的习惯，养成了固守那个特定时段的习惯吧。而别的时段，我们相互陌生。所以，这次清晨的临时起意，出乎他们的意料，彼此竟都不适应。

这样的"陌生时段"何其多?

虽然心里记挂着他们，但我感觉，回家已成了一种机械的惯性，仿佛是去完成一项任务。对他们来说，则是生怕错过——无论我几天一回，还是一个月一回，他们都尽量不在那个时段缺席。离开那个时段，才是他们真实的自由生活。

因此，我发觉我对他们的爱有些变味，我每次带回的礼物，更像是粉饰亲情的"道具"，这"道具"替代了亲情的表达——有时，我本想回家看望，但因为没有合适的礼物而放弃。

母亲总说，回就回吧，别再花钱了，竟被我当成了一句客套话。

从二十岁离家，我久违了父母的日常。曾经，我熟悉他们的夜晚，也熟悉他们的白天，就拿这个秋日的清晨来说，曾经，我都是被母亲在厨房弄出的响动、父亲在院里干活时的咳嗽唤醒的。我闭着眼睛都能勾勒出家中的画面。这司空见惯的场景，如今却陌生了。虽然我常去看望，但父母也对其他时段的我陌生了。每次，他们见到的是一个来去匆匆的"快递员"，而他们成了等待快递的人。

除了日落前的那片刻时光，我与父母之间，已被大片的"陌生时段"占据。

看过一则新闻，一位正处在事业顶峰的中年男人，决定辞职回老家，并非挣足了钱回去养老，也不是父母病重需要照顾，老人们还很强壮呢，但他决定用余生去陪伴父母的余生。

当时，觉得这事新鲜，也有些矫情，有事业就能产生财富，就能保障父母衣食无忧，况且，抓空回家看望，已经不错了，有必要朝夕相处吗？现在我明白了，他一定是感觉到，他与父母之间的"陌生时段"越来越多，日常的亲情被排挤，缩小到如我那样的快递式表达。每个人都能见到除夕夜的父母，但又有几个能见到清晨六点的父母呢？只有将那些割据的"陌生时段"统一，亲情才会连成一片吧。

于是，我破例与父母共进早餐。母亲高兴坏了，熬了暖胃的稀粥，炒了一盘韭菜鸡蛋。她问我还想吃啥，我说想吃豆腐，南街做豆腐的那个老王，还天天来门口叫卖吗？母亲笑着说："傻孩子，老王要是还活着，都超过一百岁了。"我鼻子一酸，并非因为老王。

两代之间

□ [法] 安德烈·莫洛亚　译／傅　雷

有些老生常谈，于我们是充满意义、回想和形象的，于我们的儿女，却是空洞的、可厌的。我们想把一个二十岁的女儿变成淑女，这在生理学上是不可能的。沃维纳格曾言："老年人的忠告犹如冬天的太阳，虽是亮光，可不足以令人感到温暖。"由此可见，于青年人是反抗，于老年人是失望。于是两代之间便产生了愤怒与埋怨的空气。

最贤明的父母会用必不可少的稚气转换这种愤懑之情。你们知道英国诗人帕特莫尔的《玩具》一诗吗？一个父亲将孩子痛斥了一顿，晚上，他走进孩子的卧室，看见孩子睡熟了，但睫毛上的泪水还没有干。孩子在床边的桌子上放了一块有红筋的石子，七八只蚌壳，一个插着几朵蓝铃花的瓶子，还有两枚法国铜币。这一切都是他最爱的，排列得很有艺术感，是他在痛苦之中自我安慰的玩具。在这种稚气面前看到这动人的弱小的表现，父亲懂得了儿童的心灵，后悔了。尤其在孩子的童年时代，我们应该回想起我们自己的经历，不要去伤害那个年纪的孩子的思想、情操、性情。做父母的要保持此种清明的头脑是不容易的。

二十岁时，我们每个人都会想：如果有一天我有了孩子，我将和他们亲近；我对于他们，将成为我的父母对于我不曾做到的父母。五十岁时，我们差不多到了我们父母当初的位置，于是轮到我们的孩子来希望我们当年所曾热切希望的了。当他们到了我们今日的位置，变成了当年的我们以后，又轮到另一代来怀着同样虚幻的希望。

穿过城市的风

□ 张淑清

风是从故乡来的，那个叫南河的村子。我坐在八楼的书桌前，风沿着敞开的窗口，笑吟吟地走了进来。我确定，它是南河村的风，柔软细腻，又飘着母亲身上大铁锅饭菜的香味，有玉米粥和煎鱼，也有酸菜、大饼子。风将一座村庄的消息，带了过来。风把我的一颗心喊醒了。我想，此刻，我不能再守着一本书，阅读纸间的人情冷暖，我必须牵着风的手，在城市里走一走。

风一来，我嗅到了风的褶子里站着的故乡。一头牛，慢悠悠地逛过街道，向广大的原野奔去。它气定神闲地迈着步子，在一棵树下，停留。埋头啃一口青草，抬头凝视远方。牛的世界，一片清明。静静的南河上，波光粼粼，河面闪现一个姑娘的身影，她对着一泓清水，低眉浅笑地梳妆。

风一转，村口的大白杨树下，伫立着母亲，目光一次一次伸向城市。我们居住的地方，不知什么时候，成了母亲割舍不下、魂牵梦绕的诗行。

此刻，城市被一辆一辆车揣在兜里，鱼一样游弋在大街小巷。我对风诉说着，许多年里，我只是城市的一个标点，且都是逗号，不是句号。我怀念老房子的一块块瓦，四四方方，有棱有角，坐在光阴深处。瓦始终在村庄，从生到陨落，不离开村子半步。我会挽着风，安静地泊在瓦檐下，听瓦的心跳，咚咚咚，沉实，凝练。

一场场穿过城市的风，令我一遍一遍，怀念在南河的生活。老房子，一个壁炉，一星柴火。壁炉上沸腾着一口铝火锅，几片干巴的白菜，几块五花肉，几块老豆腐，几只红艳艳的辣椒，几根粉条。窗外，雪纷飞。室内温暖如春。父亲一边照看锅子，一边往炉子里添柴火。我和弟，捧着大海碗，听父亲说，吃吧，便小心翼翼地伸过筷子。

母亲呢，坐在炕头，给我们缝补衣裳。有喜鹊落在雪地上，觅食。母亲下地，抓一把秕谷，撒在院子里，投喂喜鹊、麻雀。院里的果树枝头，挂着几颗果子，风一摇，果子就左右晃动。

北风那个吹，大地上的庄稼熟了，我跟在父亲身后收割玉米、稻子、高粱、大豆。累了，席地而坐，与风促膝交谈。接近晌午，母亲拎着竹筐来了。咸鸭蛋、玉米面和白面蒸的馒头，清凉的井水，韭菜鸡蛋汤。打发了午饭，天作铺盖，地当床。四仰八叉地躺在玉米秸秆上，睡一觉。等马车来了，把谷物运回家。风将谷子、糜子、稻子、玉米穗子，一一归拢到晒场，晾晒。月光皎洁的晚上，吹着南河的风，坐在晒场的谷垛、稻草垛上，听蛐蛐鸣叫，夜鸟歌唱，几声狗吠，几滴露珠落下。夜深了，枕着粮食的芬芳，一觉睡到天亮。

穿过城市的风，还得穿过一座一座村庄，把漂泊在城市的人的故事反馈给守候在故乡的亲人，告诉那只养了十年的、留在村子里的猫。告诉一柄悬在房梁上的豁口镰头，一把锈迹斑斑的犁铧，一堵坍塌的墙，风门前的一株狗尾草，一眼几乎干枯的老井。告诉曾经在一起耳鬓厮磨的草木繁花，星辰大海。

我时常借一缕风，洗洗一身的尘埃，在城市一扇明丽的窗前，品一杯茶，望着人来人去的街头。我将文字淬炼成一把锄头，先铲掉我内心的蛮荒，请故乡住进来，以及老屋子，墙角的一枝梅花，一只蜘蛛，用剩的半截铅笔，烂了三分之一的门槛。蚂蚁和井旁的枣树、杏树。请我的村庄体验一下城市的生活。搬来土，在盆里、阳台，种下一个村子。种下一阵风、一场雨、一片云。故乡的风，来了一拨又一拨，替我翻翻，落满灰尘的书。读一读久远的唐诗宋词，在心里筑一道篱笆，让精神横刀立马，与梦想执手天涯。

现在，母亲和父亲一起，每天不停地翻走日历，送走太阳，迎来白月光。守在电视机边上，收看孩子所在城市的天气预报。他们不断在电话里叮嘱，天冷要加衣，天热多乘凉。过马路时，看好红绿灯。记得吃饭，不仅要吃饱，还得吃好。我们在家什么也不缺，别惦记了。父母的人生格言永远是：你们在外，吃饱穿暖，平平安安，就是我们的幸福。40年前，我感受不到父亲母亲对我的爱，有多深厚，多辽阔。半生已过，我深刻地意识到，父母是世界上最爱我们的人。

风穿过城市，穿过我居住的社区，日头躲到云层里，几棵芙蓉树正开着花。太阳还是昨天那个太阳，坐在长椅上的人，不一定是昨天的那些人。

人有生死，风没有。风从诞生那日起，观看着人世沧海桑田，云卷云舒，悲剧喜剧。岑参吟诵"忽如一夜春风来，千树万树梨花开"，王之涣唱和"羌笛何须怨杨柳，春风不度玉门关"。风早在几千年前，就活跃在文学艺术世界里，生长在广阔的村庄与城市。

风和雨，又是割不断的姻亲。民间有俗语："风在前，雨在后。"当然，风来了，不一定就有雨，那要看云朵的情绪。云朵一生气，脸黢黑黢黑，风再一急躁，雨就来了。

种子落到地里，等风，等雨。风一刮，雨姗姗来了，落在地上，草棵、树叶、枝蔓、瓦砾，也落在人心里。风是城市与村庄一年四季的信使，东风、西风、北风、南风，风声不绝入耳。多年前，风雨对我极其重要。我的庄稼、果园需要风雨。那时候，我坐在堤坝上，守着一亩一亩的玉米苗、秧苗、树苗、草莓苗，等风带来一场雨。我和大地上的风，情同手足，我们互相搀扶，不离不弃。

今天，来自南河村的风，拽着我，在车流湍急的地段左冲右突，寻找当年的美好年华，风依旧苍劲有力。无论多么拥挤与喧闹的人群，我也能自在地拉着清风，淡定从容地行走在生命的航船上，不管在城市，还是村庄。

等你开花

□双雪涛

他说："月球和地球之间有着不小的距离，对吧？"我说："没错。"

他说："我们可以称之为间距，你可以将月球和地球想象成两列诗行。"我说："可以。"

他说："按照斯宾诺莎的说法，万物均渴望保持其自身的性质，在我看来，有一种性质即是避免贴在一起，保持某种间距，于是产生了引力和斥力。"我说："同意。"

我转身赶紧去找自己的小本本，这时他说："妈妈，我想像花瓣一样一分为二。"我说："为什么？"

他说："一瓣给你，照顾你；一瓣给我，想怎么活怎么活。"我说："嗯，等你开花再说吧。"

他翻了个身，夹紧双臂闭上嘴，继续睡了。

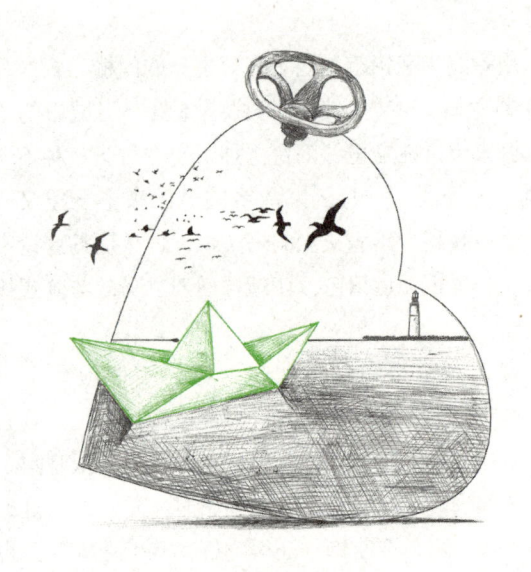

与山鸟相对

□明前茶

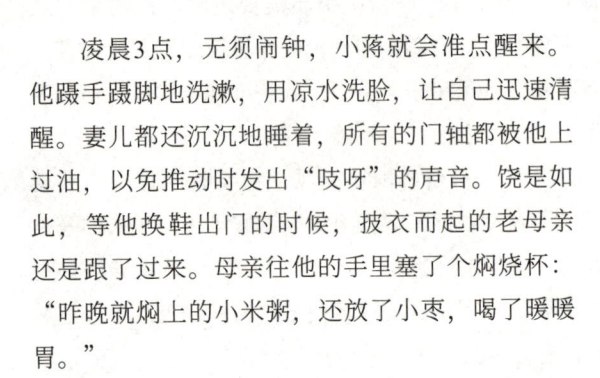

凌晨3点，无须闹钟，小蒋就会准点醒来。他蹑手蹑脚地洗漱，用凉水洗脸，让自己迅速清醒。妻儿都还沉沉地睡着，所有的门轴都被他上过油，以免推动时发出"吱呀"的声音。饶是如此，等他换鞋出门的时候，披衣而起的老母亲还是跟了过来。母亲往他的手里塞了个焖烧杯："昨晚就焖上的小米粥，还放了小枣，喝了暖暖胃。"

骑上电动三轮车，五六分钟的工夫，小蒋就到了豆腐皮作坊。他开门，戴上白帽子、白口罩，第一步就是打豆浆。电动磨浆机隆隆作响，小蒋不停地将泡发好的黄豆从大桶里舀到机器里。

为啥起这么早来做豆腐皮？小蒋笑道："只怪清流人太讲究，饭店做菜、准备火锅，晚上麻辣鲜香的夜市小吃，都想用最新鲜的豆腐皮。做得晚，第二天要货的老板就该来拍门板了。"

磨好那么多豆浆要花费近两个小时。5点钟，天空刚刚出现一抹玫瑰红的曙色，小蒋的母亲、妻子与帮工们就都到了，小蒋挨个儿监督他们洗手："要像外科医生一样认真，手腕、手指侧面、指甲缝里，都要洗干净。"

磨好的豆浆一倒进蒸发池，就一刻也离不开人了。6个池子，加热豆浆至沸腾后，改小火，让豆浆的温度降到50℃以下。每7分钟，豆浆表面就会析出一层淡黄色的豆腐皮，薄如蝉翼，轻如绢纱，徒手拢来，就像收拢一条薄薄的丝绸围巾。停几秒，稍微沥干上面的豆浆，将其挂上晾豆腐皮的竿子。手要快，力道却要柔和。手上的劲儿稍微加大，豆腐皮就会断裂破损。

守着池子的小蒋这样形容："这手艺，张飞来了也能给磨成诸葛亮的性子。"

很快，豆腐皮晾满了竿子，它们立刻被送进巨大的烘箱，以60℃温柔地烘干。此时，巨大的蒸发池里，豆浆中的蛋白质与脂类物质已经悉数被收走，只剩下淀粉类的浆底子。

蒸发池的温度又微微升高了，小蒋与妻子，还有帮工们，都在用木耙子不停地搅和这浆底子，推、送、拢、摊……十多种手法都是为了均匀散去水分，防止煳底。个把小时后，浆底子像融化的芝士一样细腻黏稠，微微散发着光泽。

停火，奇景出现了，前一批出了烘箱，又在空气中回软的豆腐皮，要在这浆底子中打个滚儿。小蒋亲自示范：竿子上的豆腐皮齐齐滑入蒸发池，浓稠的浆底子像回头浪一样涌来，顷刻间，为一竿子豆腐皮均匀地挂上一层雪白的薄浆。

挂过浆的豆腐皮稍稍晾干，当晚开始二次烘烤，在80℃下烘上一整夜，才会变成清流豆腐皮最终的模样：老黄色的豆腐皮据说久煮不烂，每一束都像农家打的稻草把子一样，浑朴又厚实。

小蒋本来在外地打工，为何要回乡接手父母的豆腐皮作坊，做这日夜无休的营生？小蒋说，三年前，他恋爱了。女友一穿电子元件厂的无菌服，就会引发皮疹，治了好久都不能痊愈。小蒋琢磨，想彻底治好女友的过敏症，他们恐怕要从电子元件厂撤出来，另谋生路。小蒋还没下决心辞职，父亲就中风了，半边身子僵硬不灵便。

那会儿，父亲变成了暴躁的"龙卷风"，一不如意，就捶打着床沿嗷嗷叫。眼看着家要散了，豆腐皮作坊也要没了，小蒋赶紧跟女友说："我们结婚，回去接手家里的生意吧。我的老家山清水秀，豆浆的蒸汽又养人。你若肯跟我回家，我保证你这皮疹再也不会犯，还能出落得白里透红。"讲完这平淡无奇的求婚理由，小蒋自己也觉得惭愧，垂下头，心跳如急鼓，等对方回复。

谁想，女友只问了两件事："回去了，豆浆可以随便喝？要是有空，还可以去山中拍鸟？"

小蒋老老实实地点头："那当然！"

小蒋是一个心思细腻的男生，知道守着一家小作坊劳作，从来不是一件容易的事。

为了让日子变得鲜活些，小蒋改造了作坊的窗户，将面对远山、水田与果树林的一面设计成一溜儿狭长的窗户。窗户长度超过10米，就像打开的山水画长卷。

春天，盛放的山桃花零星点缀着水田，山岗上有大片的杜鹃花开放，色彩亮丽的蓝喉太阳鸟欢叫着飞来飞去，采食花蜜。

夏天，远近都是浓绿色，树上有大批的白鹭集结，它们时而盘旋着降落，时而全部腾飞起来，就像灿烂的花朵被一股神秘的力量一把抛向天空。

秋天，蓝喉蜂虎成群结队地出现了。这种小鸟"梳着"栗色后背头，身着一袭孔雀蓝和孔雀绿的"燕尾服"。胆子最大的蓝喉蜂虎会飞上外窗台，此时，小蒋与妻子就能清清楚楚地看到，这鸟儿"画着"长长的黑色眼线，还"戴着"一条毛茸茸的蓝围巾。

在长窗呈现的风景中，还有小蒋的爸爸一瘸一拐地努力拉着绳子锻炼的身影……

作坊中，每天有一段很长的时光被均匀地切分着。每7分钟，他们就要捞一张豆腐皮，挂上晾竿，而在这劳作的间隙，手闲了下来，眼睛可没有闲下来。小蒋说："上周，我在这窗前看到9种小鸟。这周，我又看到7种。让人感叹的是，我爸竟然拍到了许多种类的小鸟。最近，他终于能拿稳手机，也能对准焦了，医生都对他的进步表示诧异。"

这间时时浮漾在蒸汽中的乡间作坊，如一艘抗击风浪的船，它凝聚了全家的力量，让家人无一例外地加入搏击风浪的行列。而后，它驶过险滩，停泊在鸟语花香的风景中。🌱

慢慢走，欣赏啊

□朱光潜

情趣本来是物我交感共鸣的结果。景物变动不居，情趣亦自生生不息。

觉得有趣味就是欣赏。你是否知道生活，就看你对许多事物能否欣赏，也就是"无所为而为的玩索"，在欣赏时人和神仙一样自由，一样有福。

阿尔卑斯山谷有一条大路，两旁景物极美，路上插着一个标语牌，上面写着：慢慢走，欣赏啊！

许多人在这世界过活，恰如在阿尔卑斯山谷中乘汽车兜风，匆匆忙忙地疾驰而过，无暇回首流连风景，于是这丰富华丽的世界便成为一个了无生趣的囚牢。这是一件多么令人惋惜的事啊！🌱

没意思的故事

□ 刘心武

俄国有一位叫契诃夫的伟大作家，是世界公认的短篇小说圣手，还是出色的剧作家。

契诃夫有一篇经常被忽略的小说，叫作《没意思的故事》。小说的题目虽然叫《没意思的故事》，但我觉得读来很有意思，得静下心，慢慢地读。

这篇小说讲的是一位功成名就的科学院院士，他什么都有了，不愁吃不愁穿，但是，步入晚年后，他觉得很空虚。他的妻子跟他走过了很长一段人生之路，一开始还好，但后来他的妻子渐渐沉迷于他所获得的那些名利、地位，变得很庸俗。契诃夫的小说和戏剧的一个贯穿性的主题就是反庸俗，他的作品不停地提醒我们，要懂得人活在世界上是很容易流于庸俗的。

什么叫庸俗？庸俗就是把现实社会当中的名和利看得特别重，在今天来说，就是把房子、车子、存款、头衔这些东西看得特别重。

这篇小说里的主人公什么都有了，但是，他忽然觉得还没有找到生存的意义。人究竟为什么活着？这是一个不庸俗的人要不断思考的问题，可是那时候他的妻子跟他已经不同步了，她每天跟他说的一些话，在他听来都是很庸俗的。院士和他的妻子有一个女儿，女儿从小在他们的呵护中长大，在音乐学院上学，也变得很庸俗，除了追求音乐事业方面的名利，她很少有其他考虑。院士还收养了一个名叫卡嘉的女孩，她的父亲当年也是一位院士，和主人公是同事。但卡嘉的父母都不幸去世了，老院士就收养了她。

小说里面，卡嘉是一个什么样的人物，有什么样的故事？卡嘉是一个很慵懒的女孩子，因为她父亲生前将一大笔钱存放在院士这儿，她随时可以支取花销。她在经济上是无忧的，可是她并不好好地按规矩过日子，她想当演员。她觉得这是自己的人生理想，要克服所有困难去追求，她居然真就追随一个巡回演出的剧团而去。这个剧团并不是什么知名的艺术团体，一路巡回演出也挣不着什么钱。

在表演的时候她很快活，但是也出不了名，因为要出名的话，得在莫斯科或者圣彼得堡的大剧院演出。而这个剧团只是一个巡回剧团，甚至要经常到俄国偏远的东部地区去演出。在巡回演出的过程中，她和一个男演员相爱，并且怀孕，后来又流产，最终两个人还是分开了。

小说写得很有意思，那位精神空虚的老院士忽然从卡嘉这样一个女孩子身上发现了她生命当中闪亮的东西。是什么东西？就是卡嘉始终没有放弃她的追求，失败了就重新振作，再去追求她想获得的成功。

但是，卡嘉到头来也没有真正圆自己的梦。

院士后来找到卡嘉，他觉得她这样一个年轻的生命，像一束光照过来，照亮了他。他要向年轻人学习，向卡嘉学习，要孜孜不倦地继续探索"人活着的意义是什么"这个伟大的命题。

我看了这篇小说以后很受震动，坦率地说，

我在年轻的时候就读过这篇小说,当时读不懂,不喜欢。后来,我也算有了一些名利,这时候再来读,这篇小说的文字就击中了我。于是,我扪心自问,我所获得的一些奖项、奖励,或者因为写作而获得的一些金钱,或者一些出风头的机会,究竟有多大的意义?生命的真谛究竟是什么?

最终,我得出结论,我应该超越名啊、利啊这些表面的东西,去追求深层次的东西。

这篇小说我后来又读了不止一遍,我喜欢它的题目——《没意思的故事》,文字越读越有意思。

契诃夫有一句名言:"人的一切都应该是美的——面容、衣裳、心灵、思想。"他的小说和剧本都体现了这样一种精神。

阅读文学作品最好不要只追逐那些最新的、最时髦的东西。新的东西要接触,其中有的作品阅读以后可能也会使灵魂更上一层楼,但是那些经过若干代人的阅读检验出来的黄金般的经典作品,如契诃夫的短篇小说和他的戏剧剧本,永不过时,值得一读再读。

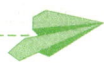

贪泉与狐媚

□齐世明

"贪泉"是有故事的奇泉。相传东晋时,凡南下官吏途经石门饮此泉水,便会起贪念变成贪官;即便是普通百姓喝了此泉水,也会变得贪得无厌。以至于那些赶路人,即使口干舌燥,也不敢饮,只能望泉而过。

东晋元兴元年(402),为官素有清誉的吴隐之出任广州刺史。在石门江岸下船,眼见清澈明净的一泓泉水,又闻人告白"贪泉"之"奇",吴隐之一哂,对身边人说:"不见可欲,使心不乱。越岭丧清,吾知之矣。"内心找不到可生贪欲的地方,自己的心境就会保持不乱,那些越过五岭变成贪官的人,我知晓其中的原因了——是见钱眼开,心把持不住,喝"贪泉"只是个借口罢了。吴隐之"乃至泉所,酌而饮之"。他乘兴赋《酌贪泉》一首:"古人云此水,一歠怀千金。试使夷齐饮,终当不易心。"

新任刺史畅饮"贪泉"的消息不胫而走,全城百姓议论纷纷。在一众猜疑中,吴隐之一改前任刺史惯奢靡、讲排场之风,对内清简勤苦,布衣糙米,对外力矫贪渎,惩腐禁贿,岭南吏治一时大为改观。三年任上,他操守如一,百姓安居乐业,《晋书》中赞之"清操不渝,屡被褒饰"。后人为纪念他,特竖一块"贪泉碑",刻上其诗,传颂至今。

吴隐之置身乱世,但"酌贪泉而觉爽,处涸辙以犹欢"。廉者自廉,贪者自贪。正气存内,外邪何干?可笑那些贪墨者企图将贪婪之因归结于泉,反衬吴隐之清者自清之雄姿,遂成后世之明镜。

《阅微草堂笔记》中有一个故事,两个人为狐所媚,以致饿倒于深山老林,奄奄待毙,幸被一猎人救起。两个人恨狐,请猎人入山捕杀之。猎人说:"鱼吞钩,贪饵故也;猩猩刺血,嗜酒故也。尔二人宜自恨,亦何恨于狐?"

猎人问得有理。如吴隐之受奖之辞:"夫处可欲之地,而能不改其操……"反其意而证之,狐媚是不存在的。在现实中,"狐媚"与"贪泉"却是无处不在。"狐媚"面前,宜自律,须自持;"贪泉"面前,自强者改造环境,清廉者不惧污境,弱者则被环境吞噬。

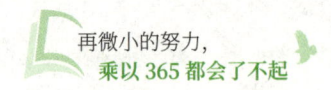

葱茏的想象在大地上葳蕤

□阮文生

一条河的边上，泥土带着深色站立着，凹凸的状态和流畅的线条显然已经忽略了时间。好多村庄、色彩，被丢到了后面。河转弯了，水波绷紧。徽州的A酒店，露出一个有高度、有看头的弧面。酒店简直是条大船，上面的种子植物呼吸着湿润的空气，靠近了松树、花荫、藤蔓、鸟雀。

一个故事复活了：托马斯·杰斐逊于1787年访问意大利。虽然有人在当地戒备森严地守护着皮埃蒙特稻米，可是这位美国驻法国的第一位大使思路广阔、能言善辩，有的是办法。他还是弄到了几袋稻米，并巧妙地将它们用船运出。这些稻米打破了意大利人的垄断，充实了美国北部的水稻种植。

今天，A酒店突破水泥建筑立面的大片绿地高出楼厦，和后面的青峰遥相呼应。新安江的风比不得大西洋的风，但都是一种吹奏吧，吹得波涛起伏、落叶纷飞，吹出红尘滚滚、思绪万千。新生的潮流和遥远的波涛发出相同的节律。草叶闪烁着朝露的气息。绿色工程的结果一个接一个，高高矮矮地覆盖了垄沟、消弭了差别。A酒店所在的地方格局大变，僵硬单一的城市话语向着汹涌的绿地，一个劲儿地松软下来。

这个"航程"，真是让人煞费心思。只因A酒店的经营者一直在思考建筑与山地、人与自然的和谐统一。20多年前，它的落成就像今天的"绿色复兴"，同样无可厚非。楼一座比一座高，盘山公路一圈比一圈高，经济发展丰富了人们的物质生活，也带来料想不到的社会问题，如食品安全、环境保护问题，让越来越多人陷入思考。

思考像剪刀一样飞快，几十年的光阴，"咔嚓"一声没了。记忆是可以修复的，既然酒店的四周原本是田园和山地，那就按着原来的样子还回去吧！把稼禾还给泥土！让辣椒、茄子、秋葵，继续在阳光下画出影子。

说做就做！酒店聘请了4个庄稼汉常年在此耕耘，不用农药化肥，用的是手艺，用的是父亲、祖父口口相传的技术和经验，用菜籽饼加生物有机肥，调制出泥土的口味。挖锄、铁锹、长剪，都在苗圃里备着。这里有个大系统，河沿的皖南花猪形成一个活蹦乱跳的子系统。花猪喜欢吃黄瓜、南瓜，他们顺手从架上摘下，扔进猪圈就是。花猪"嘎嘣嘎嘣"吃食的响声，压过了波涛声，连它们的排泄物都是上好的农家肥料。绿地的热情会像火一样被点燃。即便是一堆灰烬，也飘袅着草叶迷人的香味。这完整的程序使泥土的结构厚实了、纯净了，让生态的呼吸更加符合规律。庄稼汉们晴天戴草帽、雨天披雨衣、穿上长胶鞋，在绿地的怀抱中低头弯腰深耕细作。农作物的长势和阳光雨水一起，使波涛也变得明亮。

酒店客房部、餐饮部、安保部等部门的人联合守护和经营着这方绿色生态。小花猪病了，客房部经理给它们打针，一天不知多少回来此转悠。要给爬藤植物搭架子了，部门经理们便顶个岗、加把力，将长料安置到位。这里的人一专多能，都围绕着绿色的经营理念。生态环保是第一位的，耕耘的细节必须遵循这个原则。在生长的节律里，他们就像农民们一样蹲守着各自的职责。终于，辣椒的长势宣示着成果的优劣，荆芥、西红柿按着时序绽放出青、红、灰、橙、蓝的色彩，秋葵的黄里透白的小花在无声地吹奏，或繁密或稀疏的叶子遵守着生长的法则……蓬勃的现象，像是经年的守候。远处一片灿烂，凡·高的向日葵被春天隐去，又被夏天追回来。薰衣草、牛丝草、迷迭香、含羞草，从平地伸延过去，香草天空可望又可即，而春雨积累的泥塘又把夏的热烈往下调去。这里真的成了歌唱的"青藏高原"，高能高上去，低也能低下来。

托马斯·杰斐逊可不是等闲之辈。意大利都灵政府对私运稻种者处以死刑，杰斐逊没被吓倒，他雇人将几袋稻种偷运出亚平宁山脉，甚至在自己的口袋里也装上稻种。如果说他用皮埃蒙特稻米填补了种植的空白，那么，A酒店满载的是不含任何污染的绿色食品，可以具体到苋菜、西红柿、辣椒、茄子、四季豆，每一样都又好看又好吃。绿色发展理念，具化为从上到下的行为。即使办公条件逼仄，人们也不占用土地加盖建筑。绿色消费意识，就像塔楼一样高出了生活的航程。

一条河的源头，不止一座山峰啊！潮流从发凉的底线过去了。水花扑闪一下，后队也能变成前队。陈旧的泥土最能焕发新色，藤蔓和思绪已在竹架上盘旋，花荫和果实飘发着浓浓的醉意。久远的故事被激活，葱茏的想象在大地上葳蕤。

给生活留一道缝

□ 胡一峰

有一年夏天，我们一家人租了车，在青海、甘肃游玩。茫茫草原之上，当地的司机或许以为路线已熟稔于心，便关闭了导航。不料，老马"失"途，转错了山包，到了一个路线外的小镇。

这是一个极洁净的镇子，夕阳下，老人在闲聊，孩子在打闹，生意冷清的小杂货店里，老板趴着打盹儿。我们这辆冒失闯入的车没有引起他们的注意，生活就这样以它本初的样子毫无防备地舒展在眼前。我一路追寻美景的心忽然放松下来，如沉入山泉般清爽。

我至今不知道这个小镇的名字，只记得它在茶卡盐湖与祁连山之间。但每当想起这趟旅行，我首先想到的就是这个小镇。

因为它是我在智能时代邂逅的一道"缝隙"，就像在一捧米中发现了一粒稻谷，虽平常，却稀罕。若把生活比作一间木瓦房，现代科技就如一位泥瓦匠，东涂一下，西抹一把，屋顶、墙壁上的坑坑洼洼、沟沟缝缝，全被妙手填上了、拉拢了、弥合了。

屋子坚固了，住起来当然更安全。不过，刮风了，风找不到缝隙，只好在屋外呼啸；下雨了，雨找不到缝隙，徒劳地在房顶摔跤；太阳出来了，光也找不到缝隙，只好在墙上折返跑。而我们这些前智能时代的移民，生活中总还贪图一些缝隙，用莱昂纳德·科恩的话说，那是光照进来的地方。

再微小的努力，乘以365都会了不起

两株古银杏树

□赵盛基

小珠山东麓有个古村落，村中央有一雌一雄两株670多年的银杏树。虽然相距十米，但茂盛的树冠相互交织，格外亲密。

十多年前，炊烟袅袅的村落变成了高楼林立的现代化小区。除了这两株银杏树得以保留，村落的模样荡然无存。小区设计和建造伊始，就考虑到了对这两株古银杏树的保护。两株古银杏树周围十米之内没有动土，保留了一个土台，周边垒起了石头底座，底座上立起了高高的铁围栏。

十几年过去了，银杏树不再像往常那样繁茂，干枝一年年增多，树冠萎缩，不再交织，牵手了数百年的两株古银杏树彻底分手了。物业请来专家，做了许多努力，虽然有所收效，但已无法恢复银杏以往的繁茂。一位长者叹息道："不接地气了。"

旁人问此话怎讲，长者解释道："以前古树周围土地广阔，其根须可以四通八达；而现在仅有土台这样一个小圈子，况且地下因建车库被挖空，根须无法吸收到足够的营养。过去，鸡鸭在这里排泄，草垛秸秆中的营养成分随着雨水和积雪融化流到地下，这些天然肥料常年滋养着古树；而现在靠注射营养液已不能从根本上解决问题。"没有根的吸收，即使人工注射再多营养液，也不如原始的一个草垛、一群鸡鸭；即便有再好的保护，也不如原生态的自然生长。

在宁静中思考

□［英］乔治·吉辛 译／刘荣跃

我并非植物学家，但长期以来都以收集花草为乐。我喜欢遇上一棵不认识的植物，去书中鉴定它，下次它在路旁焕发光彩时，我便能直呼其名。假如这棵植物是稀有的，那么发现它会让我更为喜悦。

我知道——若我还有点见识——我生来就是要过宁静与思考的生活的。我知道，唯有如此，我所具备的优点才有用武之地。

我活了半个多世纪，明白让世界变得黑暗的多数错误和蠢行，存在于那些心烦不安的人身上；明白使人类免于毁灭的多数善举，存在于富有思考的宁静生活之中。

世界日益嘈杂，而我绝不会加入这种越来越严重的喧嚣中去。仅就保持沉默这一点而言，我也为大家的福利做了贡献。

不见与不送

□ 文 智

王夫之是明末清初的思想家,与同时代的顾炎武、黄宗羲齐名。

王夫之遗世独立、傲骨嶙峋,清廷多次请他为官,他都直截了当地拒绝了。

晚年,王夫之隐居在衡阳,生活拮据,仍笔耕不辍,著书立说。当时,湖南巡抚与衡阳知州携厚礼来拜访王夫之。没想到的是,王夫之将二人拒之门外,丝毫不给面子。

王夫之为表明自己不愿意结交这些达官贵人的决心,还写下一副对联:"清风有意难留我,明月无心自照人。"

但是,如果有志同道合的朋友来拜访,王夫之则是热情相迎,好不欢喜。

有一次,一个朋友来拜访,要走时王夫之将朋友送到院门口,然后对朋友说:"恕不远送,我心送你三十里。"朋友觉得王夫之就是客气一下罢了,也没多想。朋友走了十多里路,忽然想起有东西落在王夫之家了,于是折返回去。

当他返回到王夫之家门口时,发现王夫之还站在门口,才明白,王夫之的那句"我心送你三十里"这句话,不是客气一下而已。

不见是真不见,表现的是一位知识分子的独立人格。

不送却是真送,只不过没用腿送,而是用心送,展现的是对朋友的深情。

生命之河里的石头

□ [美] 米奇·阿尔博姆 译 / 赵晓春

所有父母都会伤害孩子,谁都没法避免。孩子就像洁净的玻璃杯,拿过它的人会在上面留下手印。有些父母把杯子弄脏,有些父母把杯子弄裂,还有少数父母将孩子的童年摧毁成不可收拾的碎片。

父母很少会对他们的孩子放手,所以,孩子就对父母放手。他们向前走,他们向远处走。

那些曾经让他们感到自身价值的东西——母亲的赞同,父亲的点头——都已经被他们自己取得的成绩所替代。

直到很久以后,当他们的皮肤变得松弛了,心脏变得衰弱了,才会明白:他们的故事和他们所有的成就,都是基于父母的经历建立起来的,就像生命之河中的石头,层层叠叠。

书店时光

□ [英] 阿莉·史密斯 译/彭 伦

过去几年中，我时不时地会在一周中抽出几个小时去当地的二手书店做志愿者，帮忙卖书。

我住在英格兰南部的一个大学城，人们把书捐过来，有时是七八本装在一个塑料袋里，有时是一面包车的书，有时是某个人书房里的全部藏书，背后都是有趣的故事。这些书五花八门，无意间也反映出捐书人的生活。

打开这本《萨德勒之井的芭蕾舞者》，即使出版已有60年，它的封面仍然是明亮的橙色，首页是玛歌·芳婷的黑白照片。封底原来的标价是6先令（现售价2英镑）。

扉页上有用蓝墨水工整书写的儿童的笔迹："1954年圣诞，克里斯多弗送给卡罗琳。"书里还夹着一张明信片，正面画了一只神气活现的虎斑猫。背面是成人的笔迹：

"亲爱的卡罗琳，请把你想要的东西列个清单给我，那样我就可以给你挑一样生日礼物。满满的爱。吻你。妈妈。我觉得你送给爸爸的礼物很可爱。"

打开这本《塞尼诺·塞尼尼的绘画艺术之书》，里面夹着一张公交车票，上面写着："单程，1936年7月20日，查塔姆地区公交车公司。"

打开这本埃德娜·圣文森特·米莱的美国首版诗集《雪中的雄鹿》，里面夹着一张名片，上面写着"卡森伯格小姐钢琴课"和一个纽约皇后区的地址。

人们通过这种看似琐碎的细节把自己留在书里：画面是树或者野生动物的香烟卡片；药房的收据；歌剧、音乐会、话剧的演出票；各个年代的火车、电车、公交车的车票；在不同地点拍摄的照片，很久以前已经离世的宠物照片和度假的照片。现在，每当我要向这家书店捐书时，都会翻一下书，确保插在书里的东西不是我要保留的。

书店里很安静，适合浏览，有进来避雨的过路人，有喜爱这个地方的常客，他们知道这里选的书上架及时得出奇——你会毫不意外地听到某人大声惊呼："这就是我一直在找的书！"还有偶尔进来的混混儿，比如我在收银台的时候，一个微醉的男人跟我攀谈了一会儿，他临走时说："我本来打算在这里偷点东西的，但既然你是苏格兰人，我就不偷了。"

那天他可能偷走的有这些书：

一本莱昂纳德·伍尔夫的小说《播种》，里面有签名，"莱昂纳德赠伊丽莎白，1962年圣诞"（是写这本书的莱昂纳德吗？）。

有阿克塞尔·蒙特的《圣米歇尔的故事》，是阿克塞尔签了名送给阿斯特女士的。

有一本破破烂烂的书，阿妮塔·卢斯的《像我这样的女孩》，有人在第一页潦草地写下一行蟹爬一样的字："这本书有些部分写得很悲伤。"

与天地万物共情

□ 樊 星

在中国的文化词典中，同为牲口，马中有"千里马"，牛有"拓荒牛""孺子牛"美誉，十二生肖中也有它们的席位；驴则不然，"黔驴技穷"的成语众所周知，"蠢驴"也是个骂人的词，还有"驴脾气"乃至"驴脸"的贬义词，"脑子被驴踢了"一语也流传久远。好在凡事有例外，当代画家黄胄就偏偏喜欢画驴，而且因此出名。据说他在动荡年代曾经下放劳动、赶驴三年，与驴相依为命，因此后来不仅钟情于画驴，而且为驴说了一句公道话："平生历尽坎坷路，不向人间诉不平。"这样的美德，不输只问耕耘、不问收获的牛，以及志在千里的马吧。喜欢旅游的网友往往自称"驴友"，旅游本是开心事，但也常常会与辛苦相伴，像驴那样历尽坎坷也自得其乐，正是一个道理。至于美食界的广告词——"天上龙肉，地上驴肉"，是不是也有为驴扬名之意？

在法国旅行，于两处胜地都注意到当地对驴的推重，颇有感触。一处是在法国南端、与西班牙遥遥相望的卡特兰村。一进村，导游就让我们看那头毛驴的立像。那驴的头部是镂空的，旅客可以将自己的脸填充进去，很有幽默感。原来，这个村庄的居民多为加泰罗尼亚人，而加泰罗尼亚人十分看重驴勤劳、温驯、没脾气的美德，甚至以驴作为本民族的文化符号，自称"驴的传人"。

后来，去法国西部著名旅游胜地雷岛游览，行车途中，一尊黑色的毛驴塑像在交通要道旁虽一晃而过，也引人回眸。原来，毛驴也是雷岛的"形象大使"。雷岛虽是旅游胜地，却也多泥泞、多蚊虫。为防蚊叮虫咬，也避免驴腿沾上泥浆行动不便，驴子拉车时，有当地农民干脆给驴穿上裤子。这样一来，穿裤子的驴也成了雷岛的一大看点。由此想到在冬季的诺曼底地区看到的特别景观：那些在刮着寒风的田间吃草的牛马身上常常披一床御寒的棉被。那棉被当然不会干净，却是当地农民体贴牲口的爱心证明。看了这样的场景，你会对"博爱"二字有新的体会。

法国最为人所知的，应该还是"高卢雄鸡"的绰号。高卢是法国在古代的名号。据说在拉丁语里，"高卢"和"雄鸡"是一个词。久而久之，这两个意思就合成为"高卢雄鸡"这个词组，成为法国人的代名词：雄鸡是多么美好的一种象征！它与勇敢、守时紧密相连。于是，渐渐地，这只雄鸡的图案出现在了军队的制服上、钱币上、法国足球队的队徽和制服上，直至许多楼宇的顶端、商店的门楣、企业的招牌上……令人联想到罗马的形象代表是狼、马德里的形象代表是熊、广州的形象代表是羊、美国的形象代表是秃鹫……特定的动物形象，让一个地方、一个民族的文化品格得以彰显，而且与一段有趣的历史悠然相联。

我国古代就有"鸡有五德"的说法。鸡冠美观，象征"文"；鸡足有距，能斗，象征"武"；公鸡好斗，象征"勇"；见食相呼，是为"仁"；按时报晓，是为"信"。中国诗歌中也常有写鸡的名句，如"风雨如晦，鸡鸣不已""鸡声茅店月，人迹板桥霜"，还有"一唱雄鸡天下白"，等等。

就像法国人以雄鸡自命，也以养狗著称，还对驴颇为青睐一样，中国人自认为是"龙的传人"，也心仪千里马、拓荒牛、报晓鸡，显示出与天地万物共情的美好品德。

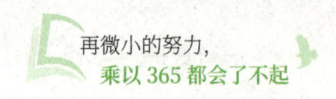

无声的语言

□ [挪威] 约恩·福瑟 译/李 琬

我上初中时，一种现象毫无预兆地出现了。老师让我朗读课文，莫名其妙地，我被一股突如其来的恐惧压倒。我站起来跑出了教室。

我察觉到，老师和同学们都瞪大眼睛看着我跑出教室。后来，我试图以我要上厕所来解释自己的反常行为，但能从他们脸上的表情看出，他们并不相信。也许他们觉得我已经疯了，或者正在走向疯狂。

这种对朗读的恐惧一直伴随着我。随着时间慢慢过去，我开始鼓起勇气对老师说："请不要点我的名，让我大声朗读，因为我非常害怕。"有些老师相信了我，不再要求我这么做，而有些老师认为我在以这种方式搞恶作剧。

这种经历让我明白了一些有关人的重要的东西。我还明白了许多其他东西。它们是让我今天站在这里向在座的观众大声宣读讲稿，几乎不再感到恐惧的东西。

那时我明白的是什么呢？

从某种意义上说，仿佛恐惧夺走了我的语言，而我必须把它们夺回来。如果我想完成这一点，那么我就不能依靠他人，只能依靠自己。

我开始写我自己的文字，写短诗、短篇小说。我发现，做这些事给了我一种安全感，给了我与恐惧相反的体验。我在自己内心找到了一个只属于我的地方，我可以在这个地方，写出只属于我的东西。

大约50年后的今天，我仍然长时间坐下来写作——我仍然在这个我内心隐秘的地方写作。老实说，我对这个地方也不大了解——除了知道这个地方的确存在。

挪威诗人奥拉夫·H.豪格写过一首诗，在诗中，他把写作行为比喻成小孩子在森林里用树枝搭建小屋，然后爬进小屋，点燃蜡烛，坐在黑暗的秋夜里并感到安全。我想这是一个很好的意象，同样描绘了我对写作的体验。

我还明白了别的东西。我了解到，至少对我来说，口语和书面语或者说口语和文学语言之间存在很大差异。口语常常是一种独白式的交流，它传递的信息是某个事物应该这样或应该那样，有时它是一种修辞意义上的交流，表示劝说或表达某种信念。但文学语言从来不是这样的——它并不传递什么信息，它就是意义本身，而不是交流。它有自己的存在方式。在这个意义上，好的写作显然与所有的说对立，无论那是什么性质的说教。

对朗读的恐惧令我进入了那种孤独——多多少少会伴随一个写作者一生的那种孤独。从那以后，我就一直待在那里。

我写的每一部作品，大体上说，都包含着一个想象性的世界。每一个剧本、每一部小说都有它们自己的崭新世界。可以确定的一点是，我从来不会为了表达自己而写作，恰恰相反，我是为了离开自己而写作。生活里最重要的东西是无法言说的，只能被写出。于是，我试图用文字表达这种无声的语言。

把人生中重要的事情做好，不要总被喧嚣打扰

司马家的好猫好事

□ 胡川安

元丰七年（1084），生命即将走到尽头的司马光为了纪念去世的爱猫，特别写了一篇《猫虪传》。这篇文章的主角是一只名叫"虪"的"喵星人"，按照中国古代辞典《尔雅》中的解释，这个名字是"黑虎"的意思。

有趣的是，这只名为虪的母猫非但毫不凶猛，甚至可以说是"喵星人"界的好猫代表。根据司马光的说法，每当家中猫群开饭时，虪总是等同伴吃饱后才会上前用餐；如果其他"喵星人"家的"人丁"过于兴旺，它还会帮忙哺育别家的猫崽儿。

然而，好心帮别的猫带孩子的虪，自己的孩子却被某只调皮的"喵星人"咬死了。更糟的是，司马光的家人误以为是虪自己下的毒手，在痛揍它一顿之后，把它转送到附近的寺庙。

司马光在政治家、史学家与文学家等多重身份外，私底下还是个资深"猫奴"！

面对如此不分青红皂白的无理对待，蒙受不白之冤的虪缩在寺庙角落绝食明志。在虪即将饿死的紧要关头，司马光的家人总算意识到他们犯下了重大错误，连忙把虪接回家。至此，冤情得以昭雪的虪才重新进食，逐渐恢复昔日的健康与活力。

从此，司马光一家只要新添了猫崽儿，就会把它交给虪来哺育。而虪也无微不至地照顾这些小猫，甚至发生了为保护别家的猫崽儿，去跟"汪星人"打架，差点被咬死的小插曲。

同年10月，年近20岁的虪在司马光的温柔守护下，走完了它那传奇的一生。

何必使劲敲

□ 钟叔河

孔子居留卫国时，有一次在击磬作乐，一个背草包的人从门前经过，正好听见了清亮的磬声。

"听这敲磬的声音，是有心要别人欣赏的吧。"背草包的人说，"把这磬敲得当当响，好像在说，没人知道我呀，没人知道我呀！岂不有些可鄙吗？

"没人知道自己，也就罢了，何必如此使劲地去求呢？不是有这样两句歌谣吗，'河水深，过河不怕打湿身；河水干，扎起裤脚走浅滩'。

"也不看看现在是一河什么样的水，值得你这样舍生忘死地投入？"

"他也太武断了。"孔子听到这些话后说，"不过，若要我去说服他，只怕也难呢。"

《论语》中记载了门人弟子对孔子的许多称颂，也记载了不少持不同意见者对孔子的批评，就像背草包的人讲他几句亦无妨。